◁消失的橙子

▽逐字跃动

▽明暗开关

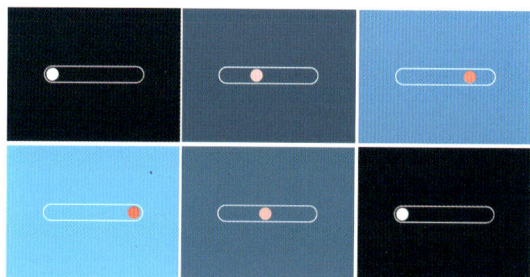

▽模糊聚焦

▽电闪雷鸣动效

▽破碎文字

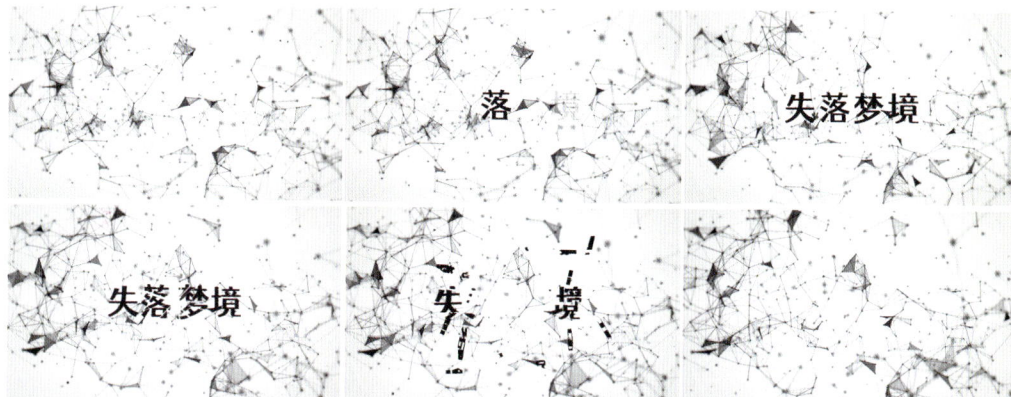

▽ 旋影流转

▽ 色彩呈现

▽ 悠悠蓝天

▽ 文本跟随

▽字符闪现

▽字影跳跃

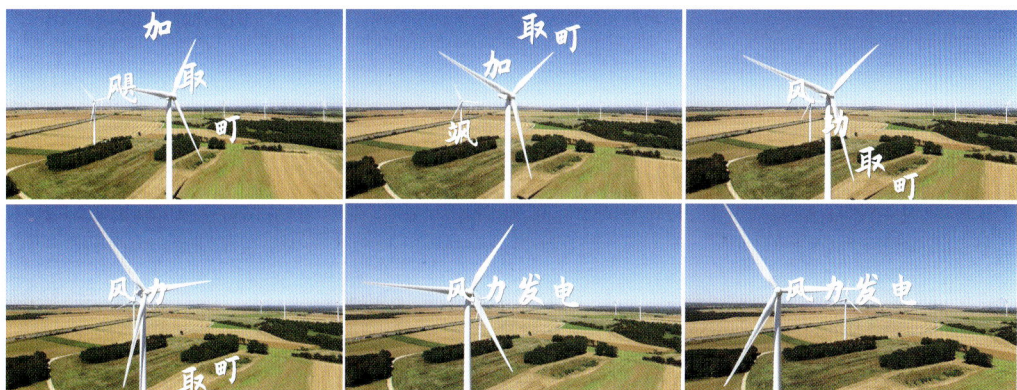

▽视线聚焦

▽崭颜焕新

▽时光机动效

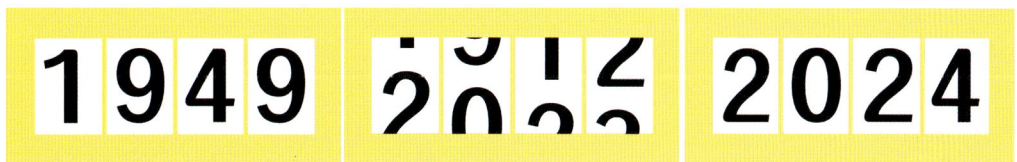

▽旅行APP界面切换动效

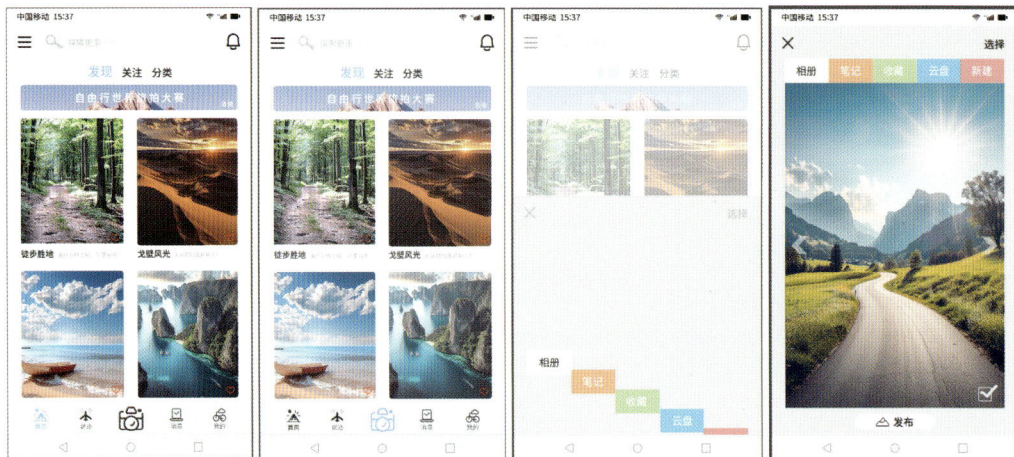

▽银幕时光栏目包装设计

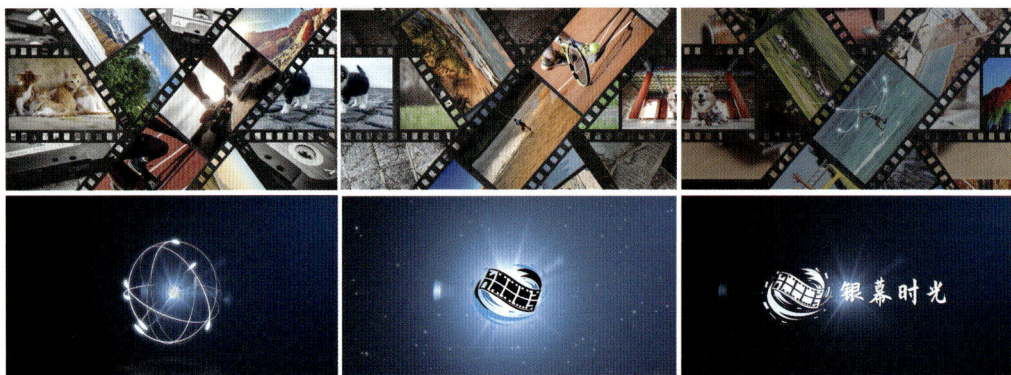

▽日夜兼程影视动画片段

▽"字里行间"特效

"创新设计思维"
数字媒体与艺术设计类新形态丛书

创意设计

A

梁福春 甘忆◎主编

向飞 马奎◎副主编

After Effects 2024

+AIGC 影视后期制作

◆微课版◆

人民邮电出版社
北京

图书在版编目（CIP）数据

After Effects 2024+AIGC 影视后期制作：微课版 /
梁福春，甘忆主编. -- 北京：人民邮电出版社，2025.
（"创新设计思维"数字媒体与艺术设计类新形态丛书）.
ISBN 978-7-115-66056-5

Ⅰ. TP391.413

中国国家版本馆 CIP 数据核字第 2025EL5196 号

内 容 提 要

本书以实际应用为目标，基于 After Effects 2024 软件基础，融入 AIGC 技术在影视后期制作中的应用，内容遵循由浅入深、从理论到实践的原则进行讲解。全书共 12 章，第 1 章对影视后期制作的理论知识进行介绍，第 2~8 章以理论+实操的形式对 After Effects 2024 软件的功能进行解析，第 9~12 章分别以综合实战案例的形式对 UI 动效、影视栏目包装、影视动画以及影视特效的制作进行介绍。

本书可作为普通高等院校及高职院校影视摄影与制作、数字媒体艺术、数字媒体技术等相关专业的教材，也可作为想要从事影视制作、栏目包装、电视广告、后期编辑等行业的人员的参考书。

♦ 主　　编　梁福春　甘　忆
　　副主编　向　飞　马　奎
　　责任编辑　许金霞
　　责任印制　胡　南

♦ 人民邮电出版社出版发行　　北京市丰台区成寿寺路 11 号
　　邮编　100164　　电子邮件　315@ptpress.com.cn
　　网址　https://www.ptpress.com.cn
　　三河市君旺印务有限公司印刷

♦ 开本：787×1092　1/16　　　　　彩插：2
　　印张：15　　　　　　　　　　2025 年 5 月第 1 版
　　字数：393 千字　　　　　　　2025 年 7 月河北第 2 次印刷

定价：59.80 元

读者服务热线：(010)81055256　印装质量热线：(010)81055316
反盗版热线：(010)81055315

编写目的

After Effects软件功能强大且不断迭代升级，在影视创作领域应用广泛，已成为影视编创人员必须掌握的工具软件。随着AIGC技术的蓬勃兴起，AIGC技术在影视后期制作中的应用日益增多，对影视编创行业人才的能力需求也提出了更高的要求。鉴于此，编者团队精心编纂了本书，旨在让读者快速掌握影视后期制作的基础知识与After Effects的操作方法，以便读者能够使用After Effects和AIGC工具高效地进行影视后期制作。

内容特点

本书以实际应用为目标，基于After Effects 2024软件基础，融入AIGC工具在影视后期制作中的应用，按照"软件功能解析—课堂实操—实战演练"的思路搭建内容体系，遵循由浅入深、从理论到实践的原则讲解相关知识。书中还穿插了"知识链接"板块，帮助读者拓展思维，使其知其然并知其所以然。

* 软件功能解析：在对软件的基本操作有了一定的了解后，通过对软件具体功能的详细解析，使读者系统地掌握软件各功能的应用方法。

* 课堂实操：精心挑选课堂案例，通过对课堂案例的详细解析，使读者快速掌握软件的基本操作，熟悉案例设计的基本思路。

* 实战演练：综合各章知识点，综合性设置案例，以帮助读者更好地掌握相关知识，并达到学以致用的目的。

* 拓展练习：本书各章均设置了拓展练习，梳理了拓展练习的技术要点，并将操作步骤分解，以帮助读者完成练习，进一步提升实操能力。

* 融合AIGC工具应用：使用文心一言、即梦AI、等AIGC工具生成智能分析、实操方案、设计创意等，不仅大幅提升效率，更激发无限创意，助力用户轻松打造专业级、个性化高质量设计作品。

案例特色

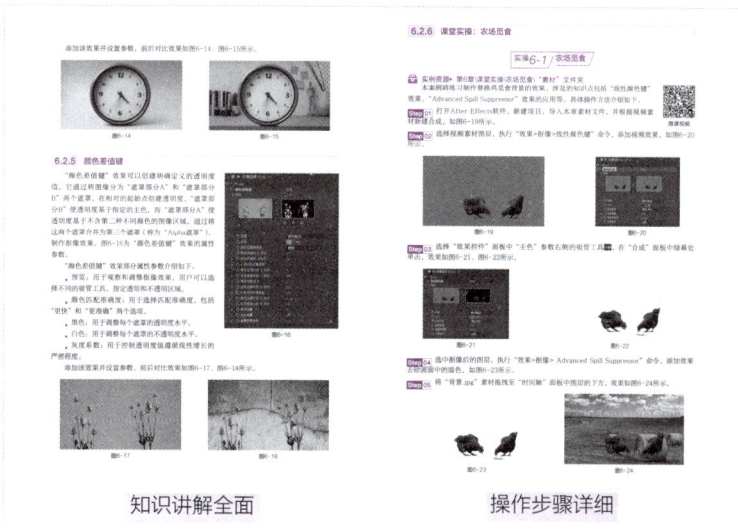

知识讲解全面　　　　　　　　操作步骤详细

视频同步指导 　　　　　　　　　　　　　拓展实战能力

学时安排

本书的参考学时为38学时，讲授环节为20学时，实训环节为18学时。各章的参考学时参见以下学时分配表。

章	课 程 内 容	学时分配/学时	
		讲授	实训
第1章	必修：影视后期制作基础课	1	1
第2章	入门：After Effects基础操作	1	1
第3章	动画：图层与关键帧的应用	2	1
第4章	特效：视频效果	2	2
第5章	调色：色彩的调整	2	1
第6章	合成：抠像与运动跟踪	2	2
第7章	字幕：探索文本动画	1	1
第8章	遮罩：形状和蒙版	1	1
第9章	UI动效制作	2	2
第10章	影视栏目包装制作	2	2
第11章	影视动画制作	2	2
第12章	影视特效制作	2	2
	总学时	20	18

资源获取

为方便读者线下学习及教学，书中所有案例的微课视频、基础素材和效果文件，以及教学大纲、PPT课件、教学教案等资料，均可登录人邮教育社区（www.ryjiaoyu.com），在本书页面中免费下载使用。

微课视频　　基础素材　　效果文件　　教学大纲　　PPT课件　　教学教案

编者
2025年4月

CONTENTS

第4章

特效：视频效果　067

第5章

调色：色彩的调整　104

第1章

必修：影视后期制作基础课

Ae

内容导读

本章将对影视后期制作的基础知识进行介绍，包括影视后期制作目的、应用范围、制作流程、常用工具及AIGC在影视后期制作中的应用等。了解并掌握这些知识，可以帮助用户更好地学习应用影视后期制作的专业技巧。

学习目标

- 了解影视后期制作的目的和术语。
- 了解影视后期制作的应用范围。
- 掌握影视后期制作的流程。
- 熟悉影视后期制作的常用工具。
- 掌握利用AIGC助力影视后期制作的方法。

素养目标

- 培养影视后期制作人员的基本素养，增加其对影视后期制作的了解，使其能够熟练掌握影视后期制作的基础知识。
- 通过介绍影视后期制作相关知识，拓宽影视后期制作人员的知识储备，为后续知识的学习与理解奠定基础。

案例展示

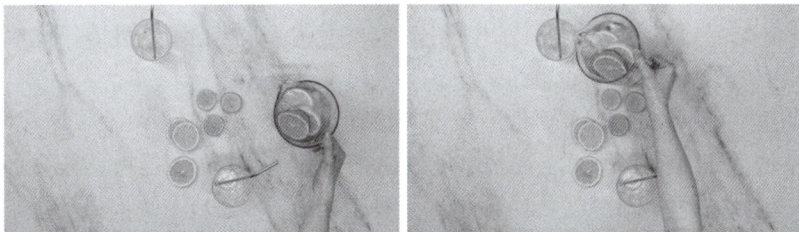

消失的橙子

1.1 影视后期制作概述

影视后期制作是指拍摄完成影视作品后，对原始素材进行编辑、处理、整合，使之形成完整影片的一系列过程。本节将对影视后期制作的相关知识进行介绍。

1.1.1 影视后期制作目的

影视后期制作可以通过技术和艺术手段，深入加工和优化拍摄素材，从而获得优质且更具表现力的影片，其作用与目的主要体现在以下几个方面。

- 提升影片质量：通过剪辑整合原始素材，使之逻辑顺畅，整体连贯；通过专业的声音设计和混音，使影片的声音更具层次感和感染力，提升影片质量。
- 强化叙事结构：影视后期制作不仅是对拍摄素材的技术加工，更是艺术创造的过程，它通过筛选剪辑素材、提炼故事核心，使叙事结构更加紧凑连贯，同时通过剪辑调整影片的节奏，营造出或紧凑或舒缓的叙事效果，增强影片的感染力。
- 增强观看体验：通过声音设计、调色、视觉特效等技术手段，影视后期制作能够营造特定的情感氛围，增强观众的沉浸感和观影体验，提升作品的艺术感染力。
- 提升视觉效果：利用影视后期制作的特效技术（如动画、CGI等），可以创造出现实中难以实现的场景和效果，使影片更具表现力和视觉冲击力。
- 修正拍摄不足：影视后期制作可以修复拍摄过程中出现的镜头抖动、颜色偏差等不足之处，还可以通过画面稳定技术，消除拍摄中的抖动和不稳定，提升观看效果。
- 增强创意表达：影视后期制作为影片的创意呈现提供了无限的创作空间，创作者可以充分利用影视后期制作，实现不同风格的视觉效果和叙事节奏，创造出更具创意性和艺术表现力的影视作品。

1.1.2 影视后期制作相关知识

影视后期制作涉及多个流程和技术领域，了解其相关知识，有助于帮助用户理解影视后期制作中的一些操作，从而更好地进行学习。

1. 线性编辑和非线性编辑

线性编辑和非线性编辑是两种不同的视频编辑方式。线性编辑是一种传统的编辑方式，它是指按照时间顺序将素材连接成新的连续画面的技术，所需硬件多，价格昂贵，且硬件设备之间不能很好地兼容，对硬件性能有很高的需求；非线性编辑直接从计算机的硬盘中以帧或文件的方式迅速、准确地存取素材，与线性编辑相比，非线性编辑更加快捷、简便且便于修改，可多次进行编辑而不影响信号质量，现在大部分电视电影制作机构都采用了非线性编辑技术。

2. 帧和关键帧

帧是动画或视频中的单一静态图像，是影视动画中的最小时间单位，每一秒视频由多帧静态图像连续播放，从而产生运动的视觉效果，如图1-1所示。关键帧是指具有关键状态的帧，两个状态不同关键帧之间的变化就形成了动画，这种变化由软件生成。两个关键帧之间的帧又称为过渡帧。在视频剪辑中，可以通过添加关键帧制作动态的变化效果。

图1-1

3. 帧速率

帧速率就是视频播放时每秒刷新的图片的帧数。电影的帧速率一般是24帧/秒，即每秒播放24幅图片；PAL制式的电视系统帧速率一般是25帧/秒；NTSC制式的电视系统帧速率一般是29.97帧/秒。

4. 转场

转场又称为过渡，指场景与场景、片段与片段之间的过渡或转换，它服务于影片的整体叙事结构，可以帮助观众自然平滑地从一个场景切换至另一个场景，保证了影片的流畅性。常见的转场包括硬切换、溶解、擦除、动态遮罩、缩放、匹配切换等。

- 硬切换：最基本的转场方式，从一个镜头直接切换至另一个镜头，从而迅速推进故事。
- 溶解：两个镜头短暂的重叠，前一个镜头逐渐淡出，后一个镜头逐渐显现，多用于表示时间的过渡或情感的连续性。
- 擦除：用某种形状（如圆形、线条）推开一个场景，从而显示另一个场景，能快节奏地更换场景，多用于增添趣味性或分割不同的故事段落。
- 动态遮罩：利用对象（人物、车辆等）在画面中的移动来遮挡前一个镜头，以显示新的场景，转场自然且流畅，视觉上也更加连贯。
- 缩放：通过镜头的放大或缩小过渡至下一个场景，可以是实拍效果，也可以是影视后期制作的模拟效果。
- 匹配切换：通过匹配两个场景的相似视觉元素，如对象、形状、颜色或动作，来实现无缝转场效果。

5. 蒙太奇

蒙太奇一词源自法语，是一种剪辑理论，在电影艺术中指通过镜头有意识、有逻辑地排列与组合不同的镜头片段，从而产生各个镜头单独存在时所不具有的含义。在功能上，蒙太奇可以高度概括和集中表现内容，使其主次分明；同时，蒙太奇可以跨越时空的限制，使影视内容获得较大的自由。

6. 抠像

抠像是一种视频制作技术，可以将特定颜色背景替换为其他图像或视频，多用于特效制作、电视新闻、天气预报等领域。最常见的抠像颜色是绿色和蓝色，即俗称的绿幕和蓝幕，这两种颜色与人皮肤的颜色差异较大，便于分离。图1-2、图1-3为绿幕抠像前和抠像后的效果。

图1-2

图1-3

7. 合成

在影视后期制作领域，合成是一种将多种视觉元素整合到一个画面中的影视编辑技术，多用于创造复杂且具有表现力的视觉效果。

8. 调色

调色指调整视频的颜色和色调，使画面看起来自然一致，符合制作者的视觉需求。调色不仅可以提升画面的整体质量，还可以烘托氛围、增强视觉效果，其过程一般分为颜色校正和颜色分级两个阶段，颜色校正是为了修复拍摄过程中产生的颜色偏差、曝光、白平衡等影响画面色调的问题，颜色分级则是在颜色校正的基础上，通过色调调整和效果应用，为视频添加特定的艺术风格和情感氛围。

9. 混音

混音技术可以将录制的各种音轨进行平衡和处理，最终输出和谐统一、层次分明的音频。

1.1.3 影视后期制作应用范围

影视后期制作的应用范围非常广泛，涉及影视、媒体传播、广告、游戏等多个方面，下面将对此进行介绍。

1. 影视剧制作

影视后期制作是影视剧制作必不可少的过程，它可以重新梳理排列零散的拍摄素材，并对其进行调色、配乐等操作，使之形成一个富有视觉吸引力的整体。同时，影视后期制作还可以为影视剧添加视觉特效，使超现实的场景在影视剧中化为现实，提升影视剧的欣赏性和艺术性，如图1-4所示。

2. 广告制作

广告制作离不开影视后期制作的帮助。通过影视后期制作，广告设计者可以创作吸引眼球的动效图像和视觉效果。特效的添加可以使广告更加震撼人心，增强产品的吸引力和宣传效果，使观众产生深刻的记忆。

3. 电视节目制作

影视后期制作可以极大提升电视节目的视觉吸引力和整体质量。通过影视后期制作，制作者能够剪辑和优化原始素材，确保电视节目结构清晰、情节流畅，从而增强叙事的连贯性和表现力。此外，影视后期制作还能为电视节目设计独具特色和品牌感的片头片尾，让观众留下深刻印象。动效和转场设计同样是影视后期制作的重要组成部分，它们不仅增加了节目的趣味性，还提升了节目整体的精致感和专业度。

4. 动画与动漫制作

影视后期制作在动画与动漫制作中非常重要，相比实拍影视作品，动画和动漫的所有视觉元素几乎都是通过影视后期制作来完成的，从初始的角色设计、复杂的场景变换、视觉特效的添加、色彩校正、动态设计到音效处理和特效合成，每一个环节都为最终作品的质量和表现力保驾护航，如图1-5所示。

图1-4

图1-5

5. 音乐视频制作

音乐视频的核心在于音乐与画面的同步，影视后期制作可以精确控制音乐视频的剪辑节奏，让视频中的每一个转场、切点都完美契合音乐节奏，提升观看体验。同时，影视后期制作不受现实拍摄环境的限制，可以通过特效制作出更具视觉冲击力的视频；色彩校正和调色可以统一和美化画面的色彩，让每一个镜头都达到最佳视觉效果；动态图形和字幕的添加则可提升音乐视频的视觉层次感，从而提高观众的观看体验。

6. 自媒体制作

在自媒体中制作，影视后期制作不仅能够提升画面效果，更是强化内容表达和提升品牌形象的关键工具。通过剪辑、色彩校正、音频处理等后期技术，自媒体创作者可以显著提升视频的专业水准和视觉冲击力，从而增加观众的停留时间和互动率。此外，影视后期制作还可帮助创作者调整视频的尺寸和格式，确保内容在多个平台上都能完美呈现。

7. 游戏制作

影视后期制作在游戏制作中的应用主要体现在提升视觉效果、优化游戏剧情、增强整体体验感等方面。无论是游戏发布前的宣传片，还是剧情中的过场动画，都离不开影视后期制作。通过添加视觉特效、光影效果和复杂的动画，影视后期制作可以使游戏画面更加生动逼真，让玩家的沉浸感进一步提升。影视后期制作不仅能提升视觉效果，还能通过优化资源使用，确保游戏在各种设备上流畅运行，进而提高整体用户体验。

1.2 影视后期制作流程

影视后期制作是一个复杂且精细的过程，涉及多个步骤，其目的是将原始的拍摄素材整合为完整的、符合创作需要的作品，其一般包括以下6个步骤。

1.2.1 剪辑

剪辑是影视后期制作的第一步，主要包括素材整理、粗剪和精剪3个阶段。

1. 素材整理

素材是剪辑工作的基础，在开始剪辑前，需要收集一切相关的素材，包括视频拍摄的原始镜头、音频文件、图片、音乐和任何其他可能用到的媒体资料，然后将其导入视频编辑软件中，分门别类地存放，以便后期剪辑工作的开展。

2. 粗剪

粗剪又称为初剪，是指影视后期制作人员将素材按照脚本顺序拼接为一个没有视觉特效、旁白和音乐的粗略影片。粗剪完成后，影片虽然具备了基本的结构，但各个素材都还需要进行再处理，达到自然衔接的效果。

3. 精剪

精剪是对粗剪的进一步深化和完善，在这一阶段，影视后期制作人员需要仔细推敲每一个镜头，调整镜头的顺序、时长和节奏，确保节奏合适、情感表达准确，同时添加过渡效果，使不同场景间的切换流畅自然，以达到最佳的视觉效果；完成以上内容后，还需要调整视频色彩，确保整个视频色彩一致，以增强视觉效果。精剪完成后，影片的剪辑操作就完成了，后续还需要添加特效、音乐等元素，并将这些元素有机地融合。

1.2.2 特效制作

特效制作是指为影片添加或修改视觉元素的过程，常见的特效制作包括CGI、绿幕抠像、动态捕捉、合成等。

1. CGI

CGI即计算机生成图像（Computer-Generated Imagery），是指利用计算机软件创建或调整图像的技术，一般涉及建模、纹理贴图、光照、动画、渲染等步骤。图1-6、图1-7为利用3D建模技术制作的模型。

图1-6

图1-7

2. 绿幕抠像

绿幕抠像指在拍摄时使用绿幕作为背景，在影视后期制作时将绿幕背景替换为需要场景的技术。

3. 动态捕捉

通过捕捉演员的动作并将其应用到CG角色上，使CG角色的动作更加真实。

4. 合成

将不同的视频元素合成到一个场景中，并确保视觉效果的和谐。

1.2.3 调色

调色的主要目的是调整影片的整体色调和光影效果，确保影片整体效果和谐统一，一般可以将其分为颜色校正和颜色分级两个步骤。

- 颜色校正：修正拍摄过程中可能出现的色差问题，确保所有镜头的颜色、曝光、白平衡等一致。
- 颜色分级：根据影片的情绪和风格，对影片的色彩进行创意性的调整，提升影片的视觉美感和专业性，以达到预期的效果。

图1-8、图1-9为调色前后对比效果。

图1-8

图1-9

1.2.4 音频编辑与混音

音频编辑与混音是指对影片的声音进行处理的过程，一般包括以下几个方面的内容。
- 对白编辑：清理和优化拍摄过程中录制的对白，消除杂音，确保清晰度。
- 音效设计：添加和设计各种音效，使影片更加生动和真实。
- 音乐配乐：为影片选取和编辑合适的背景音乐，增强影片的情绪感染力。
- 混音：将对白、音效和音乐进行混合，调整各个音轨的音量和平衡，确保最终的音频效果符合影片的需求。

1.2.5 字幕与图形元素

字幕和图形元素可增强影片的信息传达和视觉效果，下面将对这两种元素进行介绍。

1. 字幕

为影片添加对话字幕、翻译字幕等，可以帮助观众理解对话内容，控制观看节奏。在新闻、教育类节目中，字幕还可以直接展示关键信息，强化观众的记忆和理解。图1-10、图1-11为影片中的字幕效果。

图1-10

图1-11

2. 图形元素

添加片头、片尾字幕，动画文字，标志，图案等视觉元素，可以增强影片的美观性和信息传达效果。同时，图形元素还可以引导观众的视线，提升观看体验。

1.2.6 渲染输出

渲染输出是将所有影视后期制作成果转化为最终影片的过程，一般包括渲染、格式转换、输出等步骤。

- 渲染：对所有的剪辑、特效、颜色分级、音频等进行最终的渲染处理，生成高质量的影片文件。
- 格式转换：根据影片的播放需求和上映平台，将影片转换为不同的格式（如MP4、AVI、MOV等）。
- 输出：输出最终的影片文件，准备发行和播放。

1.3 影视后期制作常用工具

数字技术的发展推动了影视后期制作技术的进步，用户可以通过计算机中的专业软件进行影视后期制作，如剪辑软件Premiere、Final Cut Pro X，特效制作软件After Effects等。

1.3.1 After Effects

After Effects简称AE，是一款广泛应用于特效制作和动态图像设计的非线性特效制作软件，它由Adobe Systems开发，以强大的合成、动画和特效制作能力著称，适用于影片剪辑、电视节目制作、广告创作等多个领域，为创作者提供了无限的创意空间和技术支持。图1-12为After Effects的工作界面。

图1-12

利用After Effects，用户可以轻松地进行绿幕抠像、跟踪、稳定视频、添加3D元素、文字动画等操作。此外，After Effects与其他Adobe软件（如Photoshop、Premiere Pro等）可以无缝集成，这使得跨软件的协同工作更加高效。After Effects还支持各种插件和脚本，进一步扩展了其功能和创作可能性。无论是对于初学者还是专业人士，After Effects都提供了强大的工具和灵活的工作流程，帮助用户在短时间内实现高质量的视觉效果和动画。

1.3.2 Premiere

Adobe公司出品的Premiere是一款功能强大的非线性音视频编辑软件，被广泛应用于视频剪辑、拼接和组合视频片段。除了基本的剪辑功能外，Premiere还支持简单的特效制作、字幕添加、调色和音频处理，几乎可以满足影视编辑的各种需求。

与其他视频编辑软件相比，Premiere具有更强的协同操作能力，能够与Adobe公司旗下的After Effects、Photoshop、Audition等软件无缝集成，从而提升工作效率和画面质量。凭借其专业性和高效性，Premiere成为影视编辑领域最常用的软件之一。图1-13为Premiere的工作界面。

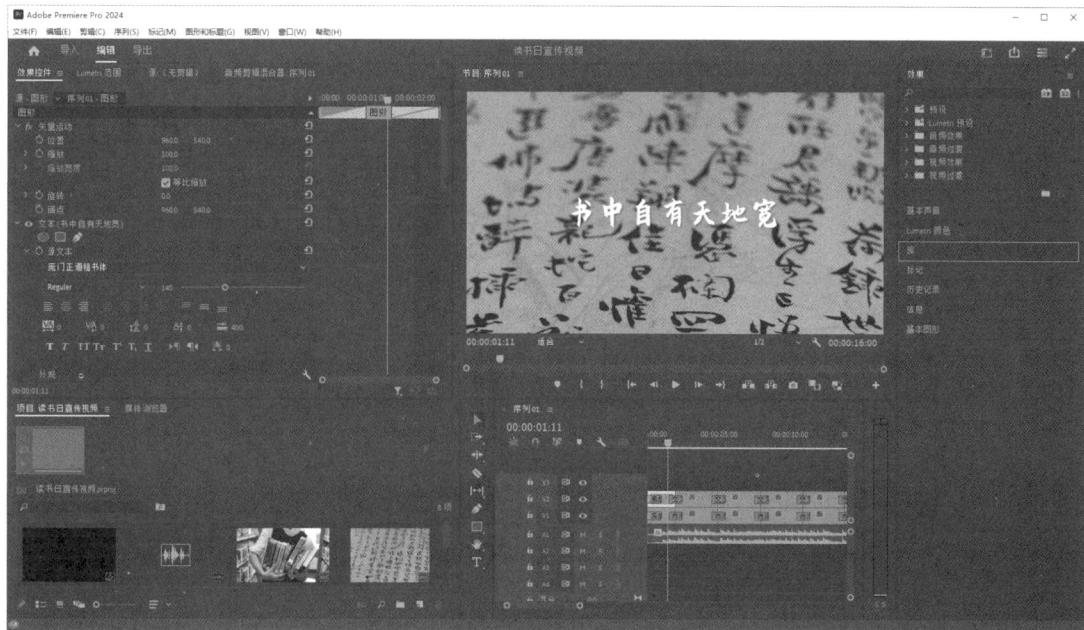

图1-13

1.3.3 Audition

Audition是一款专业的音频编辑和混音软件，适用于音乐制作、广播和视频制作等多个领域。软件提供了全面的工具集，用于录音、编辑、混音以及音效设计，支持多轨编辑，用户可以在一个项目中处理多个音频轨道。它还包括声音修复工具，可以去除噪声、修复音频。同时，Audition支持实时音频效果处理，兼容第三方VST和AU插件，为音频处理添加了更多可能。图1-14为Audition的工作界面。

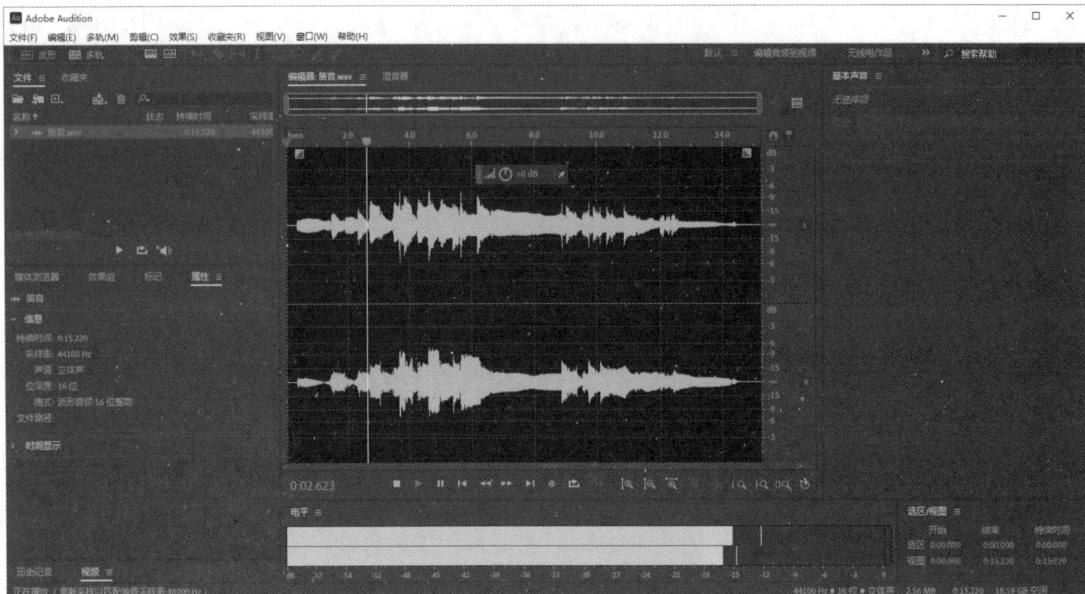

图1-14

1.3.4 Final Cut Pro X

Final Cut Pro X（FCPX）是Apple公司开发的一款专业视频编辑软件，广泛应用于影视后期制作行业。它结合了强大的编辑工具、直观的用户界面和高效的性能，为视频编辑工作提供了全面的解决方案。

FCPX采用磁性时间线机制，使得剪辑过程更加灵活和高效，无须担心剪辑过程中出现的时间线错位问题。其多机位编辑功能（Multicam Editing）支持同时处理多个摄像角度的视频，方便用户快速切换和同步各个角度的镜头。在视觉特效和图形处理方面，FCPX集成了强大的工具，例如关键帧动画、色彩校正、绿幕抠像和内置的动态图形模板等，使得用户能够轻松地创建复杂的视觉效果和专业的图形动画。此外，FCPX还支持HDR视频和广色域色彩空间，确保视频输出的高质量和色彩准确性。

1.4　AIGC在影视后期制作中的应用

AIGC全称为Artificial Intelligence Generated Content，即生成式人工智能，在影视后期制作领域，AIGC正逐渐发挥着越来越大的作用，本节将对此进行介绍。

1.4.1 自动化视频编辑

AIGC算法可以根据预设的风格和节奏自动剪辑视频，如Adobe公司旗下的Premiere和After Effects，前者内置了基于Adobe Sensei技术的自动重构效果，可以根据序列尺寸自动检测视频中的动作并进行智能裁剪，确保主体始终处于画面中心，图1-15、图1-16为使用Premiere自动重构视频前后的效果。后者内置了基于相同技术的"内容识别填充"面板，可以结合蒙版自动识别内容区域，并进行填充。

图1-15

图1-16

1.4.2 智能配音和字幕生成

通过语音识别和自然语言处理（Natural Langulage Processing，NLP）技术，AIGC可以自动生成视频的字幕和配音。

语音识别技术可以将视频中的语音内容转化为文本，这一过程通常称为自动语音识别（ASR）。Google的自动字幕生成技术就是基于其先进的ASR系统，准确地识别和转录视频中的对话和独白，并生成同步的字幕。这不仅提高了视频的可访问性，使听障人士和非母语观众更容易理解内容，还简化了字幕制作流程，节省了大量的时间和人力成本。

通过NLP技术，系统可以理解并处理文本内容，确保生成的配音具有自然的语调和情感表达。DeepMind的WaveNet技术代表了语音合成领域的顶尖水平。WaveNet利用深度神经网络，能够生成高度自然且流畅的语音，适用于各种语言和个性化需求。这使得自动配音不仅声音逼真，还能根据不同的情境和角色要求进行调整，提供高度定制化的声音体验。

此外，使用AI工具，如Amper Music等，还可以根据影片的氛围和节奏自动创建配乐，使用户可以根据需求对音乐进行调整和个性化设置。

1.4.3 自动化色彩校正

AIGC工具可以分析视频的色彩和曝光情况，自动进行色彩校正和分级。如专业调色软件DaVinci Resolve中的AI功能，可以自动识别视频中的场景类型，如室内、黄昏、夜晚等，然后基于这些场景类型，自动应用相应的色彩调整，以帮助调色师快速建立基础色彩风格，从而进行更加精细化的调整。

除此之外，DaVinci Resolve中的AI功能还可以自动识别视频中的人脸，并进行面部优化，如皮肤平滑、瑕疵去除、面部亮度和对比度调整。

1.4.4 内容生成和创意辅助

AIGC能够极大地提高内容生成和创意辅助的效率和质量，下面将对此进行介绍。

1. 内容生成

• 自动化场景生成：通过AIGC技术，可以自动生成逼真的场景内容，Runway、Sora等模型均可以通过文字描述生成视频，大大减少手工绘制和建模的工作量。图1-17、图1-18为Runway生成的视频效果。

- 动态面部捕捉：AI可以实时捕捉演员的面部表情，并将其应用到数字角色上。电影《复仇者联盟4：终局之战》（2019）就使用了AI技术捕捉和生成灭霸的表情，使得角色更加生动真实。

图1-17

图1-18

- 自动视觉效果生成：使用DeepMotion之类的AIGC软件，可以依据简单的动作捕捉数据自动生成复杂的角色动画。

2. 创意辅助

- 场景识别和镜头推荐：AI可以分析影片的场景和镜头，自动推荐最佳的剪辑点。例如，Netflix使用AI技术来分析用户的观看习惯，并自动剪辑预告片，以更好地吸引观众。
- 脚本生成：通过AIGC技术，可以根据输入的主题和风格自动生成情节和对白，帮助创作者在创作初期获得灵感。
- 情节预测和建议：利用机器学习算法，如IBM的Watson Media，可以根据视频内容的情感分析、语境理解以及观众偏好，自动生成剪辑建议，这在制作预告片或短视频内容时尤为有用。

1.4.5 课堂实操：消失的橙子

实例资源 ▶ 第1章\课堂实操\消失的橙子\"素材"文件夹

本案例将练习制作橙子消失的效果，涉及的知识点包括After Effects中的内容识别填充等。具体操作方法介绍如下。

微课视频

Step 01 打开本章素材文件，如图1-19所示。

Step 02 选中"时间轴"面板中的图层，选择"工具"面板中的钢笔工具，在"合成"面板中沿橙子边缘绘制路径，如图1-20所示。

图1-19

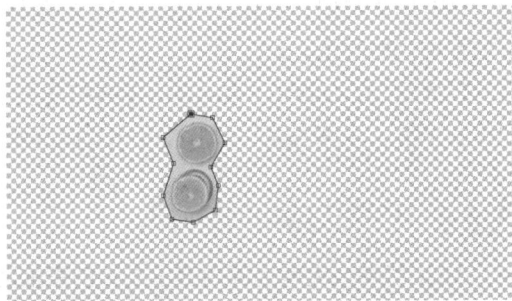
图1-20

Step 03 在"时间轴"面板中设置蒙版混合模式为"相减"，"蒙版羽化"为"10.0像素"，如图1-21所示。

Step 04 在"合成"面板中预览效果，如图1-22所示。

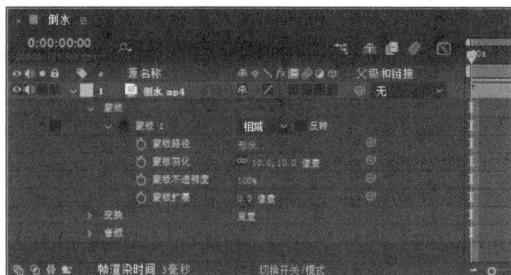

图1-21

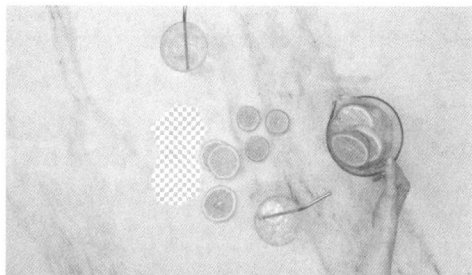

图1-22

Step 05 执行"窗口>内容识别填充"命令，打开"内容识别填充"面板，设置参数，如图1-23所示。

Step 06 单击"生成填充图层"按钮，"时间轴"面板中将自动出现填充图层，如图1-24所示。

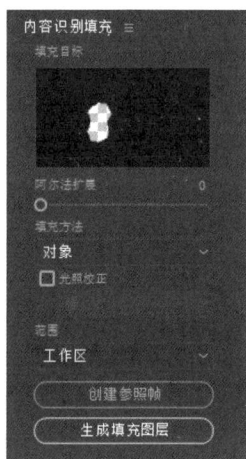

图1-23

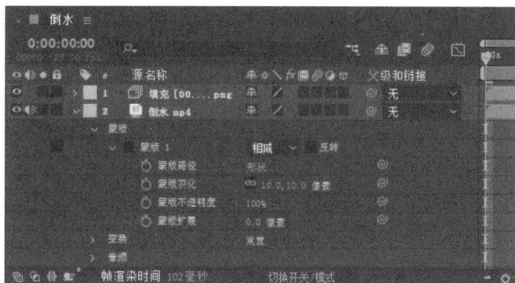

图1-24

Step 07 等待分析渲染完成，按空格键预览效果，如图1-25所示。

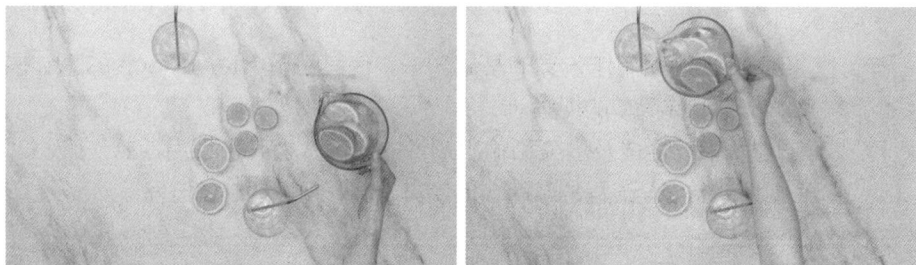

图1-25

至此，完成橙子消失效果的制作。

第2章

入门：After Effects 基础操作

Ae

本章将对After Effects基础操作进行介绍，包括After Effects工作界面、项目与合成的创建与管理、素材的导入与编辑、渲染和输出等。了解并掌握这些知识，可以帮助用户掌握After Effects的基础操作，便于影视后期制作。

内容导读

- 认识After Effects工作界面。
- 掌握项目的创建与管理。
- 掌握素材的导入与编辑。
- 掌握合成的创建与编辑。
- 掌握渲染和输出的操作。

学习目标

- 培养影视后期制作人员的基础知识，使其了解After Effects的基础操作，能够制作简单的视频。
- 通过项目、合成及渲染和输出知识的学习，提升影视后期制作人员对影视后期制作全流程的了解，促使其掌握影视后期制作流程。

素养目标

案例展示

场景重塑

逐字跃动

2.1 After Effects工作界面

After Effects是一款专业的图像视频处理软件，图2-1为其工作界面，其中包括"工具"面板、"项目"面板、"合成"面板、"时间轴"面板等不同功能的面板，本节将对此进行介绍。

图2-1

2.1.1 "工具"面板

"工具"面板中包括一些常用的工具，如选取工具、抓手工具等，如图2-2所示。其中部分图标右下角为小三角形的工具含有多重工具选项，长按鼠标左键可看到隐藏的工具，如图2-3所示。通过这些工具，用户可以在"合成"面板中处理素材，完成移动、缩放、绘图等操作。

图2-2

图2-3

在"工作区"下拉列表中，用户可以选择预设的工作区布局，如图2-4所示。从中选择工作区布局后，软件将自动变换工作区，图2-5为选择"小屏幕"的效果。

图2-4

图2-5

2.1.2 "项目"面板

"项目"面板存储着After Effects当前项目文件的所有素材文件、合成文件以及文件夹，选中其中的素材或文件，可在"项目"面板的上半部分查看缩览图及属性等信息，如图2-6所示。

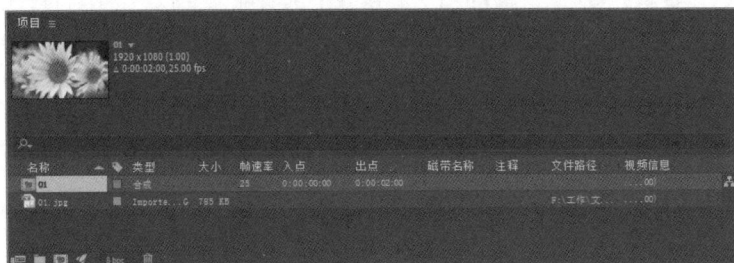

图2-6

"项目"面板还将显示素材的名称、类型、大小、入点、出点、文件路径等信息，用户可以通过这些信息整理素材，从而进行应用。

2.1.3 "合成"面板

"合成"面板是After Effects的核心面板之一，用户可以在其中实时预览视频项目的整体视觉效果，并进行各项视觉和特效的编辑工作，如图2-7所示。单击该面板底部的"放大率弹出式菜单" (44.1%) ~按钮，在弹出的菜单中可以选择显示比例，图2-8为选择比例为"25%"时的效果。

图2-7

图2-8

2.1.4 "时间轴"面板

"时间轴"面板可以控制图层效果及图层运动，用户可以在该面板中精确设置合成中各种素材的位置、时间、特效和属性等，以合成影片，还可以调整图层的顺序和制作关键帧动画，如图2-9所示。

图2-9

2.1.5 其他常用面板

"默认"工作区右侧还包括一些折叠的常用面板，如"预览"面板、"属性"面板、"效果和预设"面板等，如图2-10所示。单击面板标题可将其展开，如图2-11所示。

图2-10

图2-11

执行"窗口"命令，在其菜单中执行命令将打开相应的面板，用户可以将其放置在常用面板区域中进行应用。

2.1.6 课堂实操：场景重塑

实操 2-1 / 场景重塑

实例资源 ▶ 第2章\课堂实操\场景重塑\"素材"文件夹

本案例将练习制作场景重塑的效果，涉及的知识点包括等"项目"面板的应用、"时间轴"面板的应用等。具体操作方法介绍如下。

Step 01 打开After Effects软件，将素材文件夹中的素材拖拽至"项目"面板中，如图2-12所示。

微课视频

Step 02 执行"合成>新建合成"命令，打开"合成设置"对话框，新建空白合成，如图2-13所示。

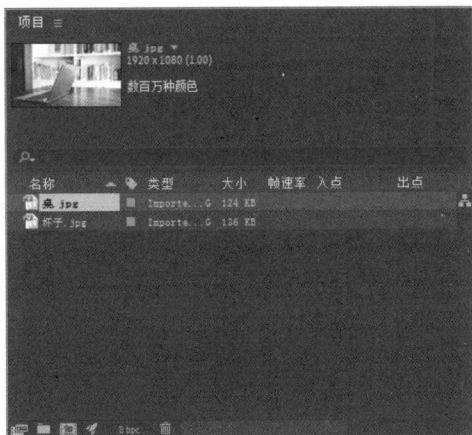

图2-12

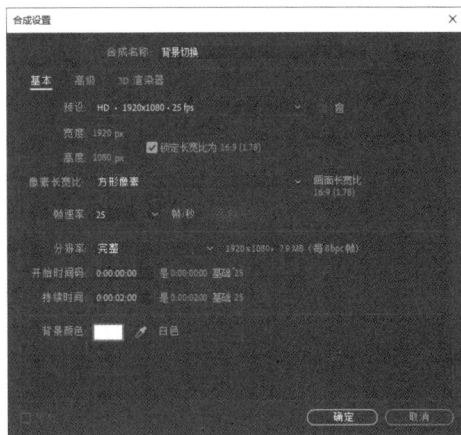

图2-13

Step 03 完成后单击"确定"按钮新建合成，将"杯子"素材拖拽至"时间轴"面板，将"桌"素材拖拽至杯子图层下方，如图2-14所示。

Step 04 选中杯子图层，在"时间轴"面板中设置"位置"参数为"1412.0,787.0"，设置"缩放"参数为"66.0,66.0%"，如图2-15所示。

图2-14

图2-15

Step 05 在"合成"面板中预览效果，如图2-16所示。

Step 06 选中杯子图层，选择"工具"面板中的钢笔工具 ，沿杯子轮廓绘制形状以创建蒙版，如图2-17所示。

图2-16

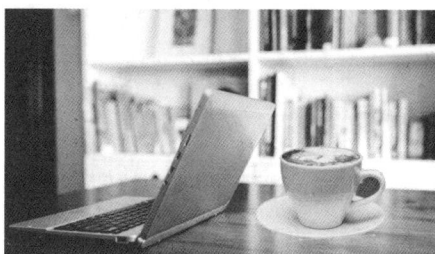

图2-17

Step 07 使用相同的方法，选中杯子图层，沿把手内侧绘制形状，在"时间轴"面板中设置"蒙版2"的混合模式为"相减"，效果如图2-18所示。

Step 08 在"时间轴"面板中展开"蒙版"属性设置参数，如图2-19所示。

图2-18

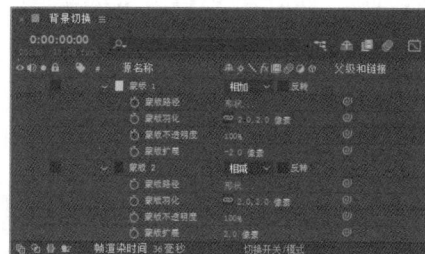

图2-19

Step 09 效果如图2-20所示。

Step 10 不选择任何图层，使用椭圆工具 绘制一个黑色椭圆，如图2-21所示。

图2-20

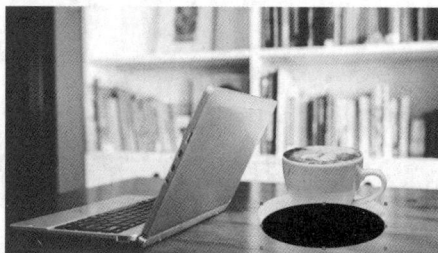

图2-21

Step 11 在"时间轴"面板中选中形状图层1，将其拖拽至杯子图层下方，效果如图2-22所示。

Step 12 选中形状图层1，执行"效果>模糊和锐化>高斯模糊"命令添加效果，在"效果控件"面板中设置参数，如图2-23所示。

图2-22

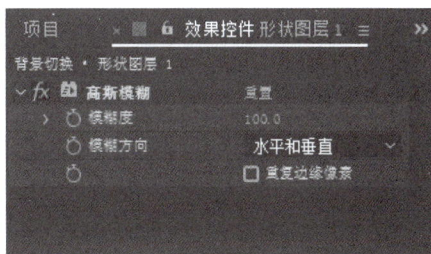

图2-23

Step 13 效果如图2-24所示。

至此，完成场景重塑效果的制作。

2.2 项目与合成

图2-24

After Effects中的项目是一个整体的工作环境，存储了合成、素材等信息，其中的媒体素材一般以链接的形式存在，而合成是图层的集合，是进行视频后期制作的核心部分，每个合成都有自己独立的时间线和图层结构。本节将对项目与合成进行介绍。

2.2.1 创建与管理项目

项目文件一般存储在硬盘中，扩展名为.aep，用户可以根据影视后期制作需要创建项目并对其进行管理，下面将对此进行介绍。

1. 创建项目

创建项目的方式一般有以下三种：

- 单击主页中的"新建项目"按钮；
- 执行"文件>新建>新建项目"命令；
- 按Ctrl+Alt+N组合键。

这三种方式均可新建默认设置的空白项目，如图2-25所示。

图2-25

单击"项目"面板名称右侧的"菜单" ≡ 按钮，在弹出的快捷菜单中执行"项目设置"命令，打开"项目设置"对话框，如图2-26所示。从中可以设置视频渲染和效果、时间显示样式等参数。

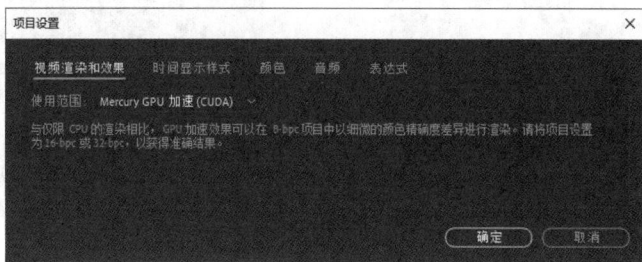

图2-26

2. 打开项目

除了新建项目外，也可以选择打开已有的项目文件进行操作，常用打开项目的方式有以下4种。

• 单击主页中的"打开项目"按钮，打开"打开"对话框，从中选择项目文件，单击"打开"按钮即可。

• 执行"文件>打开项目"命令或按Ctrl+O组合键，打开"打开"对话框进行设置。

• 执行"文件>打开最近的文件"命令，在其子菜单中将显示最近打开的文件，进行选择即可。

• 在本地文件夹中找到项目文件，双击打开，或拖拽至"项目"或"合成"面板中。

3. 保存项目

及时保存文件是避免因误操作或意外关闭造成损失的有效方法，下面将对保存项目的操作进行介绍。

（1）保存项目

对于保存过的项目文件，执行"文件>保存"命令或按Ctrl+S组合键便可自动覆盖原项目进行保存。对于从未保存过的项目文件，执行"文件>保存"命令，将打开"另存为"对话框，从中可以设置项目文件的存储名称和存储位置，设置完成后单击"保存"按钮将根据设置保存文件。

（2）另存为

若既想保留原有项目，又想保留当前项目的更改内容，可以执行"文件>另存为>另存为"命令或按Ctrl+Shift+S组合键，打开"另存为"对话框进行设置。

2.2.2　导入素材

素材是构建动画、特效和合成的基本组件，包括视频、音频、图像、文件、预合成等多种类型，用户可以选择导入外部素材进行应用，导入素材常用的方式有以下几种。

• 执行"文件>导入>文件"命令或按Ctrl+I组合键，打开"导入文件"对话框，如图2-27所示，从中选择素材后，单击"导入"按钮即可。

• 执行"文件>导入>多个文件"命令或按Ctrl+Alt+I组合键，打开"导入多个文件"对话框，如图2-28所示，从中选择素材后，单击"导入"按钮。要注意的是，执行该命令导入素材后，将再次打开"导入多个文件"对话框继续导入操作，而不需要多次执行导入命令。

• 在"项目"面板素材列表空白区域单击鼠标右键，在弹出的快捷菜单中执行"导入>文件"命令，打开"导入文件"对话框进行设置。

- 在"项目"面板素材列表空白区域双击鼠标，打开"导入文件"对话框进行设置。
- 将素材文件或文件夹直接拖拽至"项目"面板。

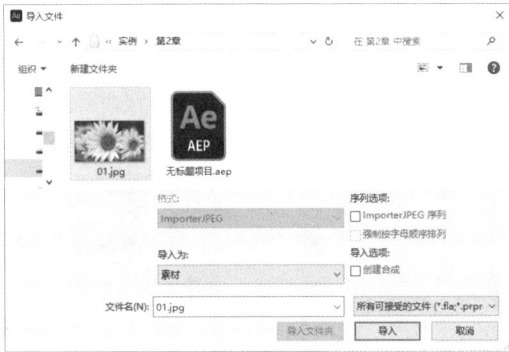

图2-27

图2-28

Premiere项目文件可以以层的形式直接导入After Effects。执行"文件>导入>导入Adobe Premiere Pro项目"命令，打开"导入Adobe Premiere Pro项目"对话框选择文件，单击"打开"按钮，在弹出的"Premiere Pro导入器"对话框中设置参数，如图2-29所示。单击"确定"按钮，将其以新合成和文件夹的形式导入After Effects，如图2-30所示。

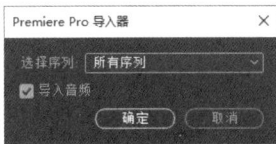

图2-29

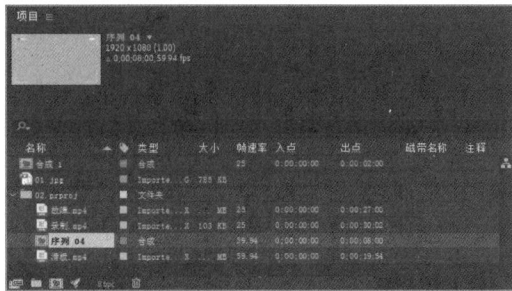

图2-30

2.2.3 编辑与管理素材

编辑与管理制作过程中使用的大量素材可以方便团队协作和后续的整理，下面将对此进行介绍。

1. 排序素材

"项目"面板中的素材默认以名称排序，用户可以单击其他列的名称，切换至该列排序，图2-31为通过"大小"排序的效果。再次单击相同的列名称，将反向排列顺序。

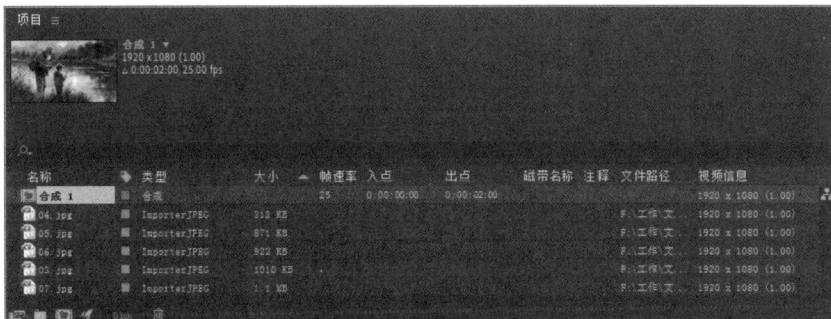

图2-31

若当前列中没有合适的属性，用户可以单击"项目"面板的菜单按钮，在弹出的菜单中执行"列数"命令，从中选择要显示的列，如图2-32所示。

2. 归纳素材

为了便于区分素材，可以新建文件夹进行归纳，即将不同类型的文件分门别类地放置在文件夹中。After Effects提供了三种常用的新建文件夹的方式。

● 执行"文件>新建>新建文件夹"命令或按Ctrl+Alt+Shift+N组合键；

● 在"项目"面板素材列表空白区域单击鼠标右键，在弹出的快捷菜单中执行"新建文件夹"命令；

● 单击"项目"面板下方的"新建文件夹" 🔳 按钮。

这三种方式都将在"项目"面板中新建一个文件夹，如图2-33所示。用户可以通过修改文件夹名称进行区分，完成后将素材按照需要拖拽至文件夹中即可。

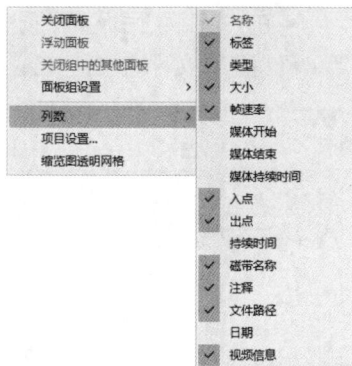

图2-32

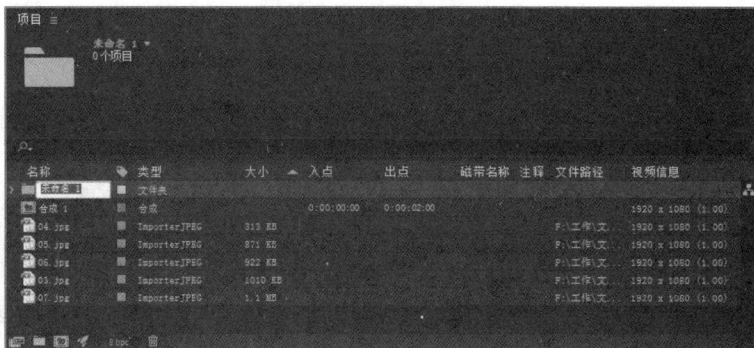

图2-33

3. 搜索素材

"项目"面板中提供了搜索框，在其中输入关键字，可以快速找到相应的素材，如图2-34所示。

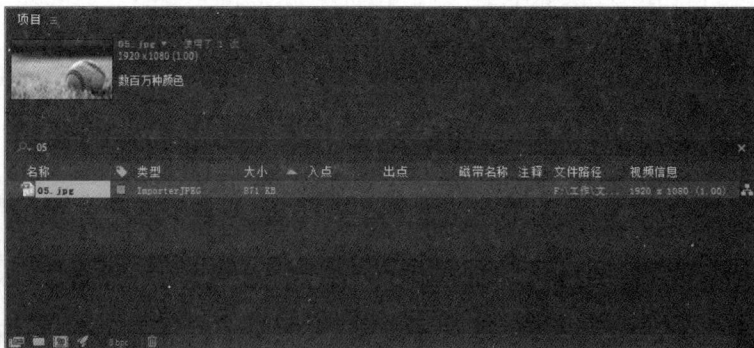

图2-34

4. 替换素材

"替换素材"命令可以将当前素材替换为其他素材，而保持动画、特效和属性不变。在"项目"面板中选中要替换的素材并单击鼠标右键，在弹出的快捷菜单中执行"替换素材>文件"命令，打开"替换素材文件"对话框，如图2-35所示。从中选择素材进行替换即可。

图2-35

要注意的是，在替换素材时，需要在"替换素材文件"对话框中取消选择"ImporterJPEG序列"复选框，以避免因"项目"面板中同时存在两个素材而出现替换失败的情况。

在"替换素材"子菜单中，用户还可以执行"纯色"命令或"占位符"命令进行替换，如图2-36所示。其中，占位符是一个静止的彩条图像，执行该命令后软件会自动生成占位符，而不需提供相应的占位符素材，如图2-37所示。

图2-36

图2-37

5. 代理素材

代理素材是指使用低分辨率或低质量的素材代替已编辑好的素材，从而加快渲染显示，提高编辑速度。用户可以选择创建代理或设置代理。

（1）创建代理

使用"创建代理"命令可对在"项目"面板或"时间轴"面板中选择的素材或合成创建代理。此命令将选定的素材添加到"渲染队列"面板中，并将"渲染后动作"选项设置为"设置代理"。

选中"项目"面板中的素材，单击鼠标右键，在弹出的快捷菜单中执行"创建代理"命令，选择"静止图像"或"影片"后，打开"将帧输出到"对话框，从中设置代理名称和输出目标后，在"渲染队列"面板中指定渲染设置后单击"渲染" 按钮，在"项目"面板中选中的素材名称左侧将出现代理指示器，如图2-38所示。单击代理指示器可以在原始素材和代理素材之间进行切换。

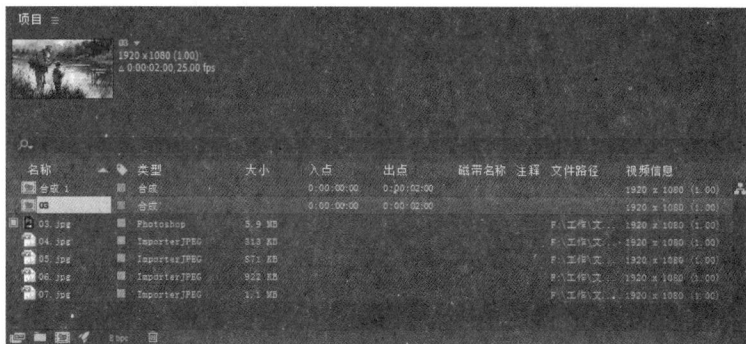

图2-38

（2）设置代理

若已有代理文件，可在选中原始素材项目后单击鼠标右键，在弹出的快捷菜单中执行"设置代理>文件"命令，或按Ctrl+Alt+P组合键打开"设置代理文件"对话框选择代理文件使用，如图2-39所示。

图2-39

2.2.4 创建与编辑合成

合成是影片的框架，主要用于创建、组织和管理动画、特效以及各种图层元素。本节将对合成的创建与编辑进行介绍。

1. 创建合成

创建合成一般包括两种形式，即创建空白合成和基于素材创建合成。

（1）创建空白合成

执行"合成>新建合成"命令或按Ctrl+N组合键，打开"合成设置"对话框，如图2-40所示。从中设置参数后，单击"确定"按钮，将创建空白合成，如图2-41所示。

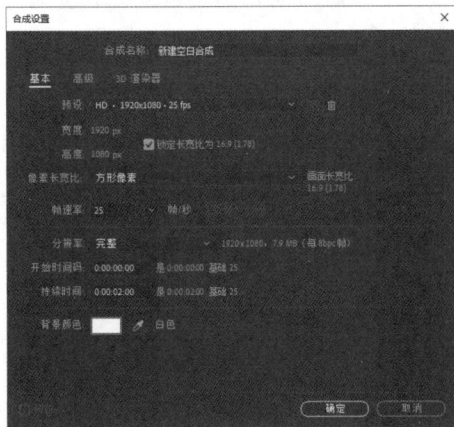

图2-40

图2-41

用户也可以单击"项目"面板底部的"新建合成" 🎞 按钮，或在"项目"面板素材列表空白区域单击鼠标右键，在弹出的快捷菜单中执行"新建合成"命令，打开"合成设置"对话框进行创建。

（2）基于素材创建合成

除了新建空白合成外，用户也可以基于素材创建合成。选中"项目"面板中的某个素材，单击鼠标右键，在弹出的快捷菜单中执行"基于所选项新建合成"命令，或将该素材拖拽至"项目"面板底部的"新建合成" 🎞 按钮即可，如图2-42所示。

若选中的是多个素材，进行相同的操作后，将打开"基于所选项新建合成"对话框，如图2-43所示。从中可以设置创建单个合成、多个合成及合成的选项，完成后单击"确定"按钮即可。

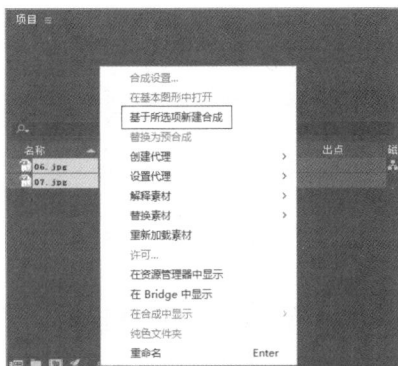

图2-42

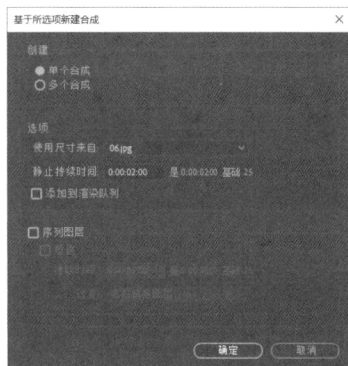

图2-43

该对话框中部分常用选项作用如下。

- 使用尺寸来自：用于选择新合成从而获取合成设置的素材项目。
- 静止持续时间：用于设置添加的静止图像的持续时间。
- 添加到渲染队列：选择该复选框可将新合成添加到渲染队列中。
- 序列图层：按顺序排列图层，可以选择使其在时间上重叠、设置过渡的持续时间以及选择过渡类型。

2. 设置合成

用户可以在创建合成时设置合成参数，也可以在创建合成后选中合成，执行"合成>合成设置"命令或按Ctrl+K组合键打开"合成设置"对话框重新设置，如图2-44所示。

要注意的是，虽然用户可以在操作过程中随时设置合成参数，但考虑到最终输出效果，还是在创建时指定像素长宽比和帧速率等参数比较好。

3. 嵌套合成

嵌套合成也被称为预合成，是指将一个或多个图层组合成一个新的合成，这个新合成可以作为一个单独的图层使用在主合成中。该操作可用于管理和组织复杂合成，还可以简化主合成中的图层数量。

在"时间轴"面板中选择图层，执行"图层>预合成"命令或按Ctrl+Shift+C组合键，打开"预合成"对话框，如图2-45所示。从中设置新合成的名称、属性等参数后，单击"确定"按钮即可。

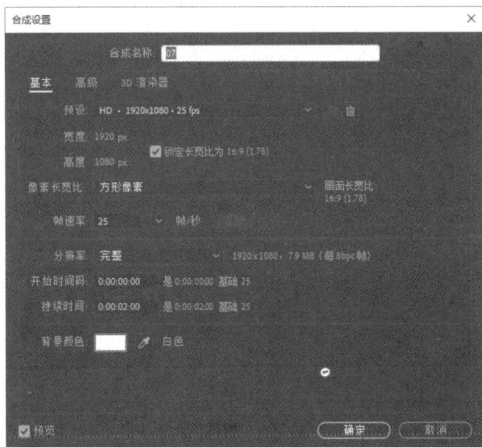

图2-44

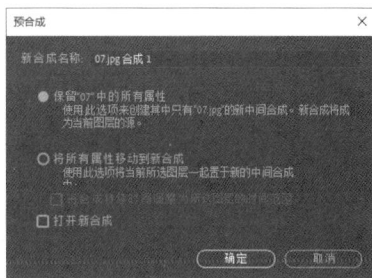

图2-45

2.2.5 课堂实操：逐字跃动

实操2-2 / 逐字跃动

📦 **实例资源** ▸ 第2章\课堂实操\逐字跃动\"素材"文件夹

本案例将练习制作逐字跃动的效果，涉及的知识点包括项目和合成的创建、素材的导入等。具体操作方法介绍如下。

微课视频

Step 01 打开After Effects软件，单击主页中的"新建项目"按钮，新建项目，执行"文件>另存为>另存为"命令，打开"另存为"对话框，设置参数，如图2-46所示。完成后单击"保存"按钮，保存项目文件。

Step 02 执行"合成>新建合成"命令，打开"合成设置"对话框，设置参数，如图2-47所示。完成后单击"确定"按钮，创建空白合成。

图2-46

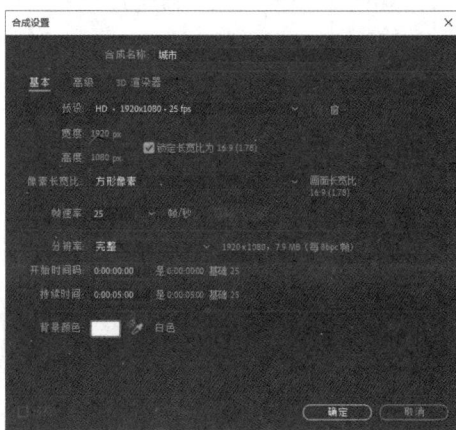

图2-47

Step 03 执行"文件>导入>文件"命令，打开"导入文件"对话框，选择素材文件，如图2-48所示。

Step 04 完成后单击"导入"按钮，将其导入，如图2-49所示。

图2-48

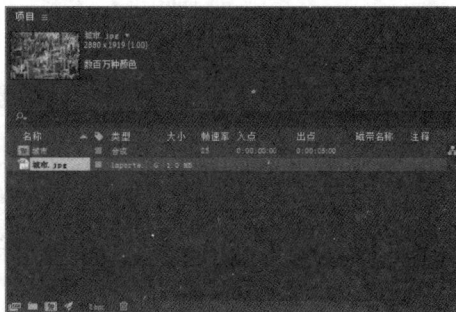

图2-49

Step 05 将导入的素材图片拖拽至"时间轴"面板中，在"对齐"面板中单击"左对齐" 🔲 和"顶对齐" 🔲 按钮，调整素材与合成对齐，效果如图2-50所示。

Step 06 移动当前时间指示器至0:00:00:00处，单击"位置"参数左侧的"时间变化秒表" 🔘 按钮添加关键帧，如图2-51所示。

图2-50

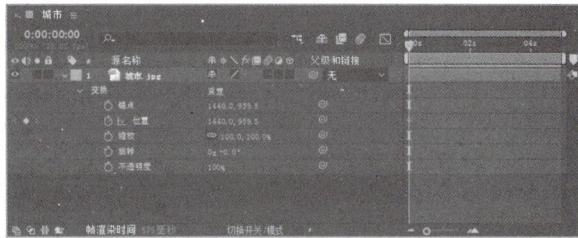

图2-51

Step 07 移动当前时间指示器至0:00:04:24处，在"对齐"面板中单击"右对齐" ▤ 和"底对齐" ▥ 按钮，调整对齐，效果如图2-52所示。"时间轴"面板中将自动添加关键帧，如图2-53所示。

图2-52

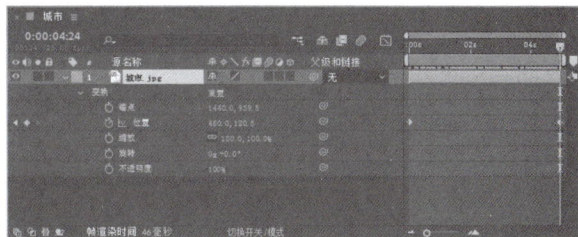

图2-53

Step 08 选择横排文字工具 **T**，在"合成"面板中单击输入文本，在"属性"面板中设置文本参数，如图2-54所示。效果如图2-55所示。

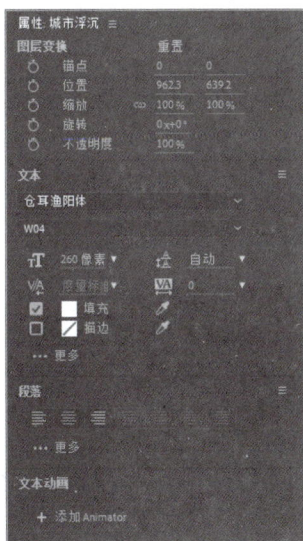

图2-54

图2-55

Step 09 在"效果和预设"面板中搜索"交替字符进入"动画预设，拖拽至文本图层，如图2-56所示。

Step 10 选中文本图层，在英文输入状态下，按U键显示图层所添加关键帧的属性，调整关键帧位置，如图2-57所示。

图2-56

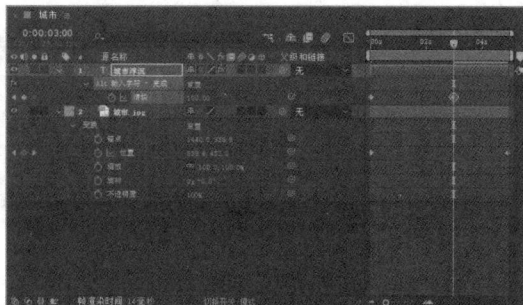

图2-57

Step 11 按空格键预览效果，如图2-58所示。

图2-58

至此，完成逐字跃动效果的制作。

2.3 渲染和输出

当影片制作完成后，可以通过渲染和输出将其输出为便于存储和传输的其他格式，从而和其他软件相衔接。下面将对此进行介绍。

2.3.1 预览效果

预览可以实时查看合成效果，以便进行调整和优化。执行"窗口>预览"命令，打开"预览"面板，如图2-59所示。从中设置参数，可以改变预览效果。

"预览"面板中部分常用选项作用如下。

• 快捷键：选择用于播放/停止的键盘快捷键，默认为空格键。选择不同的快捷键时，预览设置也会有所不同。

• 重置 ↻：单击该按钮将恢复所有快捷键的默认预览设置。

• 包含 ：用于设置在预览时播放的内容，从左至右依次为包含视频、包含音频、包含叠加和图层控件。

• 循环 ：用于设置是否要循环播放预览。

• 在回放前缓存：选择该复选框，在开始回放前将缓存帧。

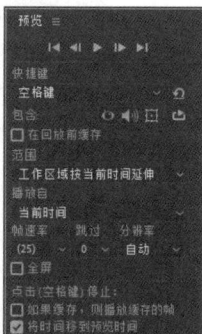

图2-59

- 范围：用于设置要预览的帧的范围。
- 帧速率：用于设置预览的帧速率，选择"自动"则与合成的帧速率相等。
- 跳过：选择预览时要跳过的帧数，以提高播放性能。
- 分辨率：用于指定预览分辨率。

2.3.2 "渲染队列"面板

渲染是从合成创建影片帧的过程，包括预览和最终输出。在After Effects中，渲染和导出影片主要通过"渲染队列"面板进行操作，将合成放入"渲染队列"面板中后，它将变为渲染项，用户可以一次性添加多个渲染项，批量进行渲染。

选中要渲染的合成，执行"合成>添加到渲染队列"命令或按Ctrl+M组合键，将其添加至渲染队列，如图2-60所示。也可以直接将合成拖拽至"渲染队列"面板进行添加。

图2-60

"渲染队列"面板中包括"渲染设置"和"输出模块"两部分，下面将对这两部分进行介绍。

1. 渲染设置

渲染设置应用于每个渲染项，并确定如何渲染该特定渲染项的合成，包括输出帧速率、持续时间、分辨率等。单击"渲染队列"面板"渲染设置"右侧的模块名称打开"渲染设置"对话框，如图2-61所示。该对话框中部分选项作用如下。

- 品质：用于设置图层的品质。
- 分辨率：用于设置合成的分辨率。
- 代理使用：用于设置渲染时是否使用代理。
- 场渲染：用于设置是否使用渲染合成的场渲染技术。

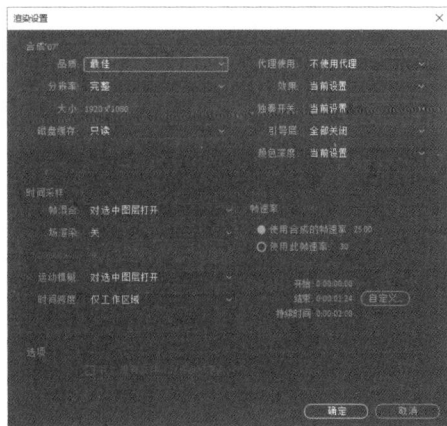

图2-61

- 时间跨度：用于设置要渲染合成的持续时间。
- 帧速率：用于设置渲染影片时使用的采样帧速率。

2. 输出模块

输出模块应用于每个渲染项，并确定如何针对最终输出处理渲染的影片，包括输出格式、压缩选项、裁剪等。单击"渲染队列"面板"输出模块"右侧的模块名称打开"输出模块设置"对话框，如图2-62所示。该对话框中部分选项作用如下。

- 格式：用于设置输出文件或文件序列的格式。
- 格式选项：单击该按钮将打开相应的格式选项对话框，以设置视频及音频参数，图2-63所示为"H.264选项"对话框。
- 通道：用于设置输出通道。

- 深度：用于设置输出影片的颜色深度。
- 颜色：用于设置使用Alpha通道创建颜色的方式。
- 调整大小：用于设置输出影片的大小。
- 裁剪：用于在输出影片的边缘减去或增加像素行或列。其中数值为正将裁剪输出影片，数值为负将增加像素行或列。
- 音频输出：用于设置输出音频参数。

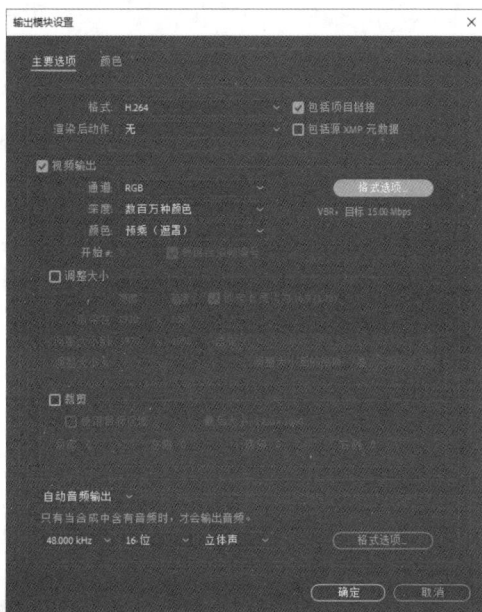

图2-62

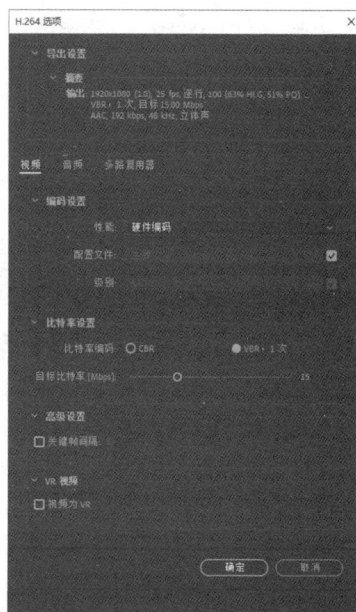

图2-63

2.4 实战演练：细雨纷飞 AIGC

实操2-3 细雨纷飞

📦 **实例资源** ▶ 第2章\实战演练\"素材"文件夹

本案例将综合应用本章所学知识制作细雨纷飞的效果，以达到举一反三、学以致用的目的。下面将对具体操作思路进行介绍。

Step 01 使用AIGC工具，如即梦AI，通过关键字生成阴天背景，如图2-64所示。选择第1张图保存。

微课视频

图2-64

Step 02 打开After Effects软件，新建项目。执行"文件>导入>文件"命令，打开"导入文件"对话框，选择素材文件，如图2-65所示。

Step 03 完成后单击"导入"按钮，将其导入。选中导入的素材文件，单击鼠标右键，在弹出的快捷菜单中执行"基于所选项新建合成"命令，新建合成，如图2-66所示。

图2-65

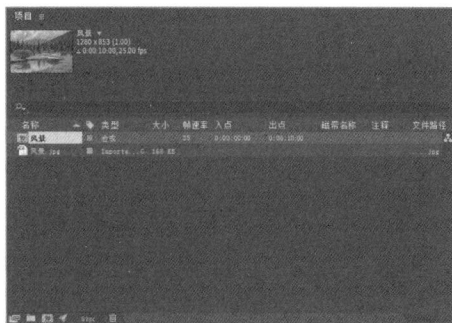

图2-66

Step 04 在"项目"面板素材列表空白区域单击鼠标右键，弹出快捷菜单，执行"导入>纯色"命令，打开"纯色设置"对话框，设置参数，如图2-67所示。完成后单击"确定"按钮，新建一个黑色层。

Step 05 在"效果和预设"面板中搜索"CC Rainfall"效果，拖拽至黑色层上，在"效果控件"面板中设置参数，如图2-68所示。此时，"合成"面板的效果如图2-69所示。

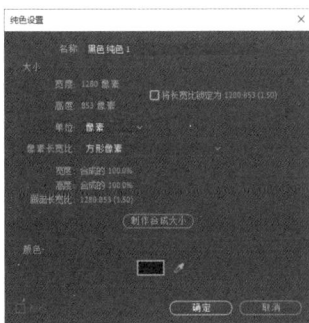

图2-67

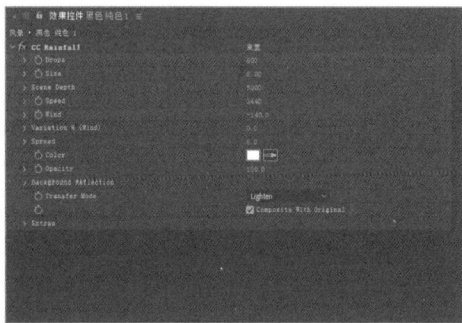

图2-68

Step 06 设置黑色层混合模式为"屏幕"，如图2-70所示。

图2-69

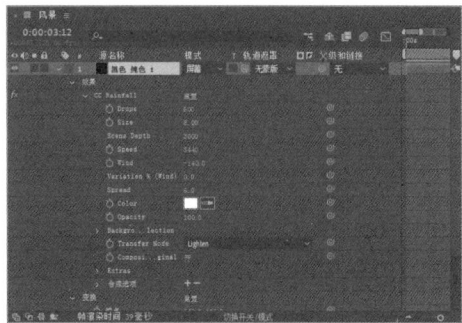

图2-70

Step 07 按空格键预览效果，如图2-71所示。

图2-71

Step 08 选中合成，执行"合成>添加到渲染队列"命令，将其添加至渲染队列，如图2-72所示。

图2-72

Step 09 单击"渲染设置"右侧的模块名称打开"渲染设置"对话框，设置参数，如图2-73所示。完成后单击"确定"按钮。

Step 10 单击"输出模块"右侧的模块名称打开"输出模块设置"对话框，设置参数，如图2-74所示。完成后单击"确定"按钮。

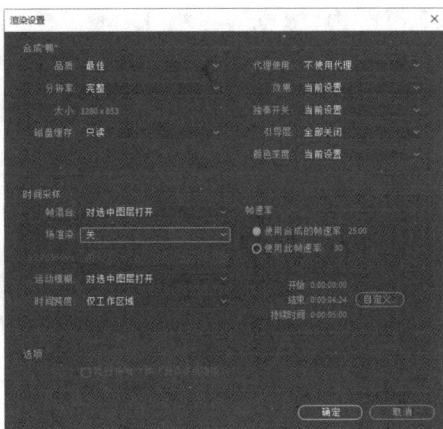

图2-73

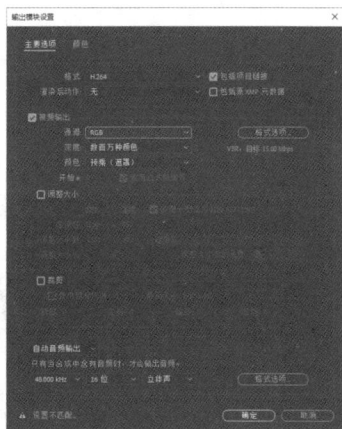

图2-74

Step 11 单击"输出到"右侧的文字，打开"将影片输出到"对话框，设置输出路径和名称，如图2-75所示。完成后单击"保存"按钮。

图2-75

Step 12 单击"渲染队列"面板中的"渲染" 按钮开始渲染，如图2-76所示。

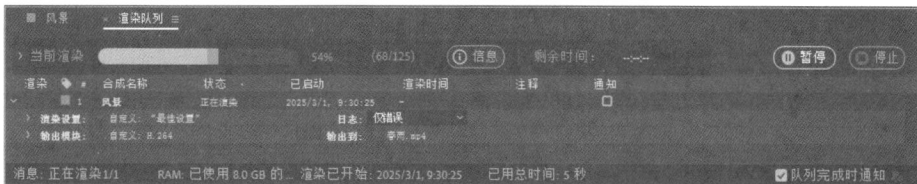

图2-76

Step 13 等待进度条完成即可在文件夹中找到输出的影片，如图2-77所示。

图2-77

至此，完成细雨纷飞效果的制作。

2.5 拓展练习

📦 **实例资源** ▶ 第2章\拓展练习\"素材"文件夹

下面将练习使用After Effects制作加载动画，如图2-78所示。

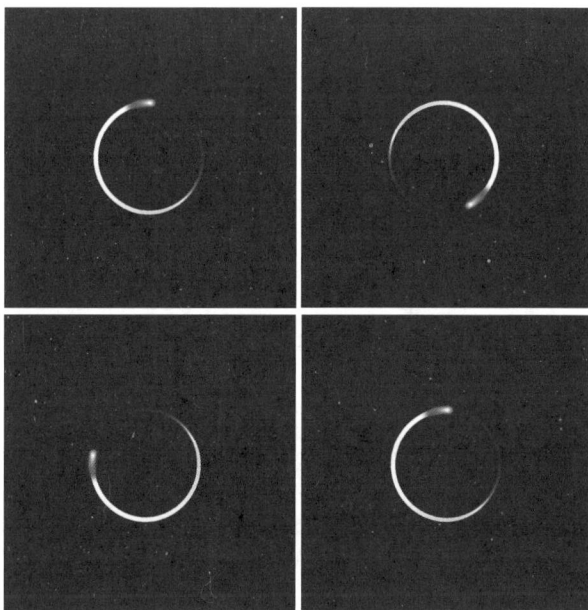

图2-78

技术要点：

- 项目与合成的创建。
- 纯色图层的创建。
- 形状的绘制。
- "勾画"和"发光"效果的应用。
- 关键帧动画的制作。
- 渲染和输出。

操作提示：

① 新建项目与合成。

② 新建纯色图层，选中纯色图层并绘制正圆。

③ 将"勾画"效果添加至纯色图层，调整效果。

④ 为"勾画"效果的"旋转"属性添加关键帧，制作旋转动画。

⑤ 添加并调整"发光"效果。

⑥ 复制图层，重新调整"勾画"和"发光"效果。

⑦ 预览渲染影片。

第 3 章

动画：图层与关键帧的应用

Ae

本章将对图层和关键帧进行介绍，包括图层的种类、属性、编辑操作，图层样式，图层混合模式，关键帧动画的创建与编辑等。了解并掌握这些知识，可以帮助用户深入了解图层，学会创建关键帧动画。

内容导读

学习目标

- 了解图层的种类和属性。
- 掌握图层的创建。
- 掌握图层的编辑操作。
- 掌握图层样式的添加与设置。
- 掌握图层混合模式的应用。
- 掌握关键帧动画的创建与编辑。

素养目标

- 培养影视后期制作人员对图层元素的理解，使其了解并掌握图层操作的基本技能，能够精准地应用各种类型的图层。
- 通过学习图层和关键帧的应用，提升影视后期制作人员制作视频特效的能力。

案例展示

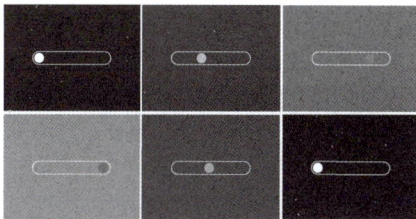

明暗开关

模糊聚焦

3.1 图层基础知识

图层是构成合成的基本元素，承载着各种内容和属性，是After Effects中最重要的概念之一。本节将对图层的种类及属性进行介绍。

3.1.1 图层的种类

根据承载内容的不同，一般可以将图层分为素材图层、文本图层、纯色图层、形状图层、灯光图层等不同类型的图层，这些图层的作用各不相同，下面将对此进行介绍。

- 素材图层：After Effects中最常见的图层就是素材图层。将图像、视频、音频等素材从外部导入After Effects软件，然后应用至"时间轴"面板，会自动形成素材图层，用户可以对其进行移动、缩放、旋转等操作。
- 文本图层：使用文本图层可以快速创建文字，并制作文字动画，还可以进行移动、缩放、旋转及改变透明度等操作。此外，还可以应用各种特效，如模糊、阴影和颜色渐变等，使文字更加生动和引人注目。
- 纯色图层：用户可以创建任何颜色和尺寸（最大尺寸可达30000像素×30000像素）的纯色图层，纯色图层和其他素材图层一样，可以创建遮罩、修改图层的变换属性，还可以添加特效。
- 灯光图层：灯光图层主要用于模拟不同种类的真实光源，即模拟出真实的阴影效果。
- 摄像机图层：摄像机图层常用于固定视角。用户可以制作摄像机动画，模拟真实的摄像机游离效果。要注意的是，摄像机和灯光不影响2D图层，仅适用于3D图层。
- 空对象图层：空对象图层是具有可见图层的所有属性的不可见图层。用户可以将"表达式控制"效果应用于空对象，然后使用空对象控制其他图层中的效果和动画。空对象图层多用于制作父子链接和配合表达式等。
- 形状图层：形状图层可以制作多种矢量图形效果。在不选择任何图层的情况中，使用形状工具或钢笔工具可以直接在"合成"面板中绘制形状生成形状图层。
- 调整图层：调整图层效果可以影响在图层堆叠顺序中位于该图层之下的所有图层。用户可以通过调整图层同时将效果应用于多个图层。
- Photoshop图层：执行"图层>新建>Adobe Photoshop文件"命令，可创建PSD图层及PSD文件，在Photoshop中打开该文件并进行更改保存后，After Effects中引用的这个PSD源文件的影片也会随之更新。创建的PSD图层的尺寸与合成一致，色位深度与After Effects项目相同。

3.1.2 图层的属性

每个图层都具有属性，通过修改属性并创建对应的关键帧，可以制作动画效果。大部分图层都具有锚点、位置、缩放、旋转和不透明度5个基本属性，如图3-1所示。下面将对此进行介绍。

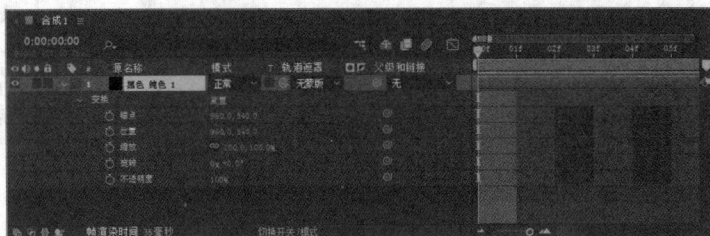

图3-1

1. 锚点

锚点又被称为变换点或变换中心，一般位于图层的中心，是图层的轴心点。在"时间轴"面板中调整"锚点"参数时，素材随参数变化而变化，如图3-2、图3-3所示。

图3-2

图3-3

若想调整锚点位置，可以选择"工具"面板中的"向后平移（锚点）工具"，选中锚点并进行移动，如图3-4所示。此时，"时间轴"面板中的"锚点"参数和"位置"参数都将发生变化，如图3-5所示。若仅需更改"锚点"参数，可以在选择"向后平移（锚点）工具"后，按住Alt键进行拖动。

图3-4

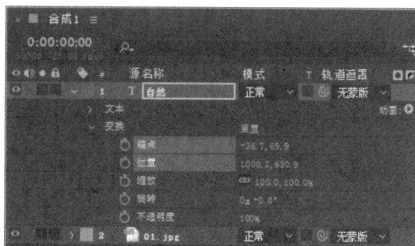
图3-5

知识链接

双击"工具"面板中的"向后平移（锚点）工具"，可以将锚点重置到它在图层中的默认位置；按住Alt键双击"向后平移（锚点）工具"，可以将锚点和图层对象的位置重置为初始的默认状态；按住Ctrl键双击"向后平移（锚点）工具"，可以将锚点移动至图层对象的中心处。

2. 位置

位置可以控制图层对象的位置，调整"位置"参数后，可在"合成"面板中查看效果，如图3-6所示。用户也可以使用"选取工具"选中图层对象，在"合成"面板中进行移动，如图3-7所示。

图3-6

图3-7

3. 缩放

图层对象的缩放将以锚点为中心进行，锚点位置不同缩放效果也会有所不同，如图3-8、图3-9所示。取消选择"约束比例" 按钮，可以单独调整水平方向或垂直方向的缩放。

图3-8

图3-9

在"时间轴"面板中右击"缩放"属性值，在弹出的快捷菜单中执行"编辑值"命令，打开"缩放"对话框，如图3-10所示。从中可以设置缩放大小、单位等。

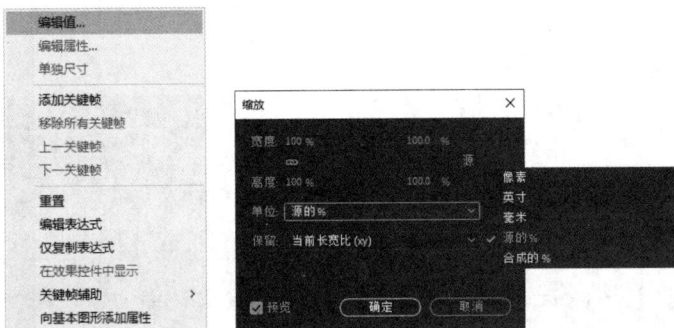

图3-10

🔗 **知识链接**

当设置"缩放"参数为负值时，将翻转图层对象。

---

4. 旋转

旋转图层时，将以锚点为中心进行，图3-11、图3-12为旋转前后对比效果。

图3-11

图3-12

🔗 **知识链接**

"旋转"参数的第一部分是完整旋转的数目，第二部分是部分旋转的度数。

---

5. 不透明度

通过设置不透明度可以设置图层的透明效果，图3-13、图3-14分别为不透明度为20%和80%的效果。

图3-13

图3-14

知识链接

在编辑图层属性时，可以利用快捷键快速打开属性。选择图层后，按A键可以打开"锚点"属性，按P键可以打开"位置"属性，按R键可以打开"旋转"属性，按T键可以打开"不透明度"属性。在显示一个图层属性的前提下按Shift键及其他图层属性快捷键可以显示多个图层的属性。

3.1.3 课堂实操：明暗开关动效 AIGC

实操3-1 / 明暗开关

实例资源 ▶ 第3章\课堂实操\明暗开关

本案例将练习制作明暗开关的效果，涉及的知识点包括不同类型图层的创建、图层属性的调整等。具体操作方法介绍如下。

微课视频

Step 01 打开After Effects软件，按Ctrl+N组合键打开"合成设置"对话框，新建一个400px×300px的合成，如图3-15所示。完成后单击"确定"按钮。

Step 02 执行"图层>新建>纯色"命令，打开"纯色设置"对话框，新建一个品蓝色（#00C0FF）纯色，如图3-16所示。完成后单击"确定"按钮。

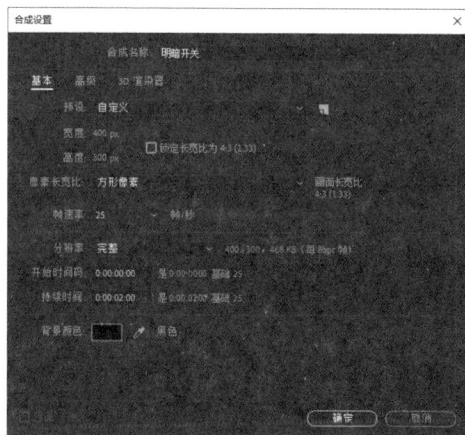

图3-15

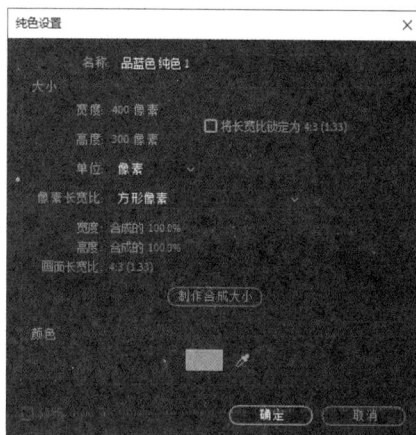

图3-16

Step 03 在"效果和预设"面板中搜索"更改为颜色"效果，拖拽至纯色图层上，在"效果控件"面板中设置参数，如图3-17所示。

Step 04 移动当前时间指示器至0:00:00:00处，单击"至"参数左侧的"时间变化秒表" 按钮添加关键帧，如图3-18所示。

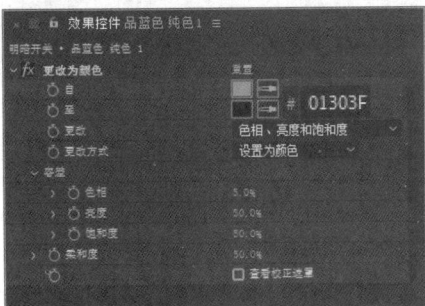

图3-17

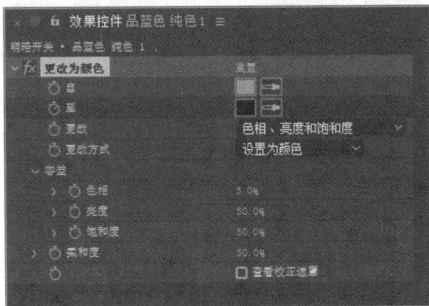

图3-18

Step 05 移动当前时间指示器至0:00:01:00处，更改"至"参数中的颜色为品蓝色（#00C0FF），如图3-19所示。软件将自动添加关键帧。

Step 06 移动当前时间指示器至0:00:02:00处，更改"至"参数中的颜色与0:00:00:00处一致，如图3-20所示。软件将自动添加关键帧。

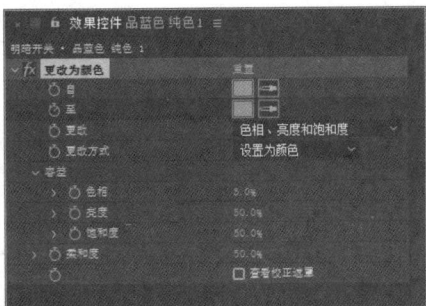

图3-19

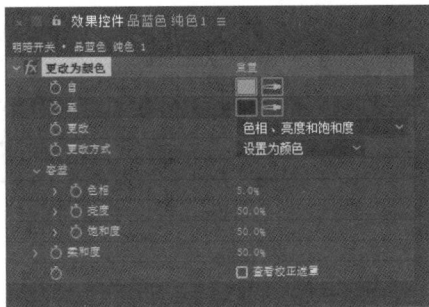

图3-20

Step 07 移动当前时间指示器至0:00:00:00处，执行"图层>新建>形状图层"命令新建形状图层，选择圆角矩形工具，在"工具"面板中设置填充为无，描边为白色，宽度为2像素，在"合成"面板中绘制圆角矩形，如图3-21所示。

Step 08 选中"时间轴"面板中的形状图层，按Ctrl+D组合键复制，在"属性"面板中调整参数，并为"填充颜色"参数和"位置"参数添加关键帧，如图3-22所示。此时，"合成"面板的效果如图3-23所示。

图3-21

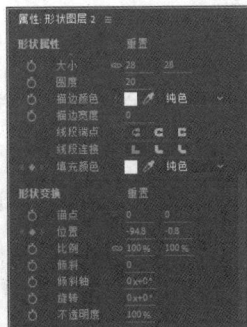

图3-22

大小、圆度、位置等参数根据自己绘制图形的大小进行调整。

Step 09 移动当前时间指示器至0:00:01:00处，更改"填充颜色"和"位置"参数，效果如图3-24所示。

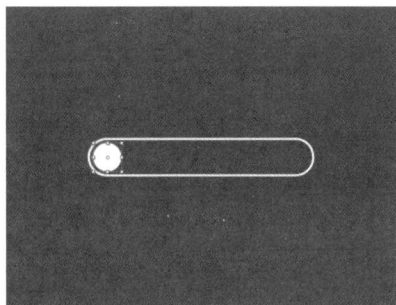

图3-23

图3-24

Step 10 移动当前时间指示器至0:00:02:00处，更改"填充颜色"和"位置"参数，如图3-25所示。效果如图3-26所示。

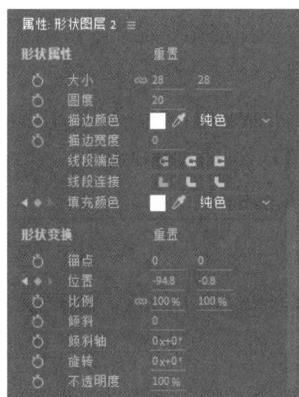

图3-25

图3-26

Step 11 按空格键预览效果，如图3-27所示。至此，完成明暗开关效果的制作。

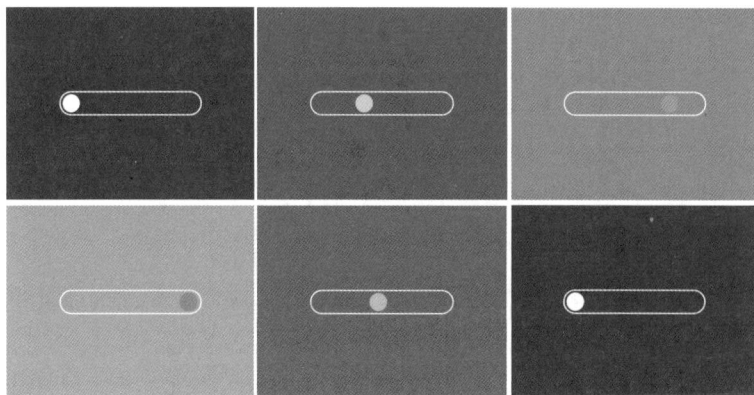

图3-27

Step 12 利用AIGC工具，如文心一言，可以查询该效果的使用场景，具体如下。

Q：Adobe After Effects制作的明暗开关动效适用于哪些场景？

A：Adobe After Effects制作的明暗开关动效因其直观性和视觉吸引力，适用于多种场景。以下是一些具体的应用场景：

- 用户界面（UI）交互：在移动应用或网页界面中，明暗开关动效可以用于表示开关按钮的状态变化，如灯光、音量、通知等功能的开启与关闭。这种动效能够即时反馈用户的操作，提升用户体验。
- 广告与宣传：在广告视频中，明暗开关动效可以用于强调产品的某个特点或功能，如节能灯的开关效果，通过明暗对比来突出产品的节能效果。
- 宣传片中，明暗变化可以营造氛围，引导观众视线，增强宣传效果。
- 游戏设计：在游戏设计中，明暗开关动效可以用于表示游戏内物品或功能的开启与关闭，如手电筒、夜视仪等道具的使用效果。这种动效能够增强游戏的沉浸感和真实感。
- 动画与短片：在动画或短片中，明暗开关动效可以用于表现场景的变化，如日出日落、灯光开关等，从而营造不同的氛围和情绪。
- 教育演示：在教育演示中，明暗开关动效可以用于解释物理现象或科学原理，如电路的开闭、光线的传播等。这种动效能够帮助学生更直观地理解抽象概念。
- 电影与电视剧：在电影与电视剧中，明暗开关动效可以用于营造紧张、悬疑或浪漫的氛围，通过灯光的明暗变化来引导观众的情绪。
- 展览与展示：在展览与展示活动中，明暗开关动效可以用于吸引观众的注意力，突出展示内容。例如，在博物馆或科技馆中，通过明暗变化来引导观众参观不同的展区或展品。

综上所述，Adobe After Effects制作的明暗开关动效因其广泛的应用场景和强大的视觉效果，在多个领域都有着重要的应用价值。通过精心设计和制作，这种动效能够提升用户体验、增强宣传效果、营造氛围、引导观众视线等，为作品增添更多的视觉吸引力和表现力。

3.2 图层的编辑操作

图层的编辑操作一般都在"时间轴"面板中进行，包括图层顺序的调整、图层样式的设置等。本节将对此进行介绍。

3.2.1 创建图层

创建图层有多种方式，用户可以创建空白图层，也可以通过现有素材创建图层，下面将对此进行介绍。

1. 创建空白图层

执行"图层>新建"命令，在其子菜单中执行命令，将创建相应类型的图层，如图3-28所示。在"时间轴"面板空白处单击鼠标右键，在弹出的快捷菜单中执行"新建"命令，在其子菜单中执行命令也将创建相应类型的图层，如图3-29所示。

图3-28

图3-29

在创建部分类型图层，如纯色图层、灯光图层时，会弹出对话框用于设置图层参数，如图3-30、图3-31所示。从中用户可以设置图层的名称等参数，根据需要进行设置即可。

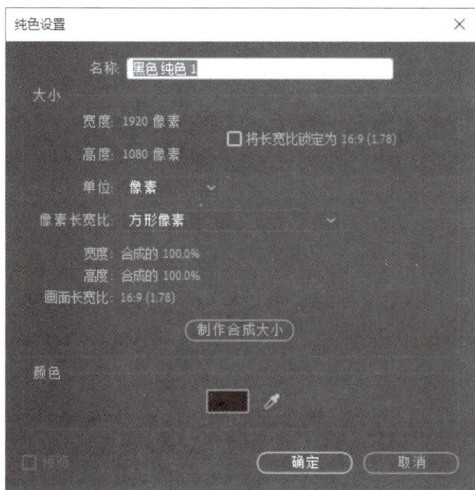

图3-30

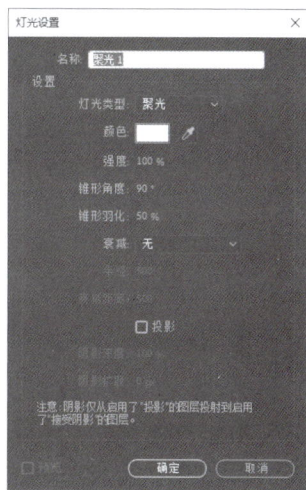

图3-31

2. 根据素材创建图层

选中"项目"面板中的素材，直接拖拽至"时间轴"面板中或"合成"面板中，将在"时间轴"面板中生成新的图层，如图3-32所示。

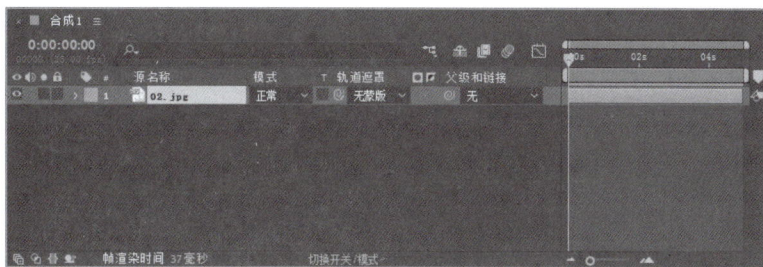

图3-32

3.2.2 编辑图层

在"时间轴"面板中，可以进行图层的扩展、工作区域调整等工作，下面将对常用操作进行介绍。

1. 选择图层

在对图层进行操作之前，首先需要选中图层，一般可以通过以下三种方式选择图层。

- 在"时间轴"面板中单击选择图层即可。按住Ctrl键可加选不连续图层，如图3-33所示；按住Shift键单击选择两个图层，可选中这两个图层之间的所有图层。
- 在"合成"面板中单击选中素材，"时间轴"面板中素材对应的图层也将被选中。
- 在键盘右侧的数字键盘中按图层对应的数字键，可选中图层。

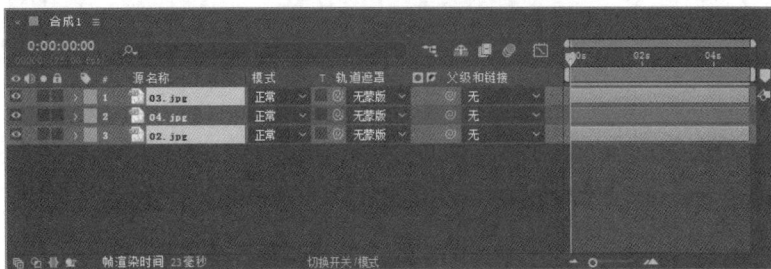

图3-33

2. 复制图层

复制图层可以创建原始图层的备份，避免在编辑过程中丢失或破坏原始图层，也可以快速制作相同的效果和动画。常用的复制图层的方式包括以下三种。

- 在"时间轴"面板中选中图层，执行"编辑>复制"命令和"编辑>粘贴"命令进行复制粘贴。
- 选中图层，按Ctrl+C组合键复制，按Ctrl+V组合键粘贴。
- 选中图层，执行"编辑>重复"命令或按Ctrl+D组合键。

图3-34为复制后效果。

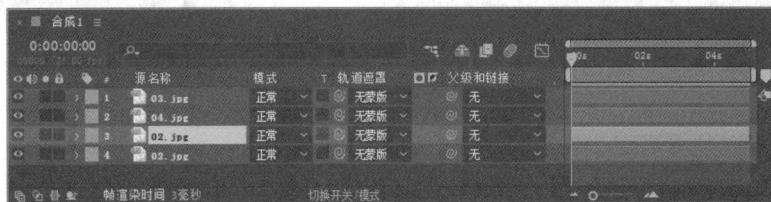

图3-34

3. 删除图层

在"时间轴"面板中选中图层，执行"编辑>清除"命令将删除该图层，也可以按Delete键或按BackSpace键快速删除。

4. 重命名图层

重命名图层可以分类整理区分素材，便于团队协作和后期修改。选择"时间轴"面板中的图层，按Enter键进入编辑状态，输入名称即可，如图3-35所示；也可以选中图层后单击鼠标右键，在弹出的快捷菜单中执行"重命名"命令，进入编辑状态输入修改即可。

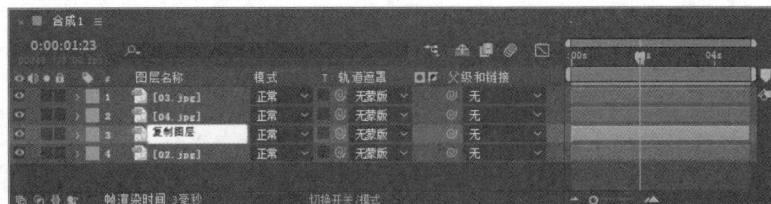

图3-35

5. 调整图层顺序

After Effects是一个层级式的后期处理软件，图层顺序影响视觉显示效果，用户可以根据制作需要进行调整。选中"时间轴"面板中的图层，执行"图层>排列"命令，在其子菜单中执行命令前移或后移选中的图层，如图3-36所示。移动后效果如图3-37所示。

将图层置于顶层	Ctrl+Shift+]
使图层前移一层	Ctrl+]
使图层后移一层	Ctrl+[
将图层置于底层	Ctrl+Shift+[

图3-36

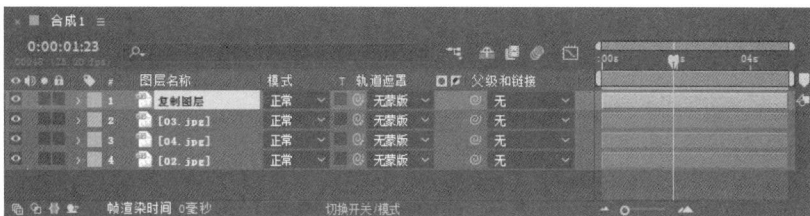

图3-37

用户也可以直接在"时间轴"面板中选中图层上下拖拽调整，如图3-38所示。

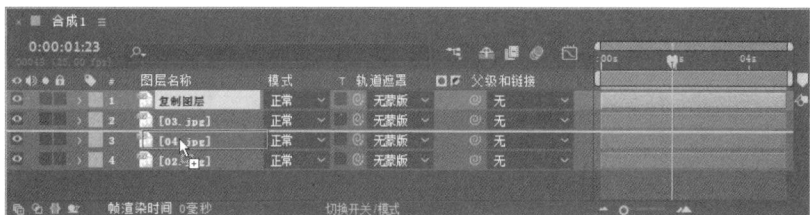

图3-38

6. 剪辑/扩展图层

剪辑和扩展图层可以调整图层长度，从而改变影片显示内容。移动鼠标至图层的入点或出点处，按住鼠标左键拖拽进行剪辑，图层长度会发生变化，如图3-39所示。

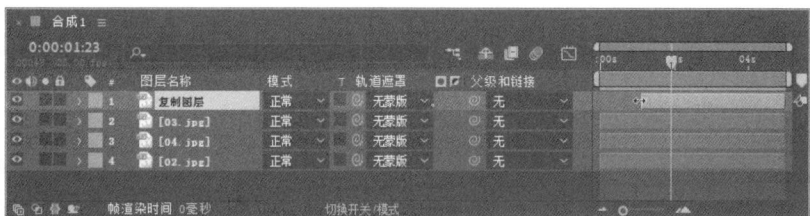

图3-39

用户也可以通过移动当前时间指示器至指定位置，选中图层后，按Alt+【组合键定义图层的入点位置，如图3-40所示；或按Alt+】组合键定义图层的出点位置，如图3-41所示。

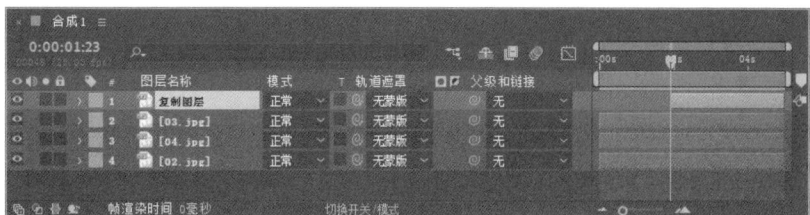

图3-40

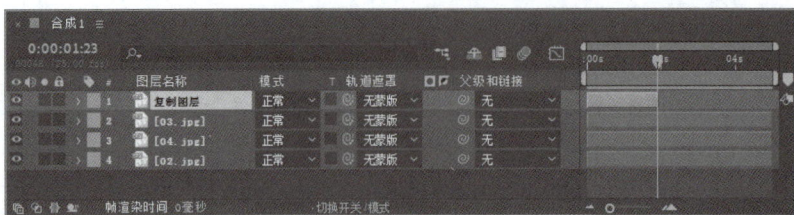

图3-41

要注意的是，图像图层和纯色图层可以随意剪辑或扩展，视频图层和音频图层可以剪辑，但不能直接扩展。

7. 提升/提取工作区域

"提升工作区域"命令和"提取工作区域"命令均可以去除工作区域内的部分素材，但适用场景和效果略有不同。下面将对此进行介绍。

"提升工作区域"命令可以移除选中图层工作区域内的内容，并保留移除后的空隙，将工作区域前后的素材拆分到两个图层中。在"时间轴"面板中调整工作区域入点和出点，如图3-42所示。

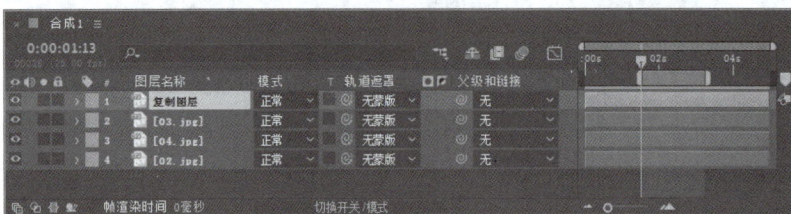

图3-42

🔗 **知识链接**

用户也可以移动当前时间指示器，按B键确定工作区域入点，按N键确定工作区域出点。

选中图层后，执行"编辑>提升工作区域"命令，提升工作区域，如图3-43所示。

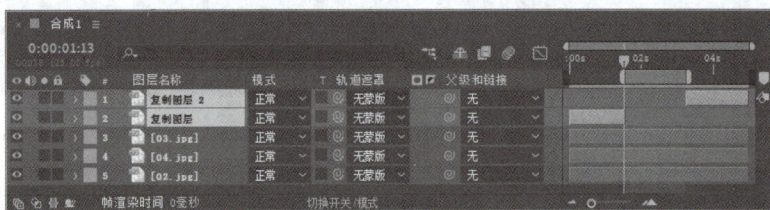

图3-43

"提取工作区域"命令同样可以移除选中图层工作区域内的内容，但不会保留空隙，如图3-44所示。

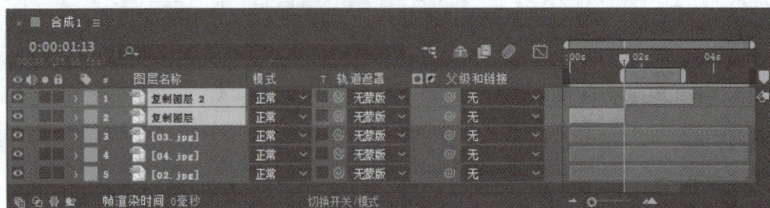

图3-44

8. 拆分图层

"拆分图层"命令可以在当前时间指示器处复制并修剪素材，使其前后段分布在两个独立的图层上，以便进行不同的操作。在"时间轴"面板中选中图层，移动当前时间指示器至要拆分的位置，执行"编辑>拆分图层"命令或按Ctrl+Shift+D组合键即可，图3-45为拆分前后效果。

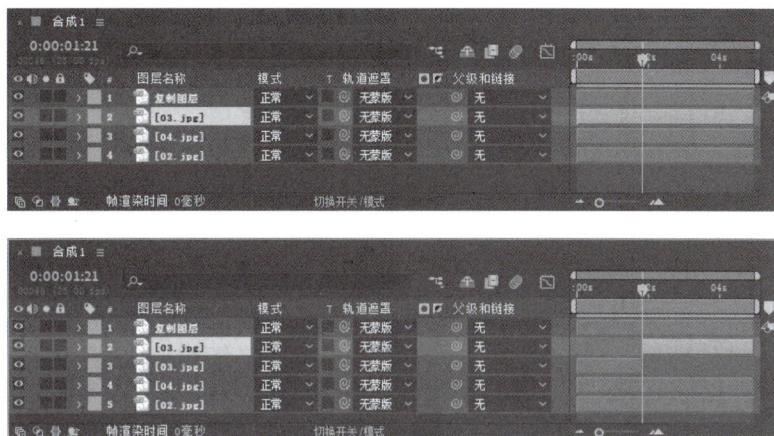

图3-45

3.2.3 图层样式

图层样式可以为图层添加各种视觉效果，如投影、发光、描边等。选中图层，执行"图层>图层样式"命令，展开其子菜单，如图3-46所示。从中执行命令后，在"时间轴"面板中进行设置，将呈现相应的效果，如图3-47所示。

常用图层样式的作用介绍如下。

- 投影：为图层增加阴影效果。
- 内阴影：为图层内部添加阴影，使图层呈现出凹陷效果。
- 外发光：产生图层外部的发光效果。

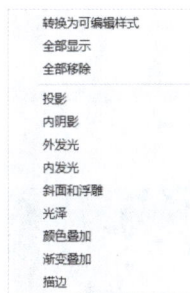

图3-46

图3-47

- 内发光：产生图层内部的发光效果。
- 斜面和浮雕：通过添加高光和阴影的各种组合，模拟冲压状态，为图层制作出浮雕效果，增加图层的立体感。
- 光泽：使图层表面产生光滑的磨光或金属质感效果。
- 颜色叠加：在图层上叠加新的颜色。
- 渐变叠加：在图层上叠加渐变颜色。

- 描边：使用颜色为当前图层的轮廓添加像素，从而使图层轮廓更加清晰。

3.2.4 父图层和子图层

父级可以将父图层的变换同步到子图层，影响除不透明度以外的所有变换属性。在一个图层成为另一个图层的父级后，该图层为父图层，另一个图层为子图层，一个图层只能有一个父级，但可以包括多个子图层。

在"时间轴"面板"父级和链接"列中选择要从中继承和变换的图层，将创建父级关系，如图3-48所示。用户也可以按住子图层中的"父级关联器"◎按钮，将其拖拽至父图层上创建父级关系。

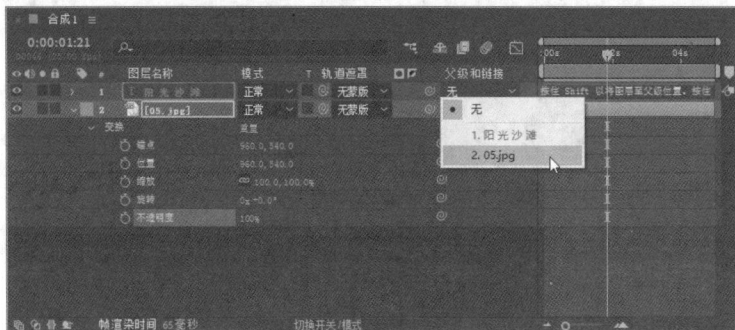

图3-48

3.2.5 课堂实操：攀登字效

实操3-2 / 攀登字效

🔖 **实例资源** ▶ 第3章\课堂实操\攀登字效\攀登.jpg

本案例将练习制作攀登字效，涉及的知识点包括关键帧动画的制作、图层样式的添加等。具体操作方法介绍如下。

微课视频

Step 01 打开After Effects软件，导入本章素材文件，并基于素材文件新建合成，如图3-49所示。

Step 02 选择横排文字工具，在"合成"面板中单击输入文本，选择合适的字体及字体样式，效果如图3-50所示。

图3-49

图3-50

Step 03 展开"时间轴"面板中的文本图层，在0:00:00:00处为"缩放"参数添加关键帧，并设置参数为"0.0,0.0%"，如图3-51所示。

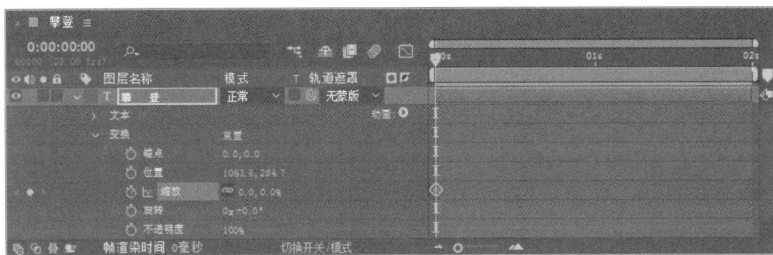

图3-51

Step 04 在0:00:00:06处设置"缩放"参数为"110.0,110.0%",0:00:00:09处设置"缩放"参数为"100.0,100.0%",软件将自动生成关键帧,如图3-52所示。

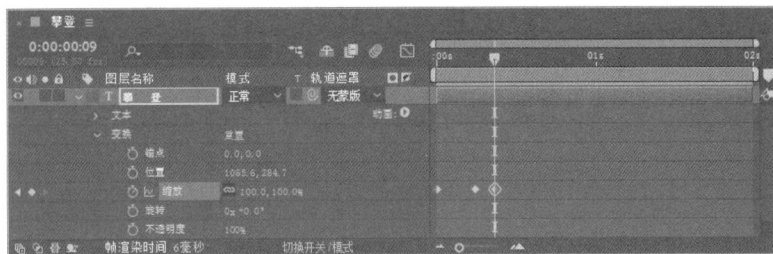

图3-52

Step 05 选中文本图层,执行"图层>图层样式>投影"命令,添加投影,在0:00:00:09处设置投影参数,如图3-53所示。

图3-53

Step 06 移动当前时间指示器至0:00:00:20处,更改"不透明度"和"大小"参数,软件将自动生成关键帧,如图3-54所示。

图3-54

Step 07 按空格键预览效果，如图3-55所示。

图3-55

至此，完成攀登字效的制作。

3.3 图层混合模式

图层的混合模式控制图层如何与其下方的图层混合或交互，在"时间轴"面板中的"模式"列中，或执行"图层>混合模式"命令，可以设置图层的混合模式，如图3-56、图3-57所示。根据混合模式结果之间的相似性，混合模式菜单通过分隔线将混合模式细分为8个类别，本节将对这8类混合模式进行介绍。

图3-56

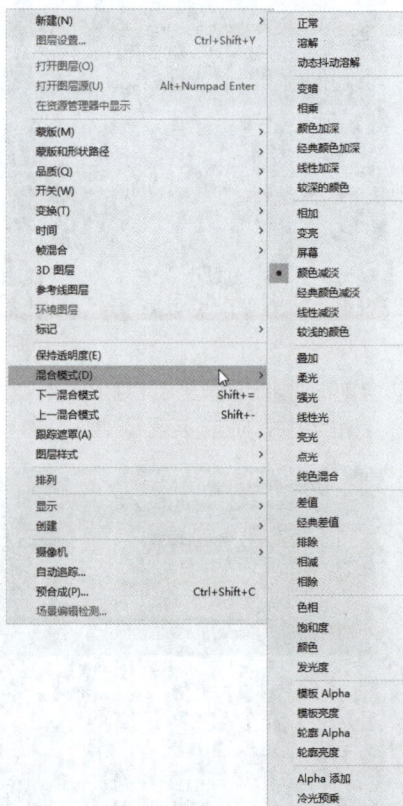

图3-57

若"时间轴"面板中未显示"模式"列，可以单击菜单按钮，在弹出的快捷菜单中执行"列数>模式"命令，或单击"时间轴"面板左下角的"展开或折叠转换控制窗格" 🔳 按钮将其显示。

3.3.1 正常模式组

在没有透明度影响的前提下，正常模式组中的混合模式产生最终效果的颜色不会受底层像素颜色的影响，除非底层像素的不透明度小于当前图层。正常模式组包括正常、溶解和动态抖动溶解三种混合模式。

1. 正常

"正常"混合模式是大多数图层默认的混合模式，当不透明度为100%时，此混合模式将根据Alpha通道正常显示当前图层，并且此图层的显示不受其他图层的影响；当不透明度小于100%时，当前图层的每一个像素点的颜色都将受到其他图层的影响，会根据当前的不透明度和其他图层的色彩来确定显示的颜色，图3-58、图3-59为不透明度为100%和50%时的效果。

2. 溶解

"溶解"混合模式用于控制图层与图层之间的融合显示，对于有羽化边界的图层会起到较大影响。如果当前图层没有遮罩羽化边界，或者该图层设定为完全不透明，则该模式几乎是不起作用的。图3-60所示为不透明度为50%时的效果。

图3-58

图3-59

图3-60

3. 动态抖动溶解

"动态抖动溶解"混合模式与"溶解"混合模式的原理类似，区别在于"动态抖动溶解"混合模式可以随时更新值，呈现出动态变化的效果，而"溶解"混合模式的颗粒都是不变的。

3.3.2 减少模式组

减少模式组中的混合模式可以调暗图像的整体颜色，该组包括变暗、相乘、颜色加深、经典颜色加深、线性加深和较深的颜色等6种混合模式。

1. 变暗

当选择"变暗"混合模式后，软件将会查看每个通道中的颜色信息，并选择基色或混合色中较暗的颜色作为结果色，即替换比混合色亮的像素，而比混合色暗的像素保持不变。图3-61、图3-62为正常和变暗对比效果。

2. 相乘

"相乘"混合模式模拟了在纸上用多个记号笔绘图或将多个彩色透明滤光板置于光源前的效果。对于每个颜色通道，该混合模式将源颜色通道值与基础颜色通道值相乘，再除以8-bpc、16-bpc或32-bpc像素的最大值，具体除以哪个值取决于项目的颜色深度。结果颜色永远不会比原始颜色更明亮，如图3-63所示。在与除黑色或白色之外的颜色混合时，使用该混合模式的每个图层或画笔将生成深色。

图3-61 图3-62 图3-63

3. 颜色加深

当选择"颜色加深"混合模式后，软件将会查看每个通道中的颜色信息，并通过增加对比度使基色变暗以反映混合色，与白色混合则不会发生变化，如图3-64所示。

4. 经典颜色加深

该混合模式为旧版本中的"颜色加深"模式，为了让旧版的文件在新版软件中打开时保持原始的状态，因此保留了这个旧版的"颜色加深"模式，并命名为"典型颜色加深"模式。

5. 线性加深

当选择"线性加深"混合模式后，软件将会查看每个通道中的颜色信息，并通过减小亮度使基色变暗以反映混合色，与白色混合则不会发生变化，如图3-65所示为设置"线性加深"混合模式效果。

6. 较深的颜色

使用"较深的颜色"混合模式后，每个结果像素呈现源颜色和相应的基础颜色中的较深颜色。"较深的颜色"类似于"变暗"，但是"较深的颜色"不对各个颜色通道执行操作。如图3-66所示为设置"较深颜色"混合模式效果。

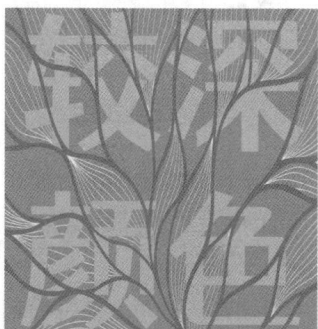

图3-64 图3-65 图3-66

3.3.3 添加模式组

添加模式组中的混合模式可以使当前图层中的黑色消失，从而调亮图像颜色，该组包括相加、变亮、屏幕等7种混合模式。

1. 相加

当选择"相加"混合模式后，软件将会比较混合色和基色的所有通道值的总和，并显示通道值较小的颜色。图3-67、图3-68所示为正常和相加对比效果。

2. 变亮

当选择"变亮"混合模式后，软件将会查看每个通道中的颜色信息，并选择基色或混合色中较亮的颜色作为结果色，即替换比混合色暗的像素，而比混合色亮的像素保持不变。

3. 屏幕

"屏幕"混合模式是一种加色混合模式，它通过将颜色值相加来产生效果。由于黑色的RGB通道值为0，所以在"屏幕"混合模式下，与黑色混合不会改变原始图像的颜色，而与白色混合时，结果将是RGB通道的最大值，即白色。图3-69为设置"屏幕"混合模式效果。

4. 颜色减淡

当选择"颜色减淡"混合模式后，软件将会查看每个通道中的颜色信息，并通过减小对比度使基色变亮以反映混合色，与黑色混合则不会发生变化。图3-70为设置"颜色减淡"混合模式效果。

5. 经典颜色减淡

"经典颜色减淡"混合模式为旧版本中的"颜色减淡"模式，为了让旧版的文件在新版软件中打开时保持原始的状态，便保留了旧版的"颜色减淡"模式，并命名为"经典颜色减淡"模式。

图3-67　　　　　　　　　　图3-68　　　　　　　　　　图3-69

6. 线性减淡

当选择"线性减淡"混合模式后，软件将会查看每个通道中的颜色信息，并通过增加亮度使基色变亮以反映混合色，与黑色混合则不会发生变化。图3-71为设置"线性减淡"混合模式效果。

7. 较浅的颜色

使用"较浅的颜色"混合模式后，每个结果像素呈现源颜色和相应的基础颜色中的较亮颜色。"较浅的颜色"类似于"变亮"，但是"较浅的颜色"不对各个颜色通道执行操作。图3-72为设置"较浅的颜色"混合模式效果。

图3-70

图3-71

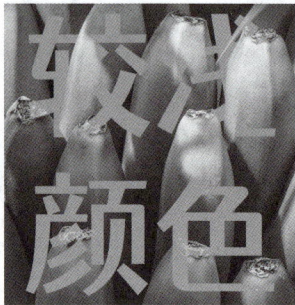

图3-72

3.3.4　复杂模式组

复杂模式组中的混合模式在进行混合时50%的灰色会完全消失，任何高于50%的区域都可能加亮下方的图像，而低于50%灰色区域都可能使下方图像变暗。该组包括叠加、柔光、强光等7种混合模式。

1．叠加

"叠加"混合模式可以根据底层的颜色，与当前图层的像素相乘或覆盖当前图层的像素，从而导致当前图层变亮或变暗。该模式对中间色调影响较明显，对于高亮度区域和暗调区域影响不大。图3-73、图3-74所示为正常和叠加对比效果。

2．柔光

"柔光"混合模式可以模拟光线照射的效果，使图像的亮部区域变得更亮，暗部区域变得更暗。如果混合色比50%灰色亮，则图像会变亮；如果混合色比50%灰色暗，则图像会变暗。柔光的效果取决于混合层的颜色。使用纯黑色或纯白色作为混合层颜色时，会产生明显的暗部或亮部区域，但不会生成纯黑色或纯白色。

3．强光

"强光"混合模式可以对颜色进行正片叠底或屏幕处理，具体效果取决于混合色的亮度。如果混合色比50%灰度亮，则会产生屏幕效果，使图像变亮；如果混合色比50%灰度暗，则会产生正片叠底效果，使图像变暗。当使用纯黑色和纯白色进行绘画时，分别会得到纯黑色和纯白色的效果。图3-75为设置"强光"混合模式效果。

图3-73

图3-74

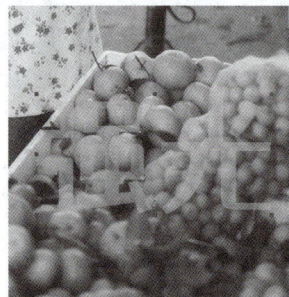

图3-75

4．线性光

"线性光"混合模式通过调整亮度来加深或减淡颜色，其具体效果取决于混合色的亮度。如果混合色比50%灰度亮，则会增加亮度，使图像变亮；如果混合色比50%灰度暗，则会减小亮度，使图像变暗。

5. 亮光

"亮光"混合模式通过调整对比度来加深或减淡颜色，具体效果取决于混合色的亮度。如果混合色比50%灰度亮（混合色的亮度值大于128），则会通过增加对比度使图像变亮；如果混合色比50%灰度暗（混合色的亮度值小于128），则会通过减小对比度使图像变暗。图3-76为设置"亮光"混合模式效果。

6. 点光

"点光"混合模式根据混合色的亮度替换颜色。如果混合色比50%灰度亮，则替换比混合色暗的像素，而不改变比混合色亮的像素；如果混合色比50%灰度暗，则替换比混合色亮的像素，而保持比混合色暗的像素不变。图3-77为设置"点光"混合模式效果。

7. 纯色混合

当选择"纯色混合"混合模式后，软件将把混合颜色的红色、绿色和蓝色的通道值添加到基色的RGB值中。如果通道值的总和大于或等于255，则值为255；如果小于255，则值为0。因此，所有混合像素的红色、绿色和蓝色通道值不是0就是255，这会使所有像素都更改为原色，即红色、绿色、蓝色、青色、黄色、洋红色、白色或黑色。图3-78为设置"纯色混合"混合模式效果。

图3-76

图3-77

图3-78

3.3.5 差异模式组

差异模式组中的混合模式可以基于源颜色值和基础颜色值之间的差异创建颜色，该组包括差值、经典差值、排除、相减和相除等5种混合模式。

1. 差值

当选择"差值"混合模式后，软件会检查每个通道中的颜色信息，并根据亮度值的大小，从基色中减去混合色，或从混合色中减去基色。具体操作取决于哪个颜色的亮度值更大。与白色混合时将反转基色值，与黑色混合时则不会产生变化。图3-79、图3-80为正常和差值对比效果。

2. 经典差值

低版本中的"差值"模式已重命名为"经典差值"。使用它可保持与早期项目的兼容性，也可直接使用"差值"模式。

3. 排除

当选择"排除"混合模式后，软件将创建一种与"差值"混合模式相似但对比度更低的效果，与白色混合将反转基色值，与黑色混合则不会发生变化。

4. 相减

"相减"混合模式从基础颜色中减去源颜色。如果源颜色是黑色，则结果颜色是基础颜色。在33-bpc项目中，结果颜色值可以小于0。

5. 相除

"相除"混合模式为基础颜色除以源颜色，如果源颜色是白色，则结果颜色是基础颜色。在33-bpc项目中，结果颜色值可以大于1.0。图3-81为设置"相除"混合模式效果。

图3-79　　　　　　　　　　　图3-80　　　　　　　　　　　图3-81

3.3.6　HSL模式组

HSL模式组中的混合模式可以将色相、饱和度和发光度三要素中的一种或两种应用在图像上，该组包括色相、饱和度、颜色和发光度4种混合模式。

1. 色相

"色相"混合模式将当前图层的色相应用到底层图像的亮度和饱和度上，从而改变底层图像的色相，但不会影响其亮度和饱和度。在黑色、白色和灰色区域，该模式将不起作用。图3-82、图3-83为正常和色相对比效果。

2. 饱和度

当选择"饱和度"混合模式后，软件将用基色的明亮度和色相以及混合色的饱和度创建结果色。在灰色区域颜色将不会发生变化。图3-84为设置"饱和度"混合模式效果。

图3-82　　　　　　　　　　　图3-83　　　　　　　　　　　图3-84

3. 颜色

选择"颜色"混合模式后，结果色将由基色的亮度和混合色的色相与饱和度共同创建。这种模式可以保留图像中的灰阶，非常适用于为单色图像上色或为彩色图像着色。图3-85为设置"颜色"混合模式效果。

4. 发光度

当选择"发光度"混合模式后，软件将用基色的色相和饱和度以及混合色的明亮度创建结果色，此混色可以创建与"颜色"模式相反的效果。图3-86为设置"发光度"混合模式效果。

图3-85

图3-86

3.3.7 遮罩模式组

遮罩模式组中的混合模式可以将当前图层转换为底层图像的一个遮罩，该组包括模板Alpha、模板亮度、轮廓Alpha和轮廓亮度4种混合模式。

1. 模板Alpha

当选择"模板Alpha"混合模式时，上层图像的Alpha通道将用于控制下层图像的显示。这意味着上层图像的Alpha通道会像一个遮罩一样，决定下层图像的不透明度和可见性。图3-87、图3-88为正常和模板Alpha对比效果。

2. 模板亮度

选择"模板亮度"混合模式时，上层图像的明度信息将决定下层图像的不透明度。亮的区域会完全显示下层的所有图层；黑暗的区域和没有像素的区域则完全隐藏下层的所有图层；灰色区域将依据其灰度值决定其下图层的不透明度。

3. 轮廓Alpha

"轮廓Alpha"混合模式可以通过当前图层的Alpha通道来影响底层图像，使受影响的区域被剪切掉，得到的效果与"模版Alpha"混合模式的效果正好相反。图3-89为设置"轮廓Alpha"混合模式效果。

图3-87

图3-88

图3-89

4. 轮廓亮度

选择"轮廓亮度"混合模式时，得到的效果与"模版亮度"混合模式的效果正好相反。

3.3.8 实用工具模式组

实用工具模式组中的混合模式都可以使底层与当前图层的Alpha通道或透明区域像素产生相互作用，该组包括Alpha添加和冷光预乘2种混合模式。

1. Alpha添加

"Alpha添加"混合模式将当前图层的Alpha通道值与下层图层的Alpha通道值相加，以创建一个没有痕迹的透明区域。这种模式的主要目的是通过叠加多个图层的透明度信息，形成一个平滑过渡的透明效果。图3-90、图3-91为正常和Alpha添加对比效果。

2. 冷光预乘

"冷光预乘"混合模式可以使当前图层的透明区域与底层图像相互作用，产生透镜和光亮的边缘效果。图3-92为设置"冷光预乘"混合模式效果。

图3-90

图3-91

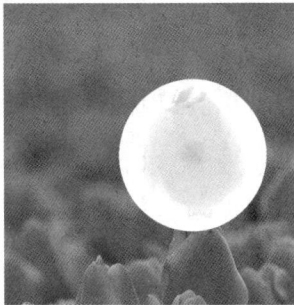
图3-92

3.4 创建关键帧动画

关键帧动画可以通过定义具有关键状态的帧，并在这些状态之间进行平滑过渡，制作出动态变化的效果。本节将对此进行介绍。

3.4.1 激活关键帧

关键帧的激活与属性中的"时间变化秒表"按钮息息相关。在"时间轴"面板中展开属性列表，可以看到每个属性名称左侧都有一个"时间变化秒表"按钮，单击该按钮将激活关键帧，如图3-93所示。

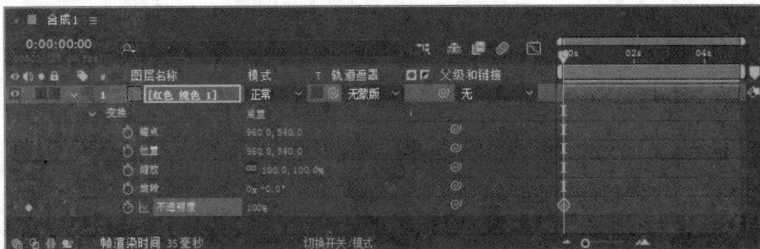
图3-93

激活关键帧后移动当前时间指示器，单击属性名称左侧的"在当前时间添加或移除关键帧"按钮，将在当前位置添加关键帧或移除当前位置的关键帧，如图3-94所示。用户也可以通过修改属性参数，或在合成窗口中修改图像对象，自动生成关键帧。

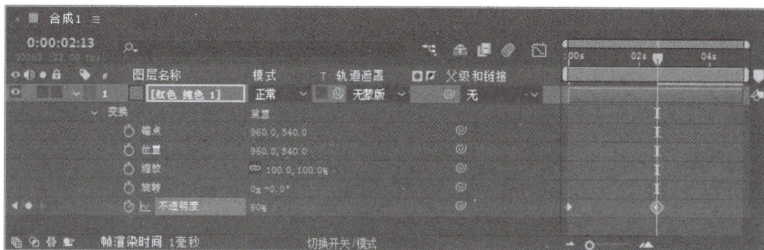

图3-94

3.4.2 编辑关键帧

关键帧创建后,可以根据需要进行编辑,如选择、移动、复制、删除等。

1. 选择关键帧

编辑关键帧首先需要将其选中,在"时间轴"面板中单击关键帧◙图标即可,如图3-95所示。若想选择多个关键帧,可以按住鼠标左键拖拽框选,或按住Shift键单击进行选择。

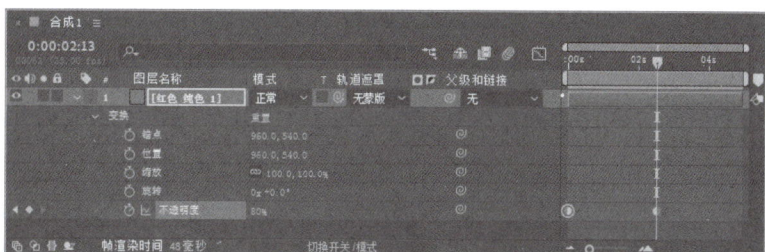

图3-95

2. 移动关键帧

选中关键帧后,按住鼠标左键拖动即可移动关键帧。用户可以通过调整两个关键帧之间的距离调整变化效果。

3. 复制关键帧

选中要复制的关键帧,执行"编辑>复制"命令,然后将当前时间指示器移动至目标位置,执行"编辑>粘贴"命令将在目标位置粘贴复制的关键帧。用户也可利用Ctrl+C和Ctrl+V组合键进行复制粘贴操作。

4. 删除关键帧

选中关键帧,执行"编辑>清除"命令或按Delete键即可删除。若想删除某一属性的所有关键帧,单击该属性名称左侧的"时间变化秒表"按钮即可。

3.4.3 关键帧插值

关键帧插值可以调整关键帧之间的变化速率,使变化效果更加贴近物理规律。选中关键帧后单击鼠标右键,在弹出的快捷菜单中执行"关键帧插值"命令,打开"关键帧插值"对话框,如图3-96所示。从中设置参数即可。

部分常用关键帧插值作用介绍如下。

• 线性:创建匀速变化效果。

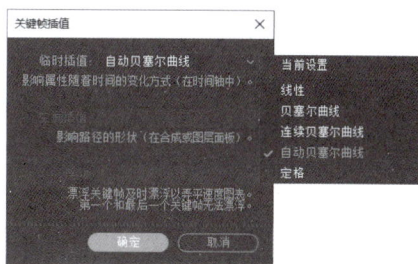

图3-96

- 贝塞尔曲线：创建自由变换的插值效果，用户可以手动调整控制点的方向手柄以精确控制曲线形状。

- 连续贝塞尔曲线：通过关键帧创建平滑的变化速率，用户可以手动调整方向手柄以控制曲线的形状和过渡效果。

- 自动贝塞尔曲线：通过关键帧创建平滑的变化速率。关键帧的值更改后，"自动贝塞尔曲线"的方向手柄也会发生变化，以保持关键帧之间的平滑过渡。

- 定格：创建突然变化的效果，位于应用了定格插值的关键帧之后的图表显示为水平直线。

3.4.4 图表编辑器

图表编辑器使用二维图表示属性值，并水平表示合成时间。单击"时间轴"面板中的"图表编辑器" 按钮，切换至图表编辑器，如图3-97所示。用户可以直接在图表编辑器中更改属性值，以调整动画效果。

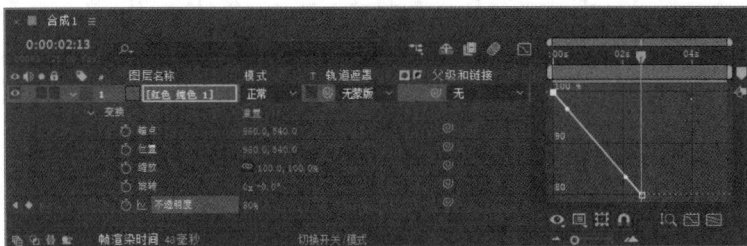

图3-97

图表编辑器提供两种类型的图表：值图表（显示属性值）和速度图表（显示属性值变化的速率）。对于时间属性如"不透明度"，图表编辑器默认显示值图表；对于空间属性如"位置"，图表编辑器默认显示速度图表。

3.4.5 课堂实操：模糊聚焦 **AIGC**

实操 **3-3** / 模糊聚焦

📁 **实例资源** ▶ 第3章\课堂实操\模糊聚焦\静物.jpg

本案例将练习制作模糊聚焦的效果，涉及的知识点包括高斯模糊效果的应用、关键帧动画的制作等。具体操作方法介绍如下。

Step 01 通过AIGC工具，如文心一言，提供操作方式，具体如下。

Q：想使用Adobe After Effects制作模糊聚焦的效果，应如何实现？

微课视频

A：在Adobe After Effects（AE）中制作模糊聚焦效果，可以通过多种方式实现，以下是一些常见的方法。

方法一：使用高斯模糊

1. 选择图层：在图层面板中，选中需要添加模糊聚焦效果的图层。

2. 添加高斯模糊。

- 右键单击图层，选择"效果">"模糊和锐化">"高斯模糊"。

- 或者，在效果控件面板的空白处右键单击，然后选择"模糊和锐化">"高斯模糊"。

- 还可以通过点击界面右侧的效果和预设，在搜索框中输入"模糊"，然后将高斯模糊从搜索结果中拖入到图层中。

3. 调整模糊度：在效果控件面板中，调整高斯模糊的模糊度数值，直到达到满意的模糊效果。

4. 创建关键帧动画。

- 将时间指示线移动到需要开始模糊聚焦效果的帧。
- 在效果控件面板中，点击模糊度旁边的小码表图标，创建关键帧。
- 移动时间指示线到需要结束模糊聚焦效果的帧，并调整模糊度数值，以创建聚焦效果。

方法二：使用摄像机镜头模糊

1. 选择图层：在图层面板中，选中需要添加摄像机镜头模糊效果的图层。

2. 添加摄像机镜头模糊：与添加高斯模糊类似，可以通过右键单击图层、效果控件面板或效果和预设面板来添加摄像机镜头模糊效果。

3. 调整参数：摄像机镜头模糊具有多个参数，如焦距、光斑大小等，可以根据需要进行调整。

4. 创建关键帧动画：与高斯模糊类似，通过创建关键帧动画来实现模糊聚焦效果。

方法三：使用其他模糊效果

AE还提供了其他多种模糊效果，如复合模糊、通道模糊、智能模糊、双向模糊、定向模糊、径向模糊等。这些模糊效果各有特点，可以根据具体需求选择使用。

注意事项：

- 预览效果：在制作过程中，不断预览效果，确保模糊聚焦效果符合预期。
- 调整参数：根据实际需求，调整模糊效果的参数，以达到最佳效果。
- 保存工程文件：定期保存工程文件，以防意外丢失。

通过以上方法，你可以在AE中制作出各种模糊聚焦效果，以满足不同场景和需求。

Step 02 打开After Effects软件，导入本章素材文件，并基于素材文件新建合成，如图3-98所示。

Step 03 选中"时间轴"面板中的图层，按Ctrl+D组合键复制，如图3-99所示。

图3-98

图3-99

Step 04 在"效果和预设"面板中搜索"高斯模糊"效果，拖拽至复制图层上，如图3-100所示。

Step 05 移动当前时间指示器至0:00:00:00处，设置"模糊度"参数，并添加关键帧，如图3-101所示。此时合成面板的效果如图3-102所示。

图3-100

图3-101

Step 06 移动当前时间指示器至0:00:01:00处，更改"模糊度"参数，软件将自动添加关键帧，如图3-103所示。此时"合成"面板的效果如图3-104所示。

图3-102

图3-103

Step 07 单击"时间轴"面板中的"图表编辑器"■按钮，切换至图表编辑器，按住Alt键调整曲线，如图3-105所示。

图3-104

图3-105

Step 08 单击"时间轴"面板中的"图表编辑器"■按钮，切换至原时间轴，按空格键预览效果，如图3-106所示。

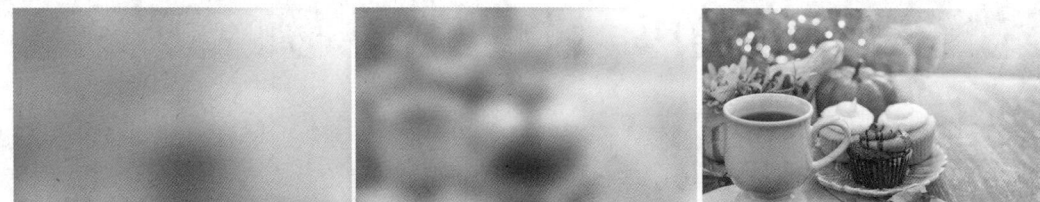

图3-106

至此，完成模糊聚焦效果的制作。

3.5 实战演练：电闪雷鸣动效

实操 *3-4* / 电闪雷鸣动效

实例资源 ▶ 第3章\实战演练\"素材"文件夹

本案例将综合应用本章所学知识制作电闪雷鸣效果，以达到举一反三、学以致用的目的。下面将对具体操作思路进行介绍。

微课视频

Step 01 打开After Effects软件，导入本章素材文件，并基于"海面.mp4"素材文件新建合成，如图3-107所示。

Step 02 执行"图层>新建>调整图层"命令新建调整图层，在"效果和预设"面板中搜索"照片滤镜"效果，拖拽至调整图层上，并设置滤镜为"深蓝"，如图3-108所示。效果如图3-109所示。

图3-107

图3-108

Step 03 将"闪电.mp4"素材拖拽至"时间轴"面板中，设置混合模式为"柔光"，如图3-110所示。效果如图3-111所示。

图3-109

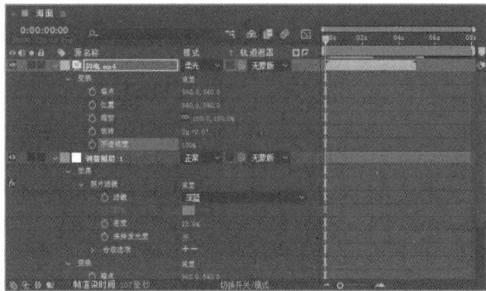

图3-110

Step 04 移动当前时间指示器至0:00:04:10处，为"不透明度"参数添加关键帧，移动当前时间指示器至0:00:04:29处，设置"不透明度"为"0%"，软件将自动添加关键帧，如图3-112所示。

图3-111

图3-112

Step 05 移动当前时间指示器至至0:00:04:10处，使用横排文字工具在"合成"面板中单击输入文本，在"属性"面板设置文本参数，如图3-113所示。效果如图3-114所示。

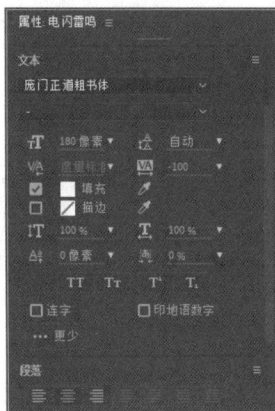

图3-113

图3-114

Step 06 选中文本图层，执行"图层>图层样式>描边"命令，在"时间轴"面板中调整参数，如图3-115所示。

Step 07 使用相同的方法添加"内发光"图层样式，并进行设置，如图3-116所示。

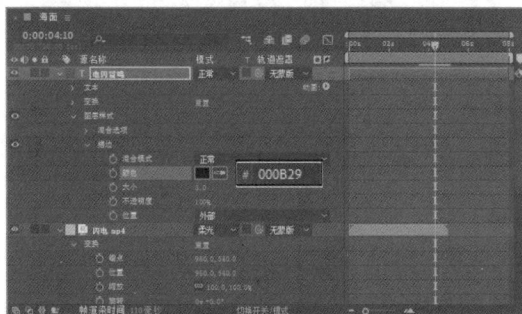

图3-115

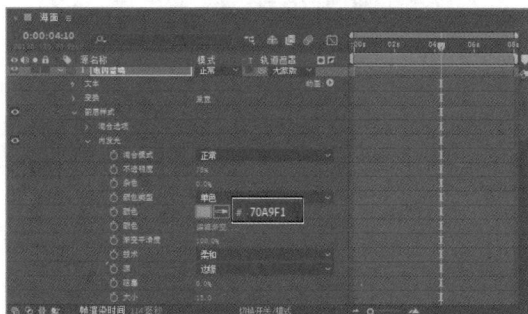

图3-116

Step 08 继续添加"斜面浮雕"图层样式，并进行设置，如图3-117所示。效果如图3-118所示。

图3-117

图3-118

Step 09 移动当前时间指示器至0:00:04:10处，选中文本图层，按Alt+【组合键定义入点，并为"不透明度"参数添加关键帧，设置"不透明度"为"0%"，如图3-119所示。

Step 10 移动当前时间指示器至0:00:05:10处，更改"不透明度"为"100%"，软件将自动添加关键帧，选中关键帧，按F9键设置缓动，如图3-120所示。

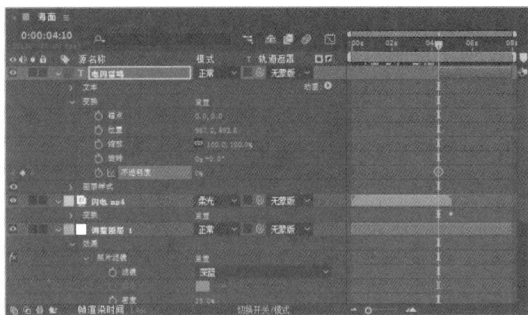

图3-119

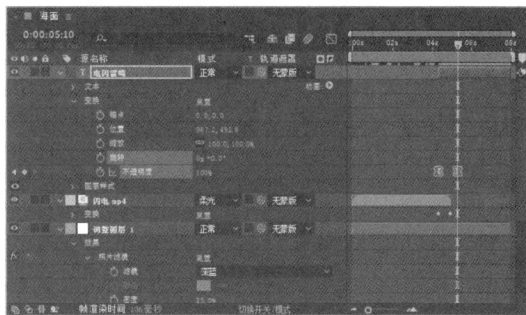

图3-120

Step 11 按空格键预览效果，如图3-121所示。

图3-121

至此，完成电闪雷鸣效果的制作。

3.6 拓展练习

📦 **实例资源** ▶ 第3章\拓展练习\"素材"文件夹

下面将练习使用制作照片飞入的效果，如图3-122所示。

实操3-5 飞入的照片

图3-122

技术要点：

• 预合成的应用。

• 调整图层的创建与应用。

- 图层样式的应用。
- 关键帧动画的应用。

操作提示：

① 新建项目，导入素材文件，基于素材新建合成，调整合成持续时间。

② 新建预合成，创建纯色图层。

③ 在纯色图层上方添加素材图像和调整图层。

④ 通过调整图层制作杂色效果。

⑤ 将预合成添加至主合成中，添加"投影"图层样式。

⑥ 添加"渐变叠加"图层样式，调整图层样式的混合模式为"叠加"。

⑦ 为预合成添加"位置"关键帧，制作从外部飞入的效果。

⑧ 重复操作并错开时间，制作多个照片错开飞入的效果。

⑨ 为关键帧创建缓动。

第4章

特效：视频效果

Ae

内容导读

本章将对影视后期制作中常用的视频特效进行介绍，包括视频特效的基本应用、"扭曲"特效组、"模拟"特效组等。了解并掌握这些知识，可以帮助用户掌握更具视觉冲击力的视频的制作方法，学会创建风格各异的影视作品。

学习目标

- 掌握视频特效的基本应用。
- 掌握常用"扭曲"特效组。
- 掌握常用"模拟"特效组。
- 掌握常用"模糊和锐化"特效组。
- 掌握常用"生成"特效组。
- 掌握常用"过渡"和"透视"特效组。
- 掌握常用"风格化"特效组。

素养目标

- 培养影视后期制作人员特效制作的专业能力，使其具备应用和处理视频特效的基本技能，能够制作简单的视觉效果。
- 通过学习和实践不同特效组中的视频效果，提升影视后期制作人员对不同类型视频特效的了解和掌握，能够融会贯通地应用这些特效。

案例展示

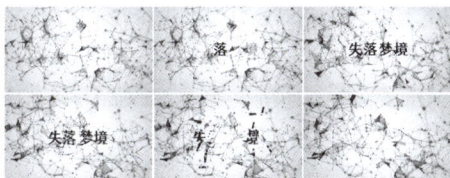

破碎文字

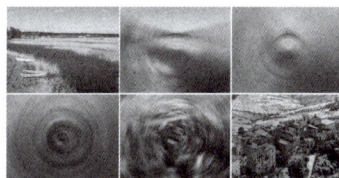

旋影流转

4.1 视频特效的基本应用

After Effects提供了丰富的视频特效，可以辅助用户制作各种复杂绚丽的视觉效果，提升作品的视觉冲击力和专业水准。本节将对视频特效的基本应用进行介绍。

4.1.1 添加视频特效

视频特效集中在"效果"菜单和"效果和预设"面板中，如图4-1、图4-2所示。用户可以通过执行"效果"命令，在其子菜单中执行具体的效果命令添加效果，或从"效果和预设"面板中选中效果，拖拽至"时间轴"或"合成"面板中的素材上进行添加。

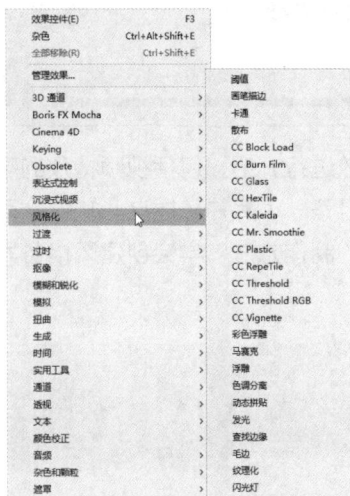

图4-1

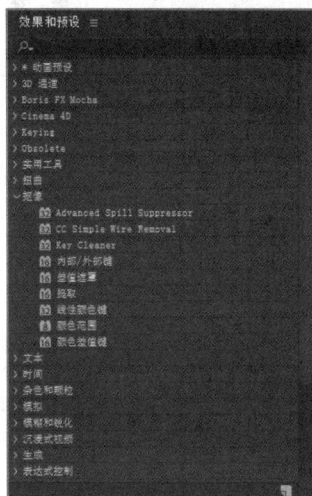

图4-2

选中"效果和预设"面板中的"径向模糊"效果，拖拽至"合成"面板中的素材上，如图4-3所示。在"效果控件"面板中设置参数，效果如图4-4所示。

图4-3

图4-4

知识链接

部分视频特效添加后，即可在"合成"面板中查看效果，还有一部分则需要调整参数后进行查看。

4.1.2 调整特效参数

添加效果后，用户可以在"效果控件"面板调整参数，图4-5为添加"径向模糊"效果的"效果控件"面板。用户也可以在"时间轴"面板中对视频特效的部分属性参数进行设置，如图4-6所示。通过调整这些参数，可以改变"合成"面板中的视觉效果。

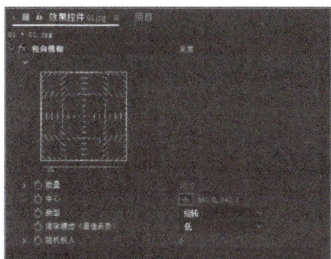

图4-5

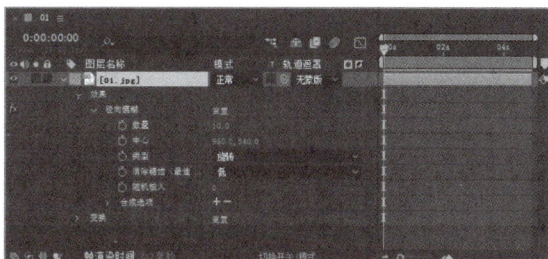

图4-6

不同视频特效的属性参数也有所不同，使用时根据特效类型和后期制作需要分别进行调整即可。

🔗 **知识链接**

单击"重置"按钮，可使视频特效的参数重置为初始状态。

4.1.3　复制和粘贴特效

在影视后期制作过程中，用户可以通过复制粘贴特效，快速应用相同的效果，或叠加多个效果以呈现更加丰富的内容。下面将对此进行详细介绍。

1. 在同一素材上复制粘贴特效

通过"重复"命令，可以轻松在同一素材中复制素材。选中"时间轴"面板或"效果控件"面板中添加的效果，按Ctrl+D组合键，将在原效果下方复制一个相同的效果，如图4-7所示。

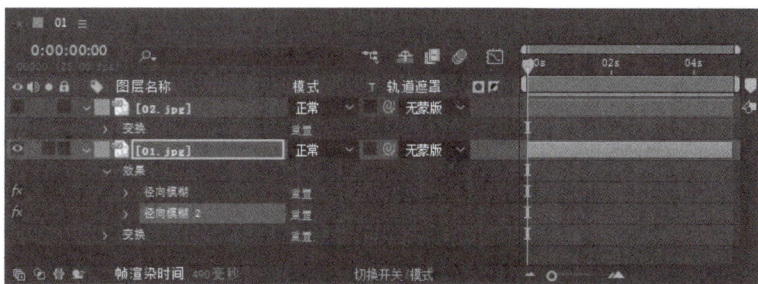

图4-7

2. 在不同素材上复制粘贴特效

在不同素材上复制粘贴特效有多种方式，常用的包括以下三种。

• 选中"效果控件"或"时间轴"面板中的单个或多个效果，按Ctrl+C组合键复制，选中目标图层，按Ctrl+V组合键粘贴。

• 选中效果后，执行"编辑>复制"命令复制，选中目标图层，执行"编辑>粘贴"命令粘贴。

• 选中效果或"时间轴"面板中的属性组，执行"动画>保存动画预设"命令，或在"效果和预设"面板中单击"菜单" ≣按钮，在弹出的菜单中执行"保存动画预设"命令，打开"动画预设另存为"对话框，如图4-8所示。从中设置参数后保存动画预设，然后选中目标图层，在

"效果和预设"面板中选择保存的动画预设应用即可，如图4-9所示。

图4-8

图4-9

4.1.4 删除视频特效

在影视后期制作过程中，删除不需要的特效可以简化项目，提高工作效率。在"效果控件"或"时间轴"面板中选中要删除的视频特效，执行"编辑>清除"命令或按Delete键即可。若想删除全部视频特效，可以在"时间轴"面板中选中"效果"属性组，按Delete键删除，或执行"效果>全部移除"命令删除，图4-10为删除全部视频特效的效果。

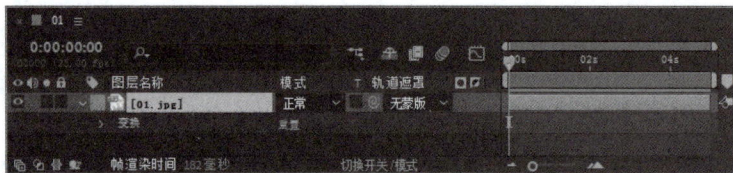

图4-10

若用户仅想隐藏视频特效以查看效果，可以在"效果控件"或"时间轴"面板中单击效果名称左侧的"隐藏" 按钮切换显示与隐藏。

4.2 "扭曲"特效组

"扭曲"特效组包括湍流置换、置换图、边角定位等多种效果，这些效果可以在不损坏素材质量的前提下，变形或扭曲素材对象，使之呈现出特殊的视觉效果。本节将对常用的扭曲特效进行介绍。

4.2.1 镜像

"镜像"特效可以沿设置的反射中心和反射角度翻转图像，制作出镜像的视觉效果。将该效果拖拽至"合成"面板中的素材上，在"效果控件"面板可以设置相关属性参数，如图4-11所示。其中"反射中心"参数用于设置反射图像的中心点位置，"反射角度"参数用于设置镜像反射的角度。

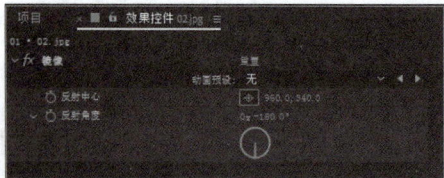

图4-11

添加该特效并设置参数，前后对比效果如图4-12、图4-13所示。

图4-12

图4-13

4.2.2 湍流置换

"湍流置换"特效可以使用分形杂色在图像中创建湍流扭曲的效果。添加该效果后，在"效果控件"面板可以设置属性参数，如图4-14所示。添加该效果并设置参数，前后对比效果如图4-15、图4-16所示。

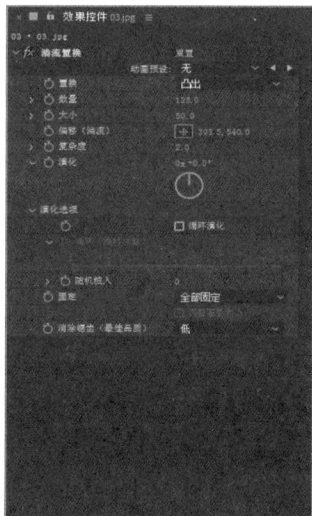

图4-14

图4-15

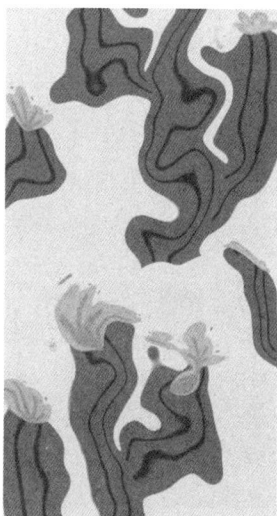

图4-16

"湍流置换"特效部分属性参数作用介绍如下。

• 置换：用于选择湍流的类型，包括湍流、凸出、扭转、湍流较平滑、凸出较平滑、扭转较平滑、垂直置换、水平置换和交叉置换等9种。

• 数量：数值越高，扭曲效果越明显。

• 大小：数值越高，扭曲范围越大。

• 偏移（湍流）：用于创建扭曲的部分分形形状。

• 复杂度：确定湍流的详细程度。数值越低，扭曲越平滑。

• 演化：为该参数设置动画关键帧，可使湍流随时间变化。

• 演化选项：用于提供控件，以便在一次短循环中渲染效果，然后在图层持续时间内循环。其中"循环演化"选项用于创建一个强制演化状态的循环，以返回其起点。"循环"选项用于设置分形在重复之前循环使用的演化设置的旋转次数。"随机植入"选项用于指定生成分形杂色使用的值。

• 固定：指定要固定的边缘，以使沿这些边缘的像素不进行置换。

4.2.3 置换图

"置换图"特效可以根据置换图层属性指定的控件图层中的像素的颜色值，水平和垂直置换像素，制作出扭曲的效果。图4-17为该特效属性参数，"置换图"特效部分常用属性参数作用介绍如下。

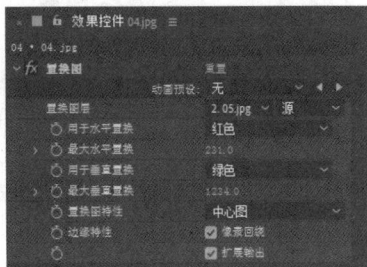

图4-17

- 置换图层：用于选择要置换的控件图层。
- 像素回绕：选择该复选框，可将在原始图层边界外部置换的像素复制到此图层的对侧，如脱离左侧的像素出现在右侧等。
- 扩展输出：选择该复选框，可使置换效果的结果扩展到应用效果图层的原始边界之外。

图4-18、图4-19为原图层和控件图层，添加并调整"置换图"特效后原图层效果如图4-20所示。

图4-18

图4-19

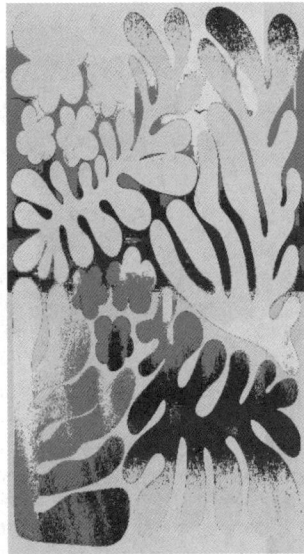

图4-20

4.2.4 液化

"液化"特效提供了多种工具，用户可以使用这些工具推动、旋转、扩大或收缩图层中的区域，制作出扭曲的效果。扭曲一般集中在笔刷区域的中心，其效果随着按住鼠标或在某个区域内重复拖动而增强。图4-21为该特效属性参数。添加该效果并设置参数，前后对比效果如图4-22、图4-23所示。

"液化"特效部分属性参数作用介绍如下。

- 工具：用于选择液化工具制作不同的扭曲效果，包括变形工具 、湍流工具 、顺时针旋转扭曲工具 、逆时针旋转扭曲工具 、凹陷工具 、膨胀工具 、转移像素工具 、反射工具 、仿制工具 和重建工具 等10种。这10种工具的作用如表4-1所示。
- 画笔大小：用于设置画笔的大小。

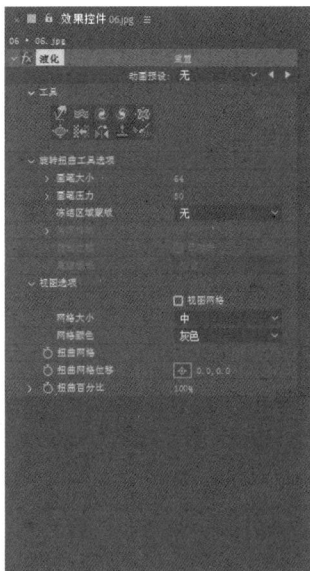
图4-21

图4-22

图4-23

- 画笔压力：用于控制扭曲的强度。
- 冻结区域蒙版：用于限制扭曲的图层区域。当图层中含有蒙版时，可以通过该参数选项设置蒙版区域内的对象不被扭曲。

表4-1

工具	作用
变形工具	在拖动时向前推像素
湍流工具	平滑地混杂像素，创建火焰、云彩、波浪等效果
顺时针旋转扭曲工具	按住鼠标左键或拖动时可顺时针旋转像素
逆时针旋转扭曲工具	按住鼠标左键或拖动时可逆时针旋转像素
凹陷工具	按住鼠标左键或拖动时使像素朝着画笔区域的中心移动
膨胀工具	按住鼠标左键或拖动时使像素朝着离开画笔区域中心的方向移动
转移像素工具	移动与描边方向垂直的像素
反射工具	将像素拷贝到画笔区域，模拟图像在水中反射的效果
仿制工具	将扭曲效果从源位置附近复制到当前鼠标位置，可以通过按住Alt键单击鼠标左键设置源位置
重建工具	将变形的图像恢复至原始状态

4.2.5 边角定位

"边角定位"特效可以通过调整图像的四个边角位置，制作出拉伸、收缩、扭曲等变形效果。图4-24为该特效属性参数，用户可以直接输入数值，也可以单击█按钮，在"合成"面板中单击定位边角。添加该效果并设置参数，前后对比效果如图4-25、图4-26所示。

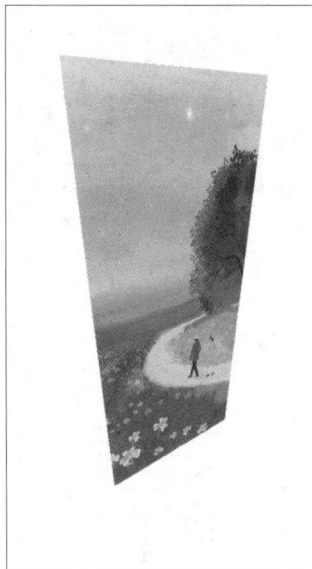

| 图4-24 | 图4-25 | 图4-26 |

4.2.6 课堂实操：画面更迭 AIGC

实操 4-1 画面更迭

📥 **实例资源** ▶ 第4章\课堂实操\画面更迭\"素材"文件夹

本案例将练习制作计算机显示器画面更迭的效果，涉及的知识点包括"边角定位"特效的添加与应用等。具体操作方法介绍如下。

Step 01 通过AIGC工具，如文心一言，提供灵感来源。

微课视频

Q：AE中的边角定位可以制作什么效果？

A：在Adobe After Effects（AE）中，边角定位（Corner Pin）效果是一种强大的工具，通过单独重新定位图层的四个边角，可以对图像进行伸展、收缩、倾斜或扭转。以下是边角定位可以制作的一些具体效果：

- 模拟透视变换：边角定位效果允许用户通过调整图层的四个角点位置，来模拟透视变换。这种效果在需要将一个平面图像嵌入到具有复杂透视的三维场景中时特别有用，例如将一个标志或装饰图案嵌入到倾斜的建筑物墙面上，使其看起来与墙面自然融合。

- 创建动态运动效果：边角定位效果非常适合用于创建动态运动效果，如开门动画。通过关键帧动画设置四个角点的位置变化，可以实现门打开或关闭的流畅动画效果。同样，这种效果也可以用于模拟书籍翻页、窗帘拉开等动态场景。

- 精确匹配移动区域：在视频后期制作中，有时需要将一个图层精确附加到另一个动态变化的区域上，如将广告图像附加到视频中移动的屏幕上。边角定位效果可以轻松地实现这一目的，通过调整四个角点的位置，使图层与屏幕完美贴合。

- 创建图层扭曲效果：边角定位效果还可以用于创建图层的扭曲效果，如模拟物体在风中摇摆或受到外力影响时的形变。通过在时间轴上关键帧动画四个角点的位置，可以实现流畅的变形过渡，增强视觉动感。

- 结合其他效果使用：边角定位效果可以与其他AE效果结合使用，以创建更加复杂和生动的视觉效果。例如，可以将边角定位效果与阴影、发光等效果结合，使图像看起来更加立体和逼真。

综上所述，AE中的边角定位效果是一种非常灵活和强大的工具，可以制作出多种视觉效果，满足用户在视频后期制作中的不同需求。无论是模拟透视变换、创建动态运动效果、精确匹配移动区域还是创建图层扭曲效果，边角定位都能提供有效的解决方案。

根据上述回答，选择第一个效果，制作显示器屏幕内容替换的效果。

Step 02 打开After Effects软件，新建项目，按Ctrl+I组合键导入本章素材文件，如图4-27所示。

Step 03 选中图像素材，单击鼠标右键，在弹出的快捷菜单中执行"基于所选项新建合成"命令新建合成，如图4-28所示。

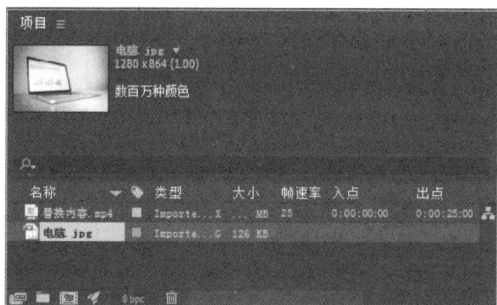

图4-27

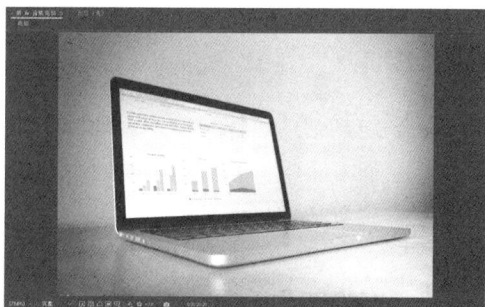

图4-28

Step 04 将视频素材拖拽至"时间轴"面板中，将其选中并单击鼠标右键，在弹出的快捷菜单中执行"时间>时间伸缩"命令，打开"时间延长"对话框，调整持续时间，如图4-29所示。完成后单击"确定"按钮应用设置。

Step 05 在"效果和预设"面板中搜索"边角定位"特效，拖拽至"合成"面板中的视频素材上，如图4-30所示。

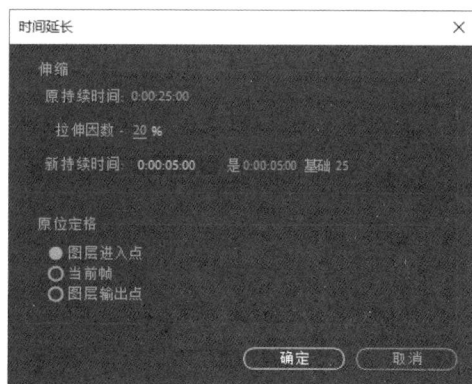

图4-29

图4-30

Step 06 设置视频素材图层的不透明度为50%，在"效果控件"面板中单击"左上"参数中的 ⊕ 按钮，在"合成"面板中（电脑显示器左上边角处）单击定位，如图4-31所示。

Step 07 使用相同的方法定位其他边角，并设置视频素材图层的不透明度为100%，效果如图4-32所示。

图4-31

图4-32

Step 08 按空格键预览效果，如图4-33所示。

图4-33

至此，完成画面更迭效果的制作。

4.3 "模拟"特效组

"模拟"特效组包括CC Drizzle、CC Particle World、粒子运动场等多种效果，这些效果可以模拟下雨、下雪等特殊效果。本节将对常用的模拟特效进行介绍。

4.3.1 CC Drizzle（细雨）

"CC Drizzle"特效可以模拟雨滴落入水面产生的涟漪效果。图4-34为该特效属性参数。添加该效果并设置参数，前后对比效果如图4-35、图4-36所示。

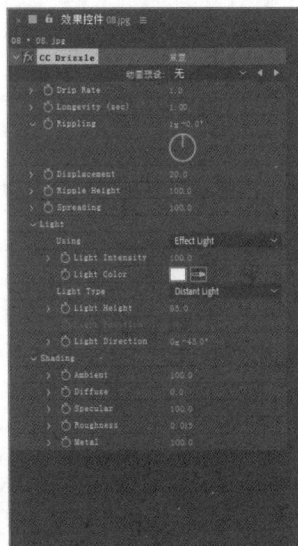

图4-34

图4-35

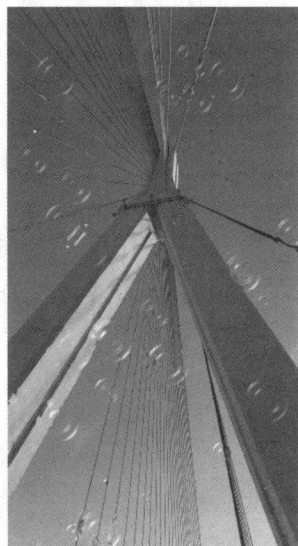

图4-36

"CC Drizzle"特效部分属性参数作用介绍如下。

- Drip Rate（雨滴速率）：用于设置雨滴滴落的速度。

- Longevity(sec)［寿命（秒）］：用于设置涟漪的存在时间。

- Rippling（涟漪）：用于设置涟漪的扩散角度。

- Displacement（置换）：用于设置涟漪的位移程度。

- Ripple Height（波高）：用于设置涟漪的高度。

- Spreading（传播）：用于设置涟漪扩散的范围。

- Light（高光）：用于设置涟漪的高光。

- Shading（阴影）：用于设置涟漪的阴影。

4.3.2　CC Particle World（粒子世界）

"CC Particle World"特效可以模拟烟花、飞灰等三维粒子运动。图4-37为该特效属性参数。添加该效果并设置参数，前后对比效果如图4-38、图4-39所示。

"CC Particle World"特效部分属性参数作用介绍如下。

- Grid&Guides（网格和参数线）：用于设置网格的显示和大小参数。

- Birth Rate（出生率）：用于设置粒子数量。

- Longevity(sec)［寿命（秒）］：用于设置粒子的存活寿命。

- Producer（生产者）：用于设置生产粒子位置和半径的相关属性。

- Physics（物理）：用于设置粒子的物理相关属性，包括动画类型、速率、重力效果、附加角度等。

- Particle（粒子）：用于设置粒子相关属性，包括粒子类型、粒子纹理效果、粒子起始大小、粒子结束大小等。

- Extras（附加功能）：用于设置粒子相关附加功能，包括与原图像的融合等。

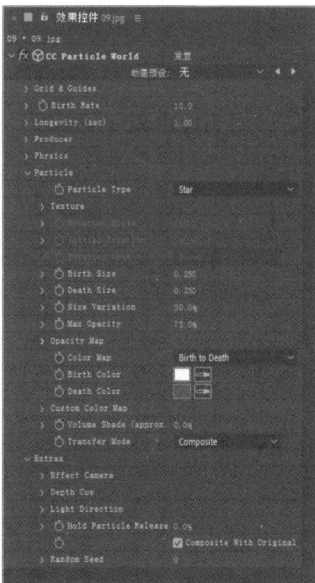

图4-37　　　　　　　　　　图4-38　　　　　　　　　　图4-39

4.3.3 CC Rainfall（下雨）

"CC Rainfall"特效可以模拟下雨的效果。图4-40为该特效属性参数。添加该效果并设置参数，前后对比效果如图4-41、图4-42所示。

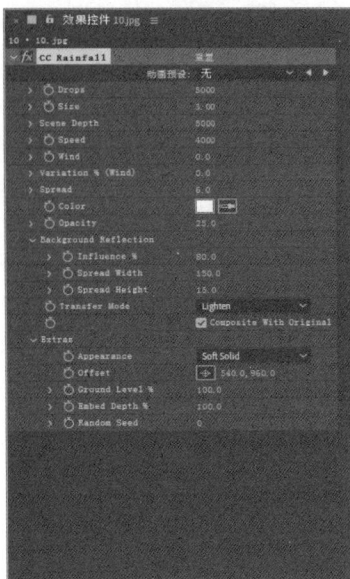

图4-40

图4-41

图4-42

"CC Rainfall"特效部分属性参数作用介绍如下。

- Drops（数量）：用于设置降雨量。数值越小，雨量越小。
- Size（大小）：用于设置雨滴的尺寸。
- Scene Depth（场景深度）：用于设置远近效果。景深越深，效果越远。
- Speed（速度）：用于设置雨滴移动的速度。数值越大，雨滴移动得越快。
- Wind（风力）：用于设置风速，会对雨滴产生一定的干扰。
- Variation%(Wind)［变量%（风）］：用于设置风场的影响程度。
- Spread（伸展）：用于设置雨滴的扩散程度。
- Color（颜色）：用于设置雨滴的颜色。
- Opacity（不透明度）：用于设置雨滴的透明度。

4.3.4 碎片

"碎片"特效可以模拟出图像爆炸破碎的效果，用户可以在"效果控件"面板中调整碎片的形状、爆炸范围等，如图4-43所示。添加该效果并设置参数，前后对比效果如图4-44、图4-45所示。

"碎片"特效部分属性参数作用介绍如下。

- 视图：用于设置显示在"合成"面板中的视图，包括已渲染、线框正视图等。
- 渲染：用于设置渲染对象，包括全部、图层和碎片三个选项，选择全部将渲染整个场景，选择图层将渲染图层中无变化的部分，选择碎片将渲染碎片。
- 形状：用于设置碎片的图案类型、方向、厚度等。
- 作用力1/2：通过两个不同的作用力来定义爆炸区域，用户可以设置力产生的位置、深度、范围和强度参数。

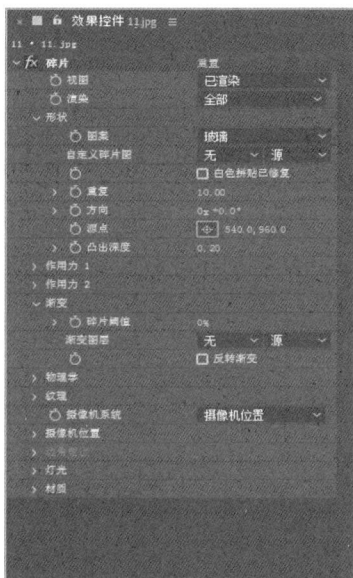

图4-43

图4-44

图4-45

- 渐变：用于指定渐变图层，以控制爆炸的时间和影响的碎片块。
- 物理学：用于设置碎片在空间中移动和掉落的方式，包括旋转速度、重力等。
- 纹理：用于设置碎片的纹理效果。

4.3.5 粒子运动场

"粒子运动场"特效可以模拟出现实世界中各种符合自然规律的粒子运动效果，用户可以在"效果控件"面板中对粒子的大小、颜色、形状等进行设置，如图4-46所示。添加该效果并设置参数，前后对比效果如图4-47、图4-48所示。

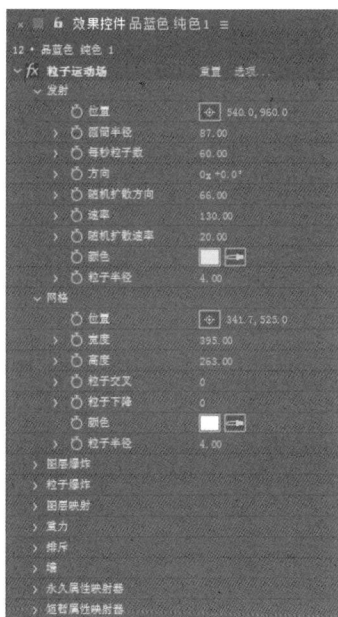

图4-46

图4-47

图4-48

"粒子运动场"特效部分属性参数作用介绍如下。

- 选项：单击该文字将打开"粒子运动场"对话框，从中设置参数可以使用文本字符作为粒子。
- 发射：用于从图层的特定点创建一连串粒子，用户可以在该属性参数组中设置粒子发射位置、半径、方向、速度等。
- 网格：用于设置在一组网格的交叉点处生成一个连续的粒子面，以具有整齐的行和列的有序网格格式创建粒子。用户可以在该属性参数组中设置网格中心坐标、宽度、高度、网格水平/垂直区域分布的粒子数等。
- 图层爆炸：用于将图层爆炸为新粒子。
- 粒子爆炸：用于把一个粒子分裂成很多新的粒子，迅速增加粒子数量。
- 图层映射：用于设置合成图像中任意图层作为粒子的贴图来替换粒子。粒子源图层可以是静止图像、纯色图像或嵌套的After Effects合成。
- 重力：用于在指定方向拉现有粒子，粒子会在重力方向加速。
- 排斥：用于设置粒子间的排斥力，包括排斥力大小、排斥力的作用范围、排斥源等。
- 墙：用于包含粒子，从而限制粒子的移动区域。墙是闭合蒙版，可以使用蒙版工具（如钢笔工具）创建。
- 永久属性映射器/短暂属性映射器：用于控制单个粒子的特定属性。"粒子运动场"可将每个图层像素的亮度转换为特定值，属性映射器可将特定图层通道（红色、绿色或蓝色）与特定属性相关联，以便在某个粒子通过特定像素时，该像素的亮度值修改此属性。

4.3.6 课堂实操：破碎文字

实操4-2 / 破碎文字

实例资源 ▶ 第4章\课堂实操\破碎文字\"素材"文件夹

本案例将练习制作文字破碎掉落的效果，涉及的知识点包括关键帧动画的制作、碎片特效的应用等。具体操作方法介绍如下。

微课视频

Step 01 打开After Effects软件，新建项目，导入本章素材文件并基于素材创建合成，如图4-49所示。

Step 02 选择横排文字工具，在"合成"面板中单击输入文字，如图4-50所示。

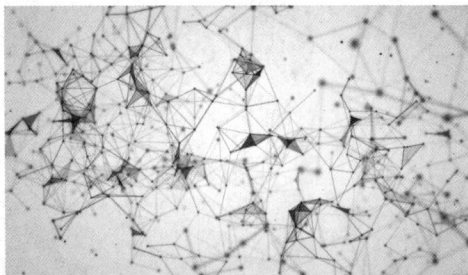

图4-49

图4-50

Step 03 在"效果和预设"面板中搜索"不透明度闪烁进入"动画预设，拖拽至文本图层上，如图4-51所示。

Step 04 移动当前时间指示器至0:00:05:00处，选中文本图层，执行"编辑>拆分图层"命令拆分图层，并清除拆分后的"失落梦境2"图层中的动画预设及关键帧，如图4-52所示。

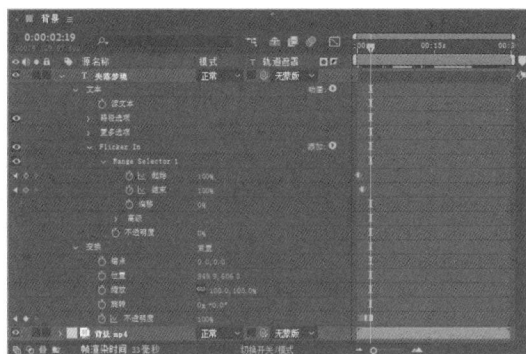

图4-51

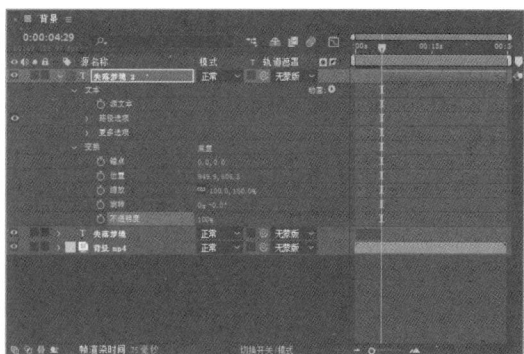

图4-52

Step 05 在"效果和预设"面板中搜索"碎片"特效，拖拽至"失落梦境2"图层上，在"效果控件"面板中设置参数，如图4-53所示。此时"合成"面板中的效果如图4-54所示。

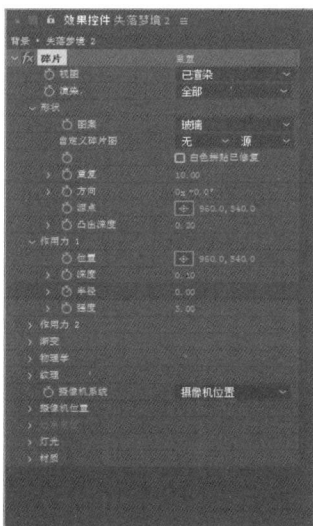

图4-53

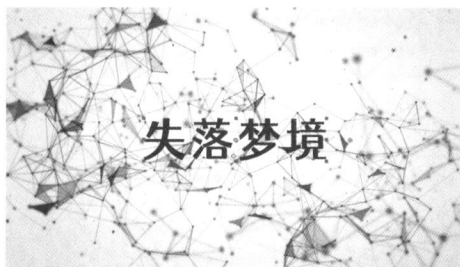

图4-54

Step 06 移动当前时间指示器至0:00:07:00处，更改"作用力1"参数组中的"半径"参数为"0.40"，软件将自动生成关键帧，如图4-55所示。

Step 07 移动当前时间指示器至0:00:08:00处，按N键定义工作区域出点，如图4-56所示。

图4-55

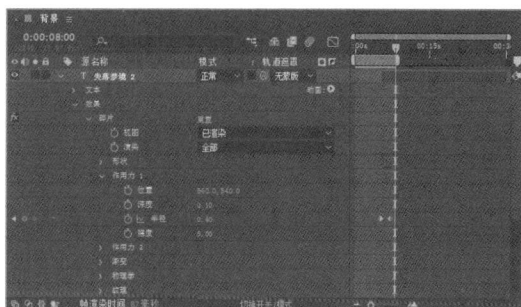

图4-56

Step 08 单击"预览"面板中的"播放/停止"▶按钮，在"合成"面板中预览效果，如图4-57所示。

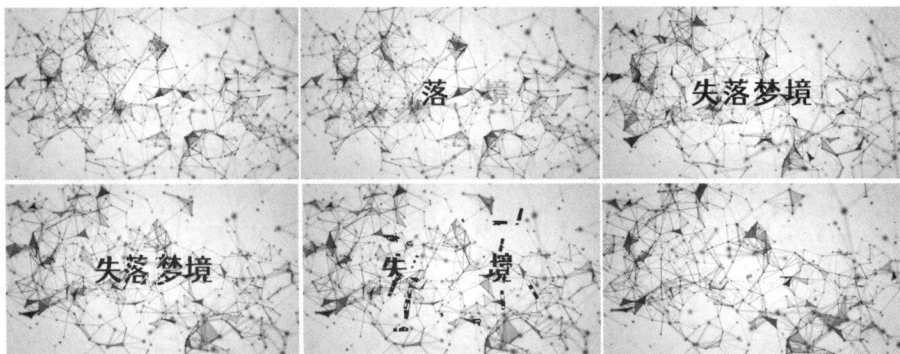

图4-57

至此，完成破碎文字效果的制作。

4.4 "模糊和锐化"特效组

"模糊和锐化"特效组中包括锐化、径向模糊、高斯模糊等多种效果，这些效果可以影响画面的清晰度和对比度，以呈现出不同的视觉效果。本节将对常用的模糊和锐化特效进行介绍。

4.4.1 锐化

"锐化"特效可以增强图像中发生颜色变化的对比度，突出图像中的细节，使图像看起来更加清晰，图4-58、图4-59为添加并调整该特效前后对比效果。

图4-58

图4-59

4.4.2 径向模糊

"径向模糊"特效可以围绕一个点产生推拉或旋转的模糊效果，离点越远，模糊程度越强。用户可以在"效果控件"面板中设置模糊数量、中心、类型等属性参数，如图4-60所示。添加该效果并设置参数，前后对比效果如图4-61、图4-62所示。

"径向模糊"特效部分属性参数作用介绍如下。

• 数量：用于设置模糊强度，数值越大，模糊程度越强。用户也可以直接通过缩略图下方的滑块进行设置。

• 中心：用于设置模糊中心，用户也可以直接在上方的缩略图中单击进行设置。

• 类型：用于设置径向模糊的样式，包括旋转和缩放两种。

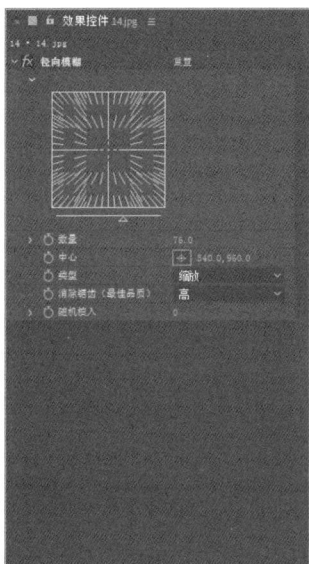

图4-60

图4-61

图4-62

4.4.3 高斯模糊

　　"高斯模糊"特效可以模糊柔化图像并消除杂色。用户可以在"效果控件"面板中设置模糊度、模糊方向等属性参数，如图4-63所示。添加该效果并设置参数，前后对比效果如图4-64、图4-65所示。

图4-63

图4-64

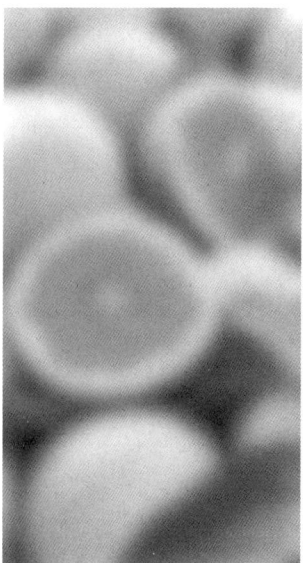

图4-65

　　"高斯模糊"特效部分属性参数作用介绍如下。

- 模糊度：用于设置模糊强度，数值越大，模糊程度越强。
- 模糊方向：用于设置模糊方向，包括水平和垂直、水平、垂直三个选项。
- 重复边缘像素：选择该复选框，可以使用图像边缘的像素颜色填充边界，避免出现不协调的区域。

4.4.4 课堂实操：旋影流转

实操*4-3* 旋影流转

实例资源 ▶ 第4章\课堂实操\旋影流转\"素材"文件夹

本案例将练习制作旋转转场的效果，涉及的知识点包括"径向模糊"特效的应用、关键帧动画的制作等。具体操作方法介绍如下。

微课视频

Step 01 打开After Effects软件，新建项目，导入本章素材文件并基于素材创建合成，如图4-66所示。

Step 02 移动当前时间指示器至0:00:02:12处，选中"01.jpg"图层，按Alt+】组合键定义出点。选中"02.jpg"图层，按Alt+【组合键定义入点，如图4-67所示。

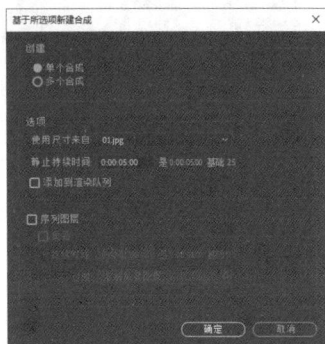

图4-66

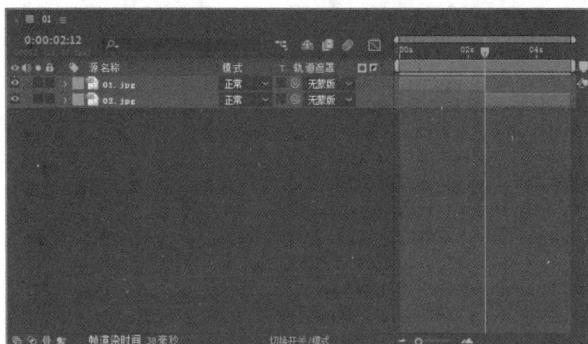

图4-67

Step 03 移动当前时间指示器至0:00:01:12处，在"效果和预设"面板中搜索"径向模糊"效果，拖拽至"01.jpg"图层上，此时"合成"面板中的效果如图4-68所示。

Step 04 在"效果控件"面板中设置参数，并为"数量"参数添加关键帧，如图4-69所示。

图4-68

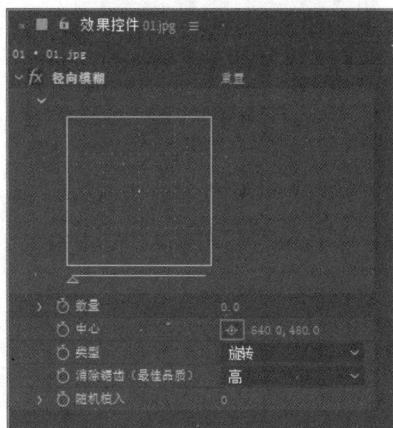

图4-69

Step 05 移动当前时间指示器至0:00:02:12处，更改"数量"参数，软件将自动生成关键帧，如图4-70所示。选中两个关键帧，按F9键设置缓动，如图4-71所示。

Step 06 在"效果和预设"面板中搜索"径向模糊"效果，拖拽至"02.jpg"图层上，在"效果控件"面板中设置参数，如图4-72所示。

Step 07 移动当前时间指示器至0:00:03:12处，更改"数量"参数，软件将自动生成关键帧，如图4-73所示。选中两个关键帧，按F9键设置缓动。

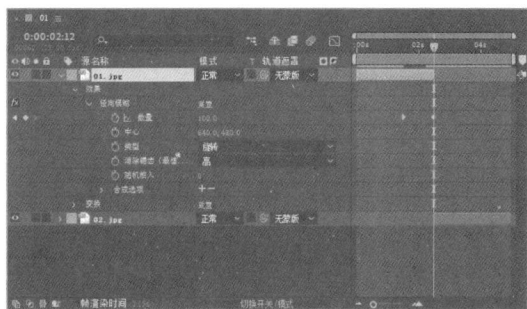
图4-70

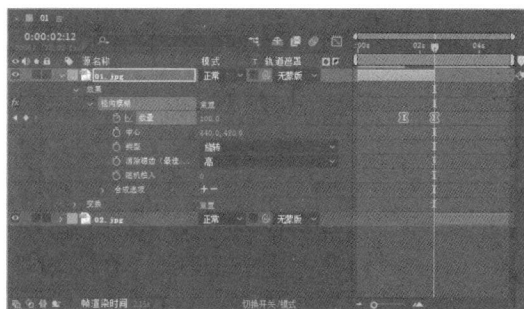
图4-71

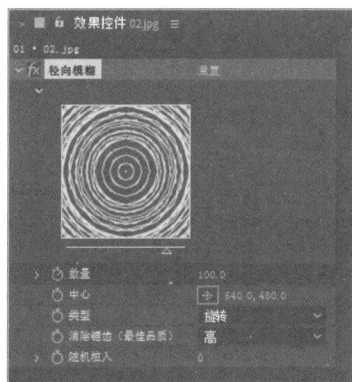
图4-72

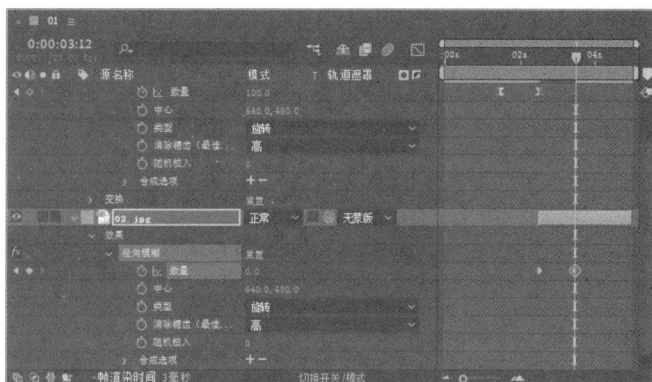
图4-73

Step 08 单击"预览"面板中的"播放/停止" ▶ 按钮，在"合成"面板中预览效果，如图4-74所示。

图4-74

至此，完成旋影流转效果的制作。

4.5 "生成"特效组

"生成"特效组包括镜头光晕、CC Light Burst 2.5、写入等多种生成特效，这些效果可以在合成中创建全新的元素，如光晕、渐变等，从而影响视觉效果。本节将对常用的生成特效进行介绍。

4.5.1　镜头光晕

　　"镜头光晕"特效可以模拟强光投射到摄像机镜头时产生的折射，用户可以在"效果控件"面板中设置光晕中心等属性参数，如图4-75所示。添加该效果并设置参数，前后对比效果如图4-76、图4-77所示。

　　　　　图4-75　　　　　　　　　　图4-76　　　　　　　　　　图4-77

　　"镜头光晕"特效部分属性参数作用介绍如下。

　　● 光晕中心：用于设置光晕中心。用户可以调整数值，也可以在"合成"面板中拖动 ⊕ 图标调整。

　　● 光晕亮度：用于设置光晕的强度，数值越高，光晕越亮，取值范围在0%～300%。

　　● 镜头类型：用于设置镜头光源类型，包括50-300毫米变焦、35毫米定焦和105毫米定焦三种。

　　● 与原始图像混合：用于设置镜头光晕和原始图像混合的程度，数值越高，混合程度越高。

4.5.2　CC Light Burst 2.5（光线缩放2.5）

　　"CC Light Burst 2.5（光线缩放2.5）"特效是After Effects附带的第三方效果，可以创建光线爆发或光芒四射的效果。添加该效果后，在"效果控件"面板中可以设置"中心""光线强度"等属性参数，如图4-78所示。添加该效果并设置参数，前后对比效果如图4-79、图4-80所示。

　　"CC Light Burst 2.5"特效部分属性参数作用介绍如下。

　　● Center（中心）：用于设置光线中心，用户也可以直接在"合成"面板中调整。

　　● Intensity（强度）：用于设置光线中心点强度。

　　● Ray Length（光线强度）：用于设置光线的强度。

　　● Burst（爆裂）：用于设置爆裂的方式，包括Straight、Fade和Center三种。

　　● Set Color（设置颜色）：用于设置光线颜色。

图4-78

图4-79

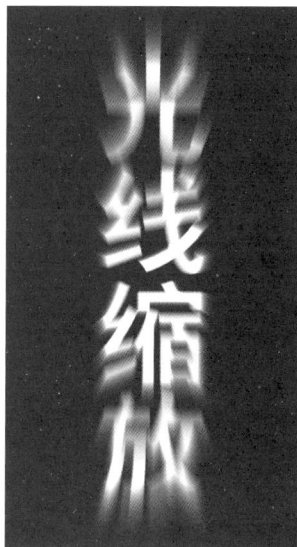

图4-80

4.5.3 CC Light Rays（射线光）

"CC Light Rays（射线光）"特效可以创建从特定点向外辐射的光线效果，添加该效果后，在"效果控件"面板中可以设置"强度""形状"等属性参数，如图4-81所示。添加该效果并设置参数，前后对比效果如图4-82、图4-83所示。

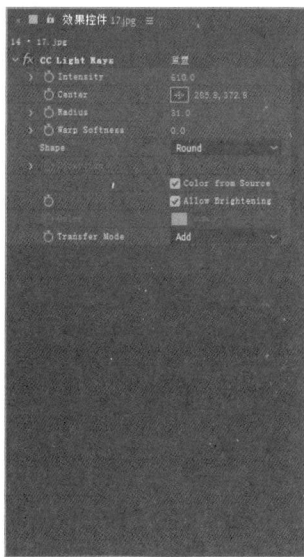

图4-81

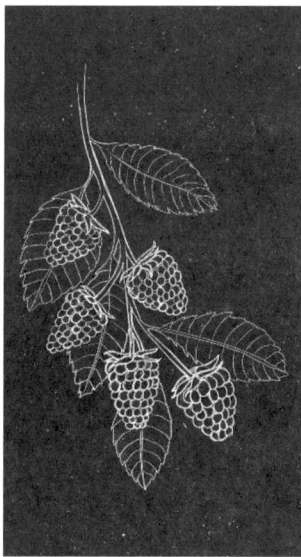

图4-82

图4-83

"CC Light Rays"特效部分属性参数作用介绍如下。

- Intensity（强度）：用于调整射线光强度的选项，数值越大，光线越强。
- Center（中心）：用于设置放射的中心点位置。
- Radius（半径）：用于设置射线光的半径。
- Warp Softness（柔化光芒）：用于设置射线光的柔化程度。

- Shape（形状）：用于调整射线光光源发光形状，包括"Round（圆形）"和"Square（方形）"两种形状。

- Direction（方向）：用于调整射线光照射方向。

- Color from Source（颜色来自源图像）：选择该复选框，光源颜色将来自图像。

- Allow Brightening（允许变亮）：选择该复选框，光芒的中心变亮。

- Color（颜色）：用于调整射线光的发光颜色，只有取消选择"Color from Source"复选框，该选项才会激活。

- Transfer Mode（转换模式）：用于设置射线光与源图像的叠加模式。

4.5.4 CC Light Sweep（CC光线扫描）

"CC Light Sweep"特效可以模拟扫描光线，结合关键帧可以制作动态的扫光效果。添加该效果后，在"效果控件"面板中可以设置"中心""方向"等属性参数，如图4-84所示。添加该效果并设置参数，前后对比效果如图4-85、图4-86所示。

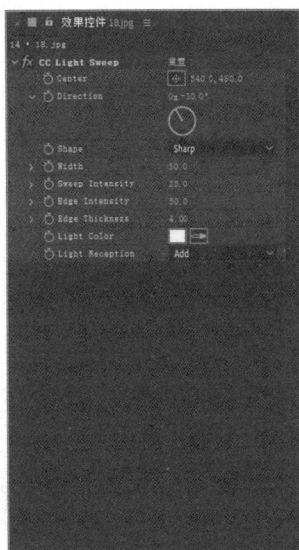

图4-84

图4-85

图4-86

"CC Light Sweep"特效部分属性参数作用介绍如下。

- Center（中心）：用于设置扫光的中心点位置。

- Direction（方向）：用于设置扫光的旋转角度。

- Shape（形状）：用于设置光线的形状，包括"Linear（线性）""Smooth（光滑）""Sharp（锐利）"等三种形状。

- Width（宽度）：用于设置扫光光线的宽度。

- Sweep Intensity（扫光亮度）：用于调节扫光的亮度。

- Edge Intensity（边缘亮度）：用于调节光线与图像边缘相接触时的明暗程度。

- Edge Thickness（边缘厚度）：用于调节光线与图像边缘相接触时的光线厚度。

- Light Color（光线颜色）：用于设置光线颜色。

- Light Reception（光线接收）：用于设置光线与源图像的叠加方式，包括"Add（叠加）""Composite（合成）""Cutout（切除）"等三种。

4.5.5 写入

　　"写入"特效可以结合关键帧，在图层上为描边设置动画，模拟出书写的效果。图4-87为该特效属性参数。添加该效果并设置参数，制作关键帧动画，效果如图4-88、图4-89所示。

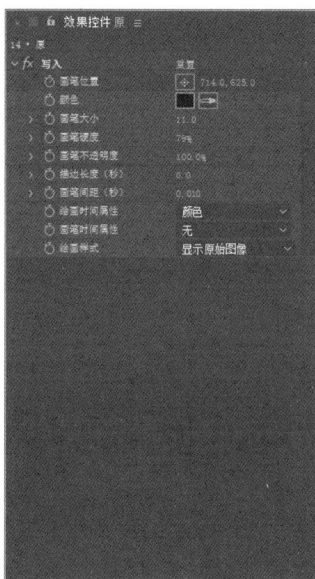

| 图4-87 | 图4-88 | 图4-89 |

　　"写入"特效部分属性参数作用介绍如下。

- 画笔位置：用于定义画笔的位置。为该属性设置关键帧，可创建书写动画。
- 画笔大小：用于设置画笔大小，一般设置比笔画略大即可。
- 描边长度（秒）：用于设置每个画笔标记的持续时间，单位为秒，数值为0时，画笔标记有无限持续时间。
- 画笔间距（秒）：画笔标记之间的时间间隔，值越小，绘画描边越平滑。
- 绘画样式：用于设置画笔描边和原始图像相互作用的方式。

4.5.6 勾画

　　"勾画"特效可以在对象周围生成类似航行灯的效果，以及其他沿路径运行的脉冲动画。图4-90为该特效属性参数。添加该效果并设置参数，前后对比效果如图4-91、图4-92所示。

　　"勾画"特效部分属性参数作用介绍如下。

- 描边：用于选择描边的方式，包括"图像等高线"和"蒙版/路径"两种。选择"图像等高线"选项时，将激活"图像等高线"选项组，从中可以指定在其中获取图像等高线的图层，以及如何解释输入图层。选择"蒙版/路径"选项时，将激活"蒙版/路径"选项组，从中可以选择蒙版路径进行描边。
- 片段：用于设置描边的分段信息，包括分段数量、分段长度、区段间距等。
- 正在渲染：用于设置描边的渲染参数，包括描边应用到图层的混合模式、颜色、宽度、硬度等。

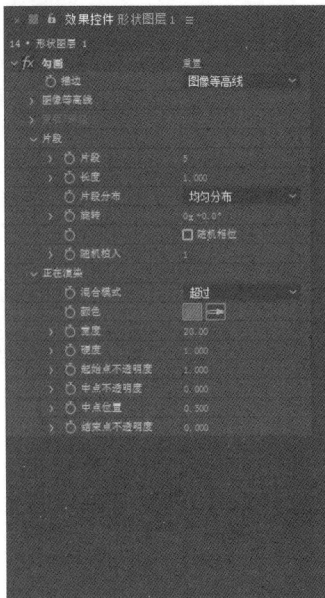

图4-90

图4-91

图4-92

4.5.7 四色渐变

"四色渐变"特效可以创建四种颜色的平滑渐变，增加画面的丰富度。图4-93为该特效属性参数。添加该效果并设置参数，前后对比效果如图4-94、图4-95所示。

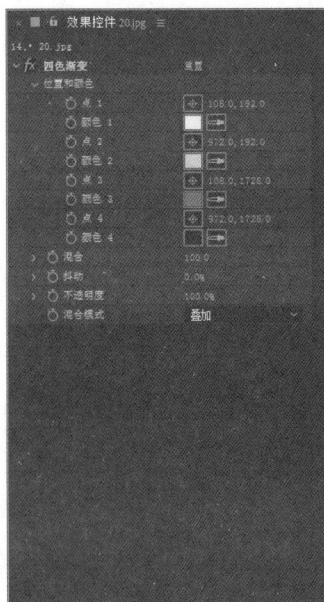

图4-93

图4-94

图4-95

"四色渐变"特效部分属性参数作用介绍如下。

- 位置和颜色：用于设置四种颜色的位置和颜色。
- 混合：用于设置不同颜色间的混合，值越高，颜色之间的变化越平滑细腻。
- 抖动：用于设置渐变中的杂色量。

- 不透明度：用于设置渐变的不透明度。
- 混合模式：用于设置渐变与源图层的图层叠加方式。

4.5.8 课堂实操：光线流动

实操 *4-4* / 光线流动

📦 **实例资源** ▶ 第4章\课堂实操\光线流动\"素材"文件夹

本案例将练习制作光线流动的效果，涉及的知识点包括"CC Light Sweep"特效的应用、关键帧动画的制作等。具体操作方法介绍如下。

微课视频

Step 01 打开After Effects软件，新建项目，导入本章素材文件并基于"02.jpg"素材创建合成，如图4-96所示。

Step 02 将"01.png"素材拖拽至"合成"面板中，如图4-97所示。

图4-96

图4-97

Step 03 在"效果和预设"面板中搜索"CC Light Sweep"特效，拖拽至"01.png"素材上，效果如图4-98所示。

Step 04 移动当前时间指示器至0:00:00:00处，在"效果控件"面板中调整参数，并为"Center"参数添加关键帧，如图4-99所示。

图4-98

图4-99

Step 05 移动当前时间指示器至0:00:04:00处，更改"Center"参数，软件将自动生成关键帧，如图4-100所示。

Step 06 选中两个关键帧，按F9键创建缓动，如图4-101所示。

图4-100

图4-101

Step 07 单击"预览"面板中的"播放/停止" ▶按钮，在"合成"面板中预览效果，如图4-102所示。

图4-102

至此，完成光线流动效果的制作。

4.6 "过渡"特效组

"过渡"特效组包括卡片擦除、百叶窗等多个效果，这些效果结合关键帧，可以制作出转场过渡的效果。本节将对常用的过渡特效进行介绍。

4.6.1 卡片擦除

"卡片擦除"特效结合关键帧，可以模拟卡片翻转切换画面的效果。图4-103为该特效属性参数。添加该效果并设置参数，过渡效果如图4-104、图4-105所示。

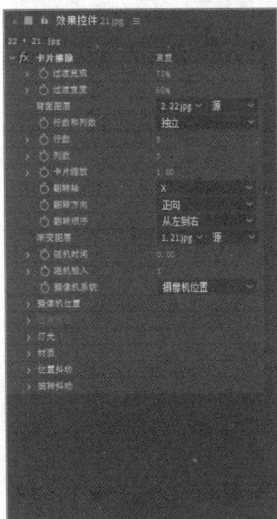

图4-103

图4-104

图4-105

"卡片擦除"特效部分属性参数作用介绍如下。

- 过渡完成：用于控制过渡完成的百分比。
- 过渡宽度：用于设置主动从原始图像更改到新图像的区域的宽度。
- 背面图层：用于设置一个与当前图层进行切换的背景。
- 行数和列数：用于指定行数和列数的相互关系。选择"独立"将同时激活"行数"和"列数"参数，选择"列数受行数控制"将只激活"行数"参数。
- 卡片缩放：用于设置卡片的尺寸大小。
- 翻转轴：用于设置卡片绕其翻转的轴。
- 翻转方向：用于设置卡片翻转的方向。
- 翻转顺序：用于设置过渡发生的方向。
- 渐变图层：设置一个渐变层影响卡片切换效果。
- 随机时间：使过渡的时间随机化，设置为0时，卡片将按顺序翻转。值越高，卡片翻转顺序的随机性越大。
- 随机植入：设置卡片的随机切换。
- 摄像机系统：用于控制滤镜的摄像机系统。

4.6.2 百叶窗

"百叶窗"特效可以使用具有指定方向和宽度的条形分割擦除对象以显示底层图层，类似于百叶窗闭合的效果。图4-106为该特效属性参数。添加该效果并设置参数，过渡效果如图4-107、图4-108所示。

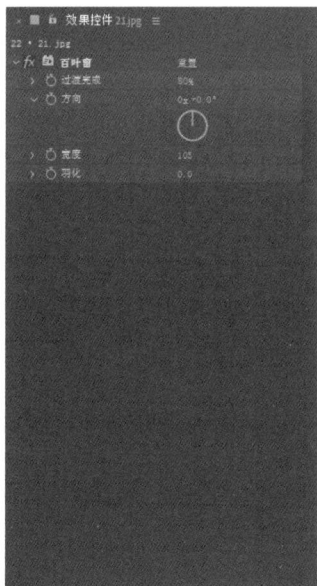
图4-106

图4-107

图4-108

"百叶窗"特效部分属性参数作用介绍如下。

- 方向：用于控制过渡的方向。
- 宽度：用于设置擦除条形的宽度。
- 羽化：用于设置条形边缘的羽化。

4.7 "透视"特效组

"透视"特效组中包括径向阴影、斜面Alpha等多种效果,这些效果可以增强对象的透视感。本节将对常用的透视特效进行介绍。

4.7.1 径向阴影

"径向阴影"效果可以根据点光源创建阴影,阴影从源图层的Alpha通道投射,当光透过半透明区域时,源图层的颜色影响阴影的颜色。图4-109为该特效属性参数。添加该效果并设置参数,前后对比效果如图4-110、图4-111所示。

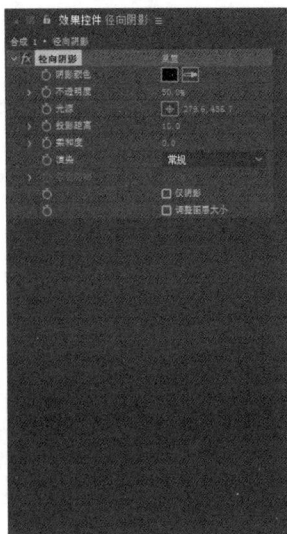
图4-109

图4-110

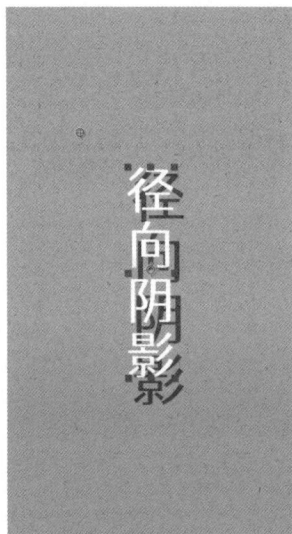
图4-111

"径向阴影"特效部分属性参数作用介绍如下。
- 阴影颜色:用于设置阴影颜色。
- 不透明度:用于设置阴影的透明度。
- 光源:用于设置光源位置,用户也可以在"合成"面板中拖拽调整。
- 投影距离:用于设置阴影和图像之间的距离。
- 柔和度:用于设置阴影边缘的柔和程度。
- 渲染:用于设置阴影类型,包括"常规"和"玻璃边缘"两种选项。选择"常规"时,不管图层中是否有半透明像素,都将根据"阴影颜色"和"不透明度"值创建阴影。选择"玻璃边缘"时,将根据图层的颜色和不透明度创建彩色阴影。
- 颜色影响:渲染类型为玻璃边缘时,将激活该选项,以设置显示在阴影中的图层颜色值的百分比。
- 仅阴影:选择该复选框将仅渲染阴影。
- 调整图层大小:选择该复选框,阴影可扩展到图层的原始边界之外。

4.7.2 斜面Alpha

"斜面Alpha"特效可以为图像的Alpha边界增加高光和阴影,使平面元素看起来有立体感和光泽度。用户可以在"效果控件"面板中调整斜面Alpha的边缘厚度、灯光角度等参数，如图4-112所示。添加该效果并设置参数，前后对比效果如图4-113、图4-114所示。

"斜面Alpha"特效部分属性参数作用介绍如下。

• 边缘厚度：用于设置对象边缘的厚度。

• 灯光角度：用于设置光源照射的角度。

• 灯光颜色：用于设置光源颜色。

• 灯光强度：用于设置光源强度。

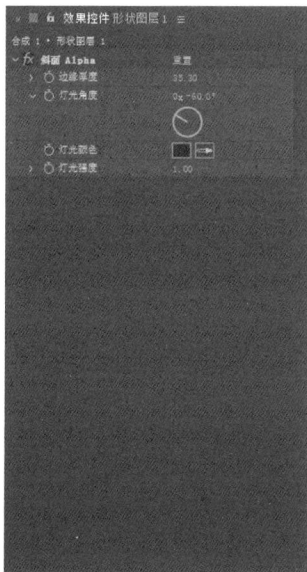
图4-112

图4-113

图4-114

4.8 "风格化"特效组

"风格化"特效组中包括CC Glass（玻璃）、动态拼贴、发光等多种效果。用户可以通过修改、置换原图像像素和改变图像的对比度等操作，增强对象的艺术效果。本节将对常用的风格化特效进行介绍。

4.8.1 CC Glass（玻璃）

"CC Glass"特效是After Effects附带的第三方效果，该效果可以模拟玻璃表面的光学特性，如玻璃的透明度、折射和反射等，为图像或视频添加逼真的玻璃质感和光影效果。图4-115为该特效属性参数。添加该效果并设置参数，前后对比效果如图4-116、图4-117所示。

"CC Glass"特效部分属性参数作用介绍如下。

• Bump Map（凹凸映射）：用于设置在图像中出现的凹凸效果的映射图层，默认为添加该效果的图层。

• Property（特性）：用于定义如何使用映射图层创建凹凸效果，并影响光影变化。

• Height（高度）：用于定义凹凸效果中的高度，默认值为100。

• Displacement（置换）：用于控制扭曲变形。

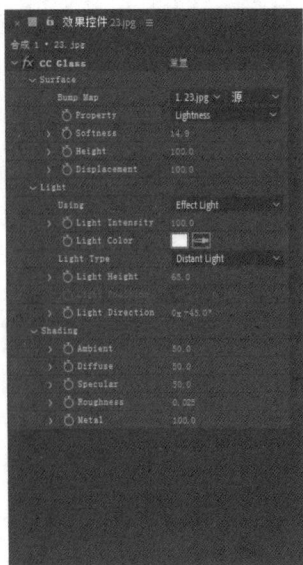

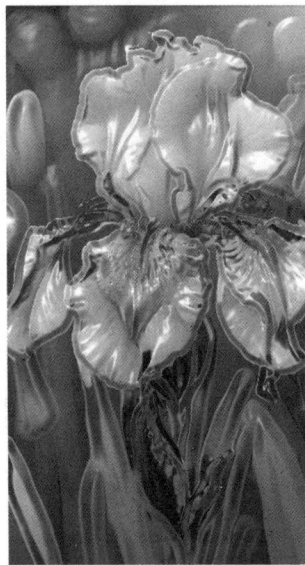

| 图4-115 | 图4-116 | 图4-117 |

动态拼贴

　　"动态拼贴"特效可以复制源图像，并在水平或垂直方向上进行拼贴，制作出类似墙砖拼贴的效果。用户可以在"效果控件"面板中设置拼贴中心，拼贴宽度、高度等参数，如图4-118所示。添加该效果并设置参数，前后对比效果如图4-119、图4-120所示。

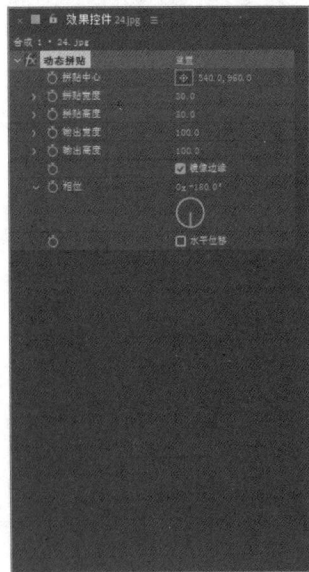

| 图4-118 | 图4-119 | 图4-120 |

　　"动态拼贴"特效部分属性参数作用介绍如下。

- 拼贴中心：用于定义主要拼贴的中心。
- 拼贴宽度、拼贴高度：用于设置拼贴尺寸，显示为输入图层尺寸的百分比。
- 输出宽度、输出高度：用于设置输出图像的尺寸，显示为输入图层尺寸的百分比。
- 镜像边缘：用于翻转邻近拼贴，以形成镜像图像。

- 相位：用于设置拼贴的水平或垂直位移。
- 水平位移：用于使拼贴水平（而非垂直）位移。

4.8.3 发光

"发光"特效可以检测图像中较亮的部分，并使这些像素及其周围的像素变亮，从而创建漫射的发光光环。此外，还可以模拟明亮光照对象的过度曝光。用户可以在"效果控件"面板中设置发光阈值、发光半径等参数，如图4-121所示。添加该效果并设置参数，前后对比效果如图4-122、图4-123所示。

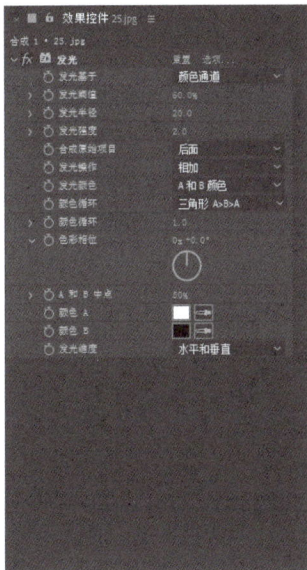

图4-121　　　　　　　　　　　　图4-122　　　　　　　　　　　　图4-123

"发光"特效部分属性参数作用介绍如下。
- 发光基于：用于确定发光是基于颜色值还是透明度值。
- 发光阈值：用于设置一个阈值，亮度百分比高于该阈值的像素将不应用发光效果。数值越低，发光区域越多。
- 发光半径：用于设置发光效果从图像的明亮区域开始延伸的距离，以像素为单位。
- 发光强度：用于设置发光的亮度。
- 合成原始项目：用于指定如何合成效果结果和图层。
- 发光颜色：用于设置发光的颜色。
- 色彩相位：在颜色周期中开始颜色循环的位置。默认情况下，颜色循环在第一个循环的源点开始。
- 发光维度：用于指定发光是水平的、垂直的，还是两者兼有的。

4.8.4 查找边缘

"查找边缘"特效可以检测图像中具有显著过渡的区域，并通过特定的视觉效果强调这些边缘，制作出原始图像草图的效果，从而突出其结构和轮廓。图4-124为该特效属性参数。添加该效果并设置参数，前后对比效果如图4-125、图4-126所示。

图4-124

图4-125

图4-126

选择其中的"反转"复选框，可在找到边缘之后反转图像，边缘将在黑色背景上显示为亮线条。若不选择该复选框，则边缘在白色背景上显示为暗线条。

4.8.5 课堂实操：虚实之间

实操4-5 / 虚实之间

实例资源 ▶ 第4章\课堂实操\虚实之间\"素材"文件夹

本案例将练习制作虚实之间变化的效果，涉及的知识点包括"调整边缘"特效的应用、混合模式的设置等。具体操作方法介绍如下。

微课视频

Step 01 打开After Effects软件，新建项目，导入本章素材文件并基于素材创建合成，如图4-127所示。

Step 02 在"时间轴"面板中展开"变换"属性组，设置"不透明度"参数为"0%"，并添加关键帧，如图4-128所示。

图4-127

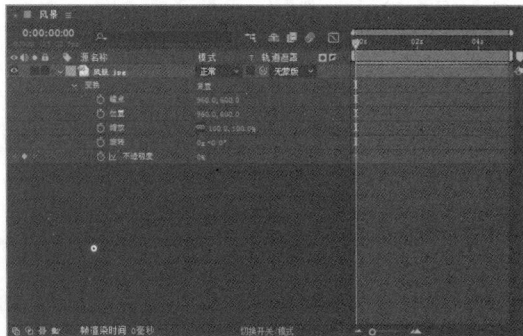

图4-128

Step 03 移动当前时间指示器至0:00:02:00处，更改"不透明度"参数为"100%"，软件将自动生成关键帧，如图4-129所示。

Step 04 选中图层，按Ctrl+D组合键复制，单击复制图层"变换"属性组中"不透明度"参数左侧的"时间变化秒表" 按钮删除所有关键帧，如图4-130所示。

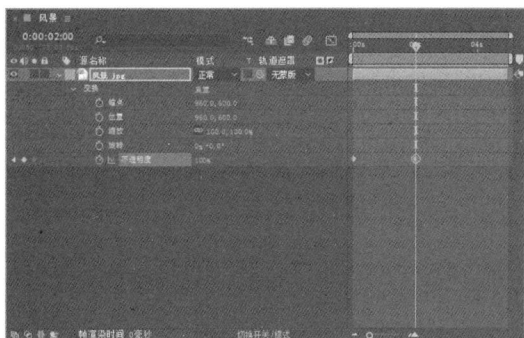

图4-129

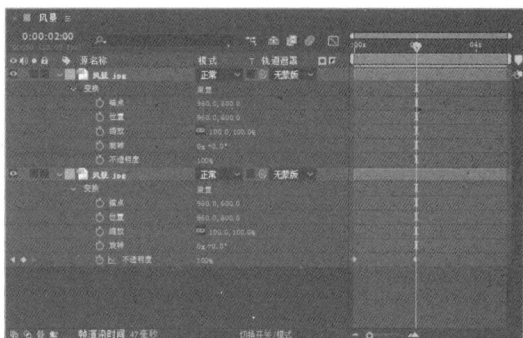

图4-130

Step 05 在"效果和预设"面板中搜索"查找边缘"特效，拖拽至复制图层上，在"时间轴"面板中设置混合模式为"发光度"，并在0:00:00:00处为"与原始图像混合"参数添加关键帧，如图4-131所示。

Step 06 移动当前时间指示器至0:00:04:00处，更改"与原始图像混合"参数为"100%"，软件将自动生成关键帧，如图4-132所示。

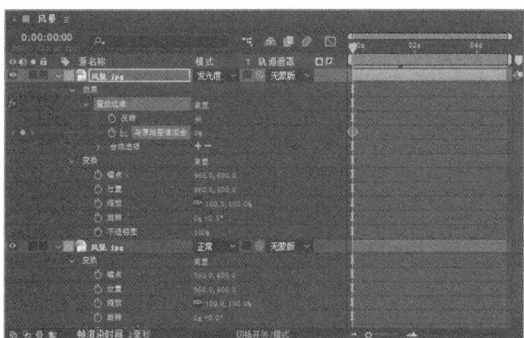

图4-131

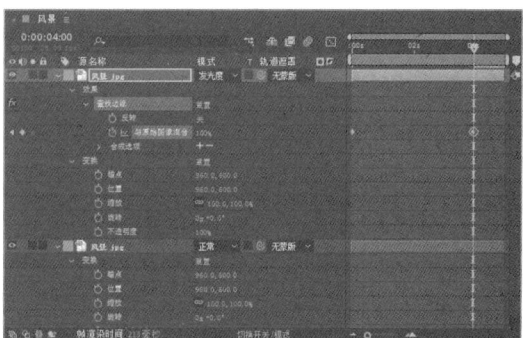

图4-132

Step 07 单击"预览"面板中的"播放/停止" 按钮，在"合成"面板中预览效果，如图4-133所示。

图4-133

至此，完成虚实之间效果的制作。

实操 *4-6* / 云山梦影

🗃 **实例资源** ▶ 第4章\实战演练\"素材"文件夹

　　本案例将综合应用本章所学知识制作云山梦影片头短视频，以达到举一反三、学以致用的目的。下面将对具体操作思路进行介绍。

Step 01 打开After Effects软件，新建项目，导入本章素材文件并基于素材创建合成，如图4-134所示。

微课视频

Step 02 移动当前时间指示器至0:00:04:00处，为"缩放"参数和"位置"参数添加关键帧，如图4-135所示。

图4-134

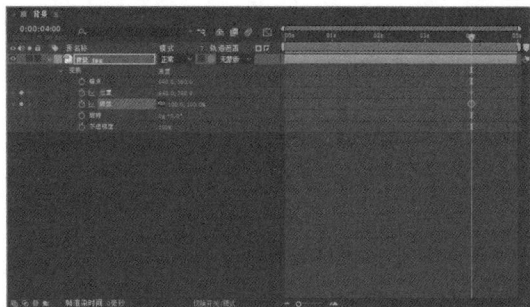
图4-135

Step 03 移动当前时间指示器至0:00:00:00处，更改"缩放"参数为"120.0,120.0%"，"位置"参数为"768.0,432.0"，软件将自动添加关键帧，如图4-136所示。

Step 04 在"效果和预设"面板中搜索"查找边缘"特效，拖拽至"合成"面板中的素材上，在"效果控件"面板中设置"与原始图像混合"参数为"40%"，效果如图4-137所示。

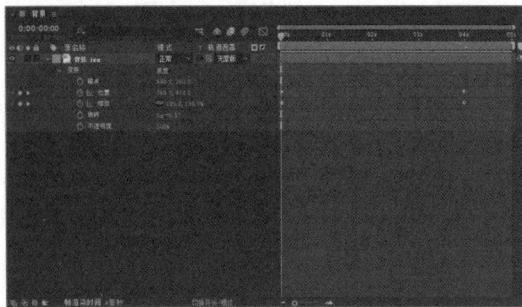
图4-136

图4-137

Step 05 在0:00:00:00处为"与原始图像混合"参数添加关键帧，在0:00:02:00处更改"与原始图像混合"参数为"100%"，软件将自动生成关键帧，如图4-138所示。

Step 06 在"效果和预设"面板中搜索"CC Rainfall"特效，拖拽至"合成"面板中的素材上，在"效果控件"面板中设置参数，如图4-139所示。此时"合成"面板中的效果如图4-140所示。

Step 07 选择横排文字工具，在"合成"面板中单击输入文字，如图4-141所示。

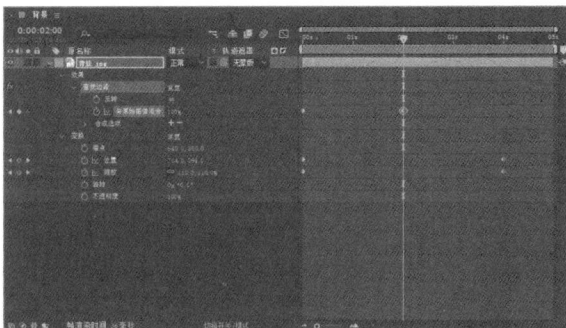

图4-138

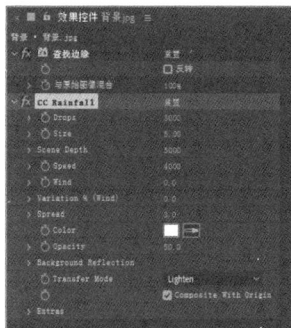

图4-139

图4-140

图4-141

Step 08 移动当前时间指示器至0:00:02:00处。在"效果和预设"面板中搜索"高斯模糊"效果，拖拽至"合成"面板中的文字素材上，在"时间轴"面板中设置参数，并为"模糊度"参数、"缩放"参数和"不透明度"参数添加关键帧，如图4-142所示。

Step 09 移动当前时间指示器至0:00:00:00处，更改"模糊度"参数为"500.0"，"缩放"参数为"600.0,600.0%"，"不透明度"参数为"0%"，软件将自动生成关键帧，如图4-143所示。

图4-142

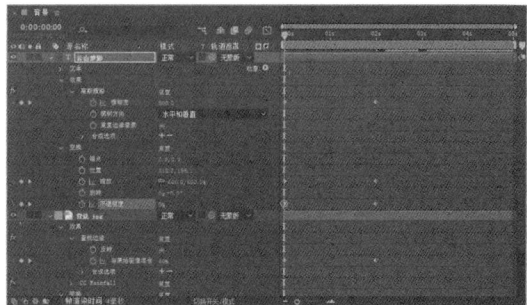

图4-143

Step 10 移动当前时间指示器至0:00:04:00处，单击"模糊度"参数和"不透明度"参数左侧的"在当前时间添加或移除关键帧"◇按钮添加关键帧。移动当前时间指示器至0:00:05:00处，更改"模糊度"参数为"200.0"，"不透明度"参数为"0%"，软件将自动生成关键帧，如图4-144所示。

Step 11 移动当前时间指示器至0:00:02:00处。在"效果和预设"面板中搜索"CC Light Burst 2.5"特效，拖拽至"合成"面板中的文字素材上，在"效果控件"面板中设置参数，并为"Center"参数和"Ray Length"参数添加关键帧，如图4-145所示。

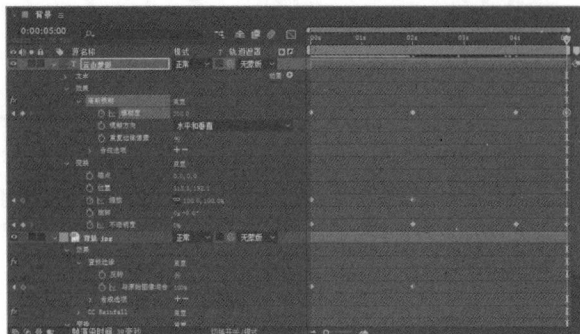

图4-144

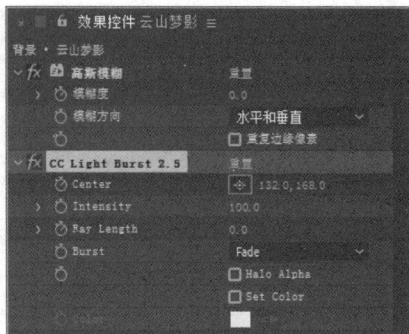

图4-145

Step 12 移动当前时间指示器至0:00:02:10处,单击"Center"参数左侧的"在当前时间添加或移除关键帧" ◇按钮添加关键帧,更改"Ray Length"参数为"50.0",软件将自动生成关键帧,如图4-146所示。

Step 13 移动当前时间指示器至0:00:03:15处,更改"Center"参数为"488.0,168.0",单击"Ray Length"参数左侧的"在当前时间添加或移除关键帧" ◇按钮添加关键帧。移动当前时间指示器至0:00:04:00处,更改"Ray Length"参数为"0.0",软件将自动生成关键帧,如图4-147所示。

图4-146

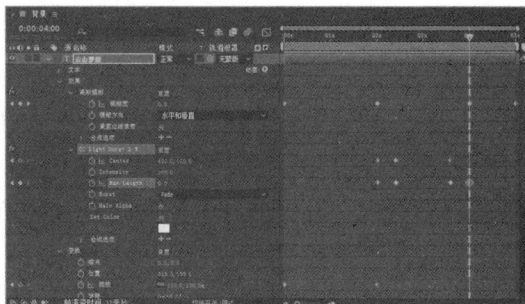

图4-147

Step 14 单击"预览"面板中的"播放/停止" ▶按钮,在"合成"面板中预览效果,如图4-148所示。

图4-148

至此,完成云山梦影片头短视频的制作。

4.10 拓展练习

实例资源 ▶ 第4章\拓展练习\闪烁星空.aep

下面将练习使用"CC Particle World"特效制作闪烁星空效果，如图4-149所示。

实操 4-7 / 闪烁星空

图4-149

技术要点：

- 视频效果的添加与设置。
- "CC Particle World"特效的应用。
- "发光"特效的应用。
- 关键帧动画的制作。

操作提示：

① 打开After Effects软件，新建项目和合成。

② 使用矩形工具绘制与合成等大的矩形，设置填充为渐变色。

③ 新建纯色图层，应用"CC Particle World"特效。

④ 在"效果控件"面板中调整特效，制作星星闪烁的效果。

⑤ 为纯色图层应用"发光"特效。

⑥ 为"发光阈值"参数添加关键帧，制作闪烁效果。

⑦ 渲染预览。

调色：色彩的调整

本章将对影视后期制作中的调色进行介绍，包括色彩基础知识、基本调色效果和常用调色效果等。了解并掌握这些知识，可以帮助用户掌握色彩校正和分级的制作方法，提升影片的艺术效果和视觉体验。

- 掌握色彩基础知识。
- 掌握基本调色效果。
- 掌握常用调色效果。

- 培养影视后期制作人员色彩调整的专业能力，使其了解色彩基础知识和调色效果，能够校正和调整影片色彩。
- 通过调色效果的应用，提升影视后期制作人员应对不同调色需求的能力，助力其出色完成影片调色操作。

色彩呈现

悠悠蓝天

5.1 色彩基础知识

色彩在影视中扮演着极为重要的角色，是视觉美学的重要组成部分，本节将对色彩的基础知识进行介绍。

5.1.1 色彩

色彩，即颜色，是以色光为主体的客观存在，是光线进入人眼并经过大脑处理后产生的视觉体验，不同的色彩可以营造出不同的氛围和视觉感受，图5-1、图5-2为不同色彩的图像。

图5-1

图5-2

根据色相的有无，可以将色彩分为有彩色系和无彩色系两大类。有彩色系包括所有具有色相的色彩，如红、绿、蓝等，这些色彩具有明确的色相、饱和度和明度的变化，能够传达丰富的情感和信息，增强场景的氛围和视觉冲击力，在电影、电视和其他视觉媒体中被广泛应用。

无彩色系仅包含不具有色相和饱和度的黑、白、灰色，这类色彩一般被认为是情感中性的颜色，特别适合追求细腻质感与极简风格的影视作品。图5-3、图5-4分别为有彩色系和无彩色系图像效果。

图5-3

图5-4

5.1.2 色彩三要素

色相、明度和纯度（饱和度）是色彩的三要素，也被称为色彩的属性，它们共同决定了色彩的外观和特性。

1. 色相

色相是色彩的基本要素，一般用于描述颜色的种类或名称，它定义了颜色在光谱中的位置。

色相通过名称来区分，如红色、黄色、绿色等，这些颜色反映了色彩的相貌，图5-5、图5-6分别为绿色和橙色的图像。

图5-5

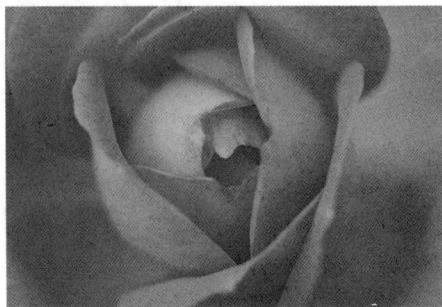
图5-6

2. 明度

明度是描述色彩明暗程度的属性，在视觉上，明度越高就越接近白色，明度越低就越接近黑色，如图5-7所示。除此之外，不同色相之间也存在明度差别，如六标准色中黄最浅，紫最深，橙和绿、红和蓝处于相近的明度之间。

低明度　　　　　　　　　　　　　　　　　　　　　　　　　　　高明度
图5-7

明度直接影响影视作品整体的视觉风格和情感氛围。高明度场景的氛围更加明亮、欢乐，而低明度场景则显得阴暗、紧张。通过调整明度对比，创作者可以有效引导观众的视线，增强画面的空间感。同时，明度变化还可以精确地控制影视作品的叙事节奏，加深情节的艺术感染力。

3. 纯度

纯度又被称为饱和度，是指色彩的鲜艳程度，反映着色彩感觉的强弱。在色彩学中，原色纯度最高，随着纯度降低，色彩将逐渐失去色相，变为无彩色，如图5-8所示。除此之外，不同色相所能达到的纯度也是不同的，其中红色纯度最高，绿色纯度相对低一些，其余色相居中。

低纯度　　　　　　　　　　　　　　　　　　　　　　　　　　　高纯度
图5-8

5.2　基本调色效果

调色是影视后期制作必不可少的一个环节，它可以统一影片的视觉风格，赋予影片独特的视觉效果和场景氛围；还可以修正拍摄中的光线和色温缺陷，使得影片更加连贯。本节将对基本调色效果进行介绍。

5.2.1 色阶

"色阶"效果可以将输入颜色或Alpha通道的色阶范围重新映射到输出色阶的新范围，并通过灰度系数值来确定值的分布。选中素材图层，执行"效果>颜色校正>色相/饱和度"命令添加效果，在"效果控件"面板中可以设置参数，如图5-9所示。添加该效果并调整，前后对比效果如图5-10、图5-11所示。

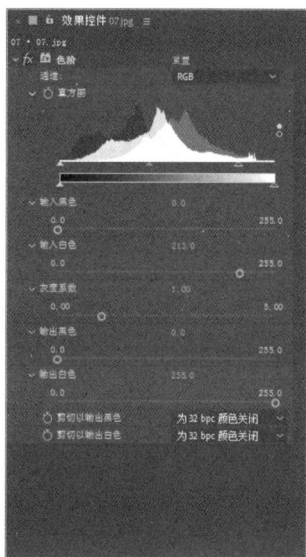

图5-9

图5-10

图5-11

"色阶"效果部分属性参数作用介绍如下。

- 通道：用于选择要修改的通道，包括RGB、红色、绿色、蓝色和Alpha五个选项。
- 直方图：用于显示图像中的像素数和各明亮度值。用户可以通过其下方的滑块调整色阶参数。
- 输入黑色和输出黑色：对于输入图像中明亮度值等于"输入黑色"值的像素，将其明亮度值替换为"输出黑色"值。
- 输入白色和输出白色：对于输入图像中明亮度值等于"输入白色"值的像素，将其明亮度值替换为"输出白色"值。
- 灰度系数：用于确定输出图像明亮度值分布的功率曲线的指数。
- 剪切以输出黑色和剪切以输出白色：用于确定明亮度值小于"输入黑色"值或大于"输入白色"值的像素的结果。选择"打开"选项时，则将明亮度值小于"输入黑色"值的像素映射到"输出黑色"值，大于"输入白色"值的像素映射到"输出白色"值。选择"关闭"选项时，则生成的像素值会小于"输出黑色"值或大于"输出白色"值，并启用灰度系数值。

知识链接

After Effects中还有一个"色阶（单独控件）"效果，该效果作用与"色阶"效果相同，但是可以为每个通道调整单独的颜色值。

"色相/饱和度"效果可以对图像全图或单个颜色通道的色相、饱和度和亮度进行调整，从而改变画面视觉效果。添加该效果后，在"效果控件"面板中可以调整通道、通道范围等参数，如图5-12所示。添加该效果并调整，前后对比效果如图5-13、图5-14所示。

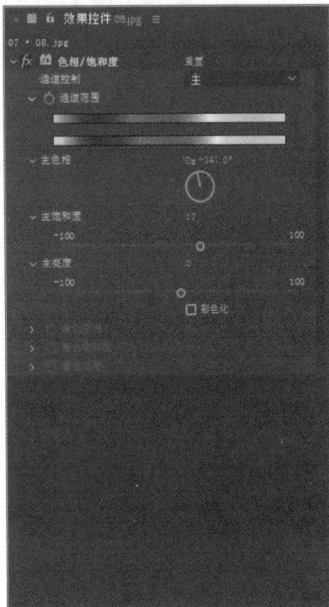
图5-12

图5-13

图5-14

"色相/饱和度"效果部分属性参数作用介绍如下。

- 通道控制：用于选择要调整的颜色通道，选择"主"选项时，可以调整所有颜色。
- 通道范围：用于显示通道范围，上面的色条显示调整前的颜色，下面的色条显示调整如何以全饱和状态影响所有色相。
- 主色相：用于设置从"通道控制"菜单选择的通道的整体色相。
- 主饱和度：用于设置从"通道控制"菜单选择的通道的整体饱和度。
- 主亮度：用于设置从"通道控制"菜单选择的通道的整体亮度。
- 彩色化：选择该复选框，将采用单一色调着色图像。
- 着色色相、着色饱和度、着色亮度：用于设置着色的色相、饱和度和亮度。

5.2.3 亮度和对比度

"亮度和对比度"效果可以一次性调整整个图层的亮度和对比度。添加该效果后，在"效果控件"面板中可以对亮度和对比度分别进行调整，如图5-15所示。添加该效果并调整，前后对比效果如图5-16、图5-17所示。

图5-15

图5-16

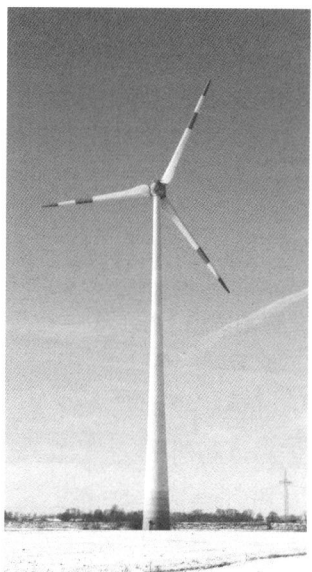

图5-17

5.2.4 曲线

"曲线"效果可以通过调整色调曲线调整图像整体或单独颜色通道的色调范围。色调曲线是一条绘制在二维坐标系上的曲线，横轴表示输入亮度值，纵轴表示输出亮度值，默认状态下，色调曲线是一条从左下角到右上角的对角线，如图5-18所示。添加该效果并调整，前后对比效果如图5-19、图5-20所示。

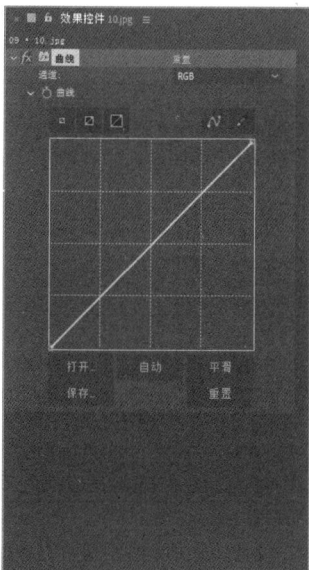

图5-18

图5-19

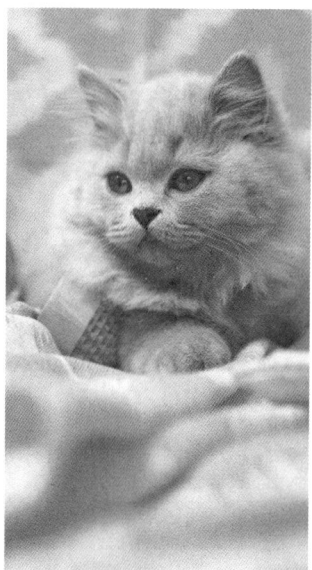

图5-20

"曲线"效果部分属性参数作用介绍如下。

- 通道：用于选择调整的通道，选择RGB时将对全图色调进行调整。
- 贝塞尔曲线 ：单击该按钮，可以使用贝塞尔曲线来修改曲线，从而调整所选通道的色调。
- 铅笔 ：单击该按钮，可以通过在二维坐标系中绘制曲线来调整所选通道的色调。

- 保存：用于保存设置的曲线。
- 自动：单击该按钮，软件将依赖曲线调整数据库自动调整曲线。

5.2.5 课堂实操：明亮视野

实操5-1 / 明亮视野

实例资源 ▶ 第5章\课堂实操\明亮视野\"素材"文件夹

本案例将练习制作提亮画面明亮视野的效果，涉及的知识点包括"曲线"效果、"色相/饱和度"效果等。具体操作方法介绍如下。

微课视频

Step 01 新建After Effects项目，导入本章素材文件，并基于素材文件新建合成，如图5-21所示。

Step 02 执行"图层>新建>调整图层"命令，新建调整图层，如图5-22所示。

图5-21

图5-22

Step 03 选中调整图层，执行"效果>颜色校正>曲线"命令，添加"曲线"效果，在"效果控件"面板中调整曲线，如图5-23所示。此时"合成"面板中的效果如图5-24所示。

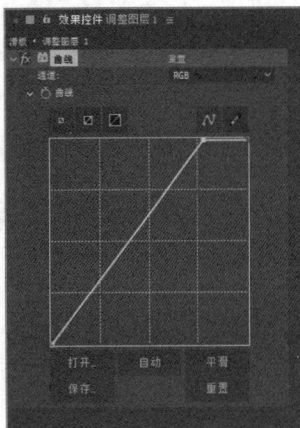
图5-23

图5-24

Step 04 执行"效果>颜色校正>色相/饱和度"命令，添加"色相/饱和度"效果，在"效果控件"面板中设置参数，提高饱和度，如图5-25所示。此时"合成"面板中的效果如图5-26所示。

Step 05 按空格键预览效果，如图5-27所示。

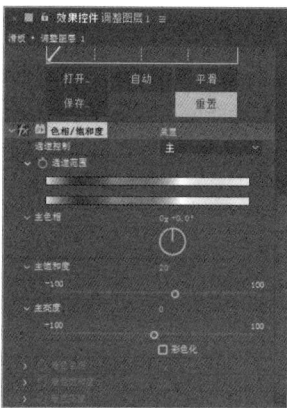

图5-25

图5-26

图5-27

至此，完成明亮视野效果的制作。

5.3 常用调色效果

"颜色校正"效果组中还提供了三色调、通道混合器等调色效果，以满足不同的调色需要。本节将对其中较为常用的效果进行介绍。

5.3.1 三色调

"三色调"效果可以将画面中的阴影、中间调和高光像素映射到选择的颜色，从而改变图像效果。图5-28为"三色调"效果的属性参数。添加该效果并调整，前后对比效果如图5-29、图5-30所示。

图5-28

图5-29

图5-30

5.3.2　通道混合器

"通道混合器"效果可以通过调整图像中各颜色通道的比例调整图像效果。图5-31所示为"通道混合器"效果的属性参数。添加该效果并调整，前后对比效果如图5-32、图5-33所示。

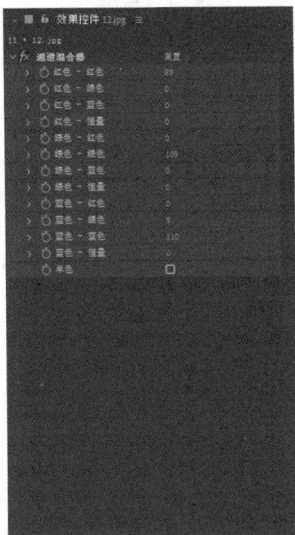

图5-31　　　　　　　　　　图5-32　　　　　　　　　　图5-33

"通道混合器"效果属性参数作用介绍如下。

- 输出通道—输入通道：用于设置要添加到输出通道值的输入通道值的百分比，如"红色—蓝色"设置为10可将每个像素红色通道值的10%添加到该像素蓝色通道值中。

- 输出通道—恒量：用于设置以百分比形式添加到输出通道值的恒量值，如"红色—恒量"设置为100可通过添加100%红色使每个像素的红色通道饱和。

- 单色：选择该复选框，将对红色、绿色和蓝色输出通道使用红色输出通道的值，以便创建灰度图像。

5.3.3　阴影/高光

"阴影/高光"效果可以根据周围的像素单独调整阴影和高光。图5-34为"阴影/高光"效果的属性参数。添加该效果并调整，前后对比效果如图5-35、图5-36所示。

"阴影/高光"效果部分属性参数作用介绍如下。

- 自动数量：选择该复选框，软件将自动确定适用于阴影细节变亮和恢复的数量。同时激活"瞬间平滑（秒）"选项，确定每个帧相对于其周围帧所需的校正量而分析的邻近帧的范围。

- 阴影数量：取消选择"自动数量"复选框时，激活该选项，以设置使图像阴影变亮的数量。

- 高光数量：取消选择"自动数量"复选框时，激活该选项，以设置使图像高光变暗的数量。

- 场景检测：选择该复选框，在为瞬时平滑分析周围的帧时，超出场景变换的帧将被忽略。

- 阴影色调宽度和高光色调宽度：用于设置阴影和高光中可调整色调的范围，较低的值可将可调整范围分别限制为仅最暗和仅最亮的区域。

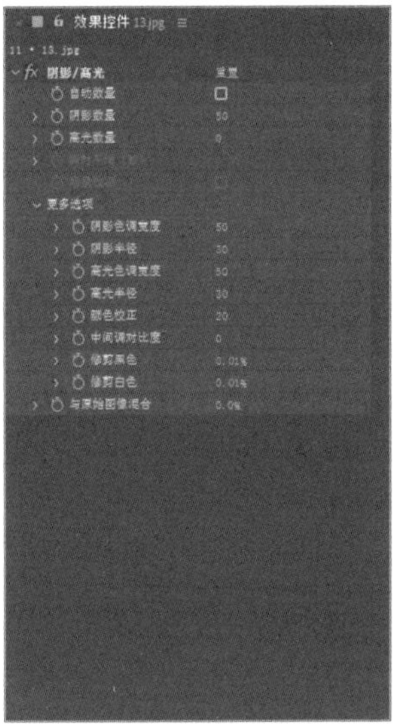

图5-34

图5-35

图5-36

- 颜色校正：用于设置效果应用到调整的阴影和高光的颜色校正的数量。
- 中间调对比度：用于设置"阴影/高光"效果应用到中间调的对比度的数量。
- 修剪黑色和修剪白色：用于设置在图像中将多少阴影和高光修剪为新的极端阴影和高光颜色。设置过高值时，将减少阴影或高光中的细节。

5.3.4 照片滤镜

"照片滤镜"效果可以模拟在相机镜头前增加彩色滤镜的效果，以调整图像的颜色平衡和色温。用户可以在"效果控件"面板中调整滤镜的颜色，如图5-37所示。添加该效果并调整，前后对比效果如图5-38、图5-39所示。

图5-37

图5-38

图5-39

"照片滤镜"效果部分属性参数作用介绍如下。

- 滤镜：用于选择预设的滤镜。选择"自定义"选项时，将激活"颜色"选项以自定义滤镜颜色。
- 密度：用于设置应用到图像的颜色量。
- 保持发光度：选择该复选框，图像将保持亮度不变。

5.3.5 Lumetri颜色

"Lumetri颜色"效果可以实现专业品质的颜色分级和颜色校正，是一个综合性的颜色校正效果。图5-40为"Lumetri颜色"效果的属性参数。添加该效果并调整，前后对比效果如图5-41、图5-42所示。

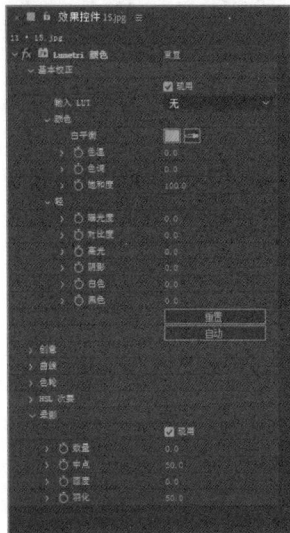

图5-40   图5-41   图5-42

"Lumetri颜色"效果部分属性参数作用介绍如下。
- 基本校正：用于修正过暗或过亮的视频，包括白平衡、曝光度、对比度调整等。
- 创意：提供预设以快速调整颜色，也可以手动调整。
- 曲线：包括RGB曲线、色相饱和度曲线等一系列曲线，针对性地校正指定颜色范围。
- 色轮：提供色轮以单独调整图像的阴影、中间调和高光。
- HSL 次要：多用于校正完成主颜色后，辅助调整素材文件中的颜色。
- 晕影：用于制作边缘晕影的效果。

5.3.6 灰度系数/基值/增益

"灰度系数/基值/增益"效果可以单独调整每个通道的响应曲线，改变特定颜色的亮度和强度。图5-43为"灰度系数/基值/增益"效果的属性参数。添加该效果并调整，前后对比效果如图5-44、图5-45所示。

"灰度系数/基值/增益"效果属性参数作用介绍如下。
- 黑色伸缩：用于重新映射所有通道的低像素值。
- 灰度系数：用于调整通道的中间色调，影响整体的亮度和对比度。
- 基值：用于调整通道的最低亮度值，影响通道的阴影部分。
- 增益：用于调整通道的最高亮度值，影响通道的高光部分。

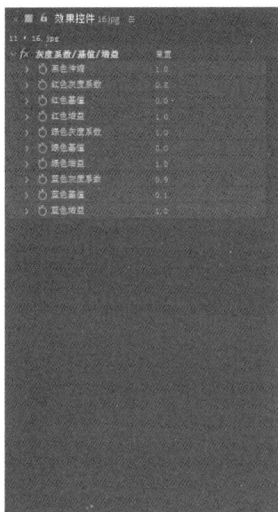

图5-43

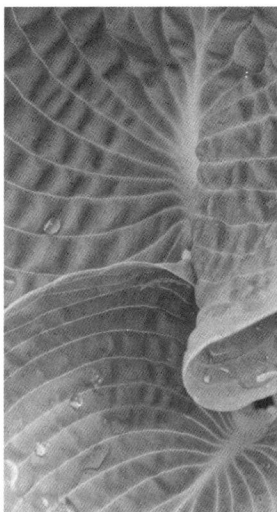

图5-44

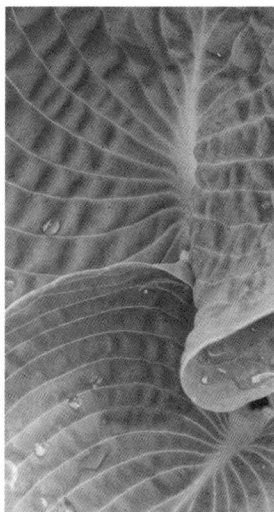

图5-45

5.3.7　色调均化

"色调均化"效果可以重新分布图像的像素值,以产生一致的亮度或颜色分量分布。图5-46为"色调均化"效果的属性参数。添加该效果并调整,前后对比效果如图5-47、图5-48所示。

图5-46

图5-47

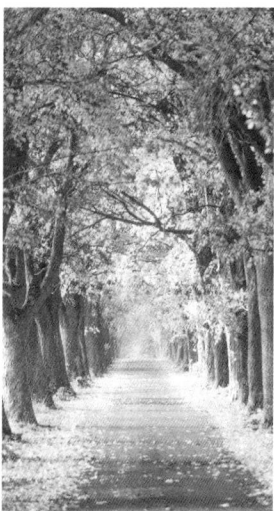

图5-48

"色调均化"效果各属性参数作用介绍如下。

• 色调均化:用于设置色调均化的类型,包括RGB、亮度和Photoshop样式三个选项。选择"RGB"选项时,将根据红色、绿色和蓝色的分量使图像色调均化。选择"亮度"选项时,将根据每个像素的亮度使图像色调均化。选择"Photoshop样式"选项时,将重新分布图像像素的亮度值以使这些值更均匀地呈现整个范围的亮度级。

• 色调均化量:用于设置重新分布亮度值的量。数值越高,重新分布的像素值越多。

5.3.8　广播颜色

"广播颜色"效果可以改变像素颜色值,以保留用于广播电视的范围中的信号振幅。图5-49为"广播颜色"效果的属性参数。添加该效果并调整,前后对比效果如图5-50、图5-51所示。

<table>
<tr><td>图5-49</td><td>图5-50</td><td>图5-51</td></tr>
</table>

"广播颜色"效果各属性参数作用介绍如下。

- 广播区域设置：用于设置预期输出的广播标准，包括NTSC和PAL两个选项。
- 确保颜色安全的方式：用于设置确保颜色安全的方式，选择"抠出不安全区域"和"抠出安全区域"选项时，可以确定广播颜色效果在当前设置下影响的图像部分。选择"降低明亮度"选项时，可以通过将像素移向黑色来降低其亮度。选择"降低饱和度"选项时，可以将像素的颜色移向类似亮度的灰色，使其不那么鲜明。
- 最大信号振幅（IRE）：用于设置最大的信号振幅，数量级高于该值的像素会改变。

5.3.9 保留颜色

"保留颜色"效果可以保留指定的颜色，并通过脱色降低图层上其他所有颜色的饱和度。图5-52为"保留颜色"效果的属性参数。添加该效果并调整，前后对比效果如图5-53、图5-54所示。

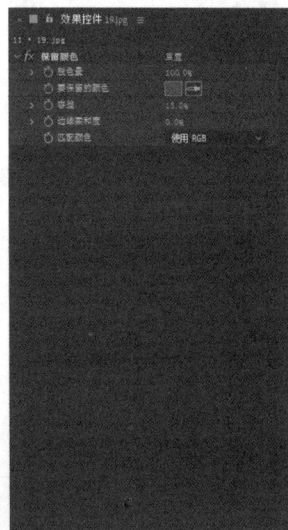

<table>
<tr><td>图5-52</td><td>图5-53</td><td>图5-54</td></tr>
</table>

"保留颜色"效果部分属性参数作用介绍如下。

- 脱色量：用于设置要移除颜色的量。数值为100.0%时，图像中与要保留的颜色不同的区域将完全脱色，并显示为灰色。
- 边缘柔和度：用于设置颜色边界的柔和度。数值越高越柔和。
- 匹配颜色：用于选择"使用RGB"或"使用色相"选项来匹配颜色。选择"使用RGB"选项时可执行更严格的匹配。

5.3.10 更改颜色

"更改颜色"效果可以更改选中颜色的色相、亮度和饱和度，从而改变图像效果。图5-55为"更改颜色"效果的属性参数。添加该效果并调整，前后对比效果如图5-56、图5-57所示。

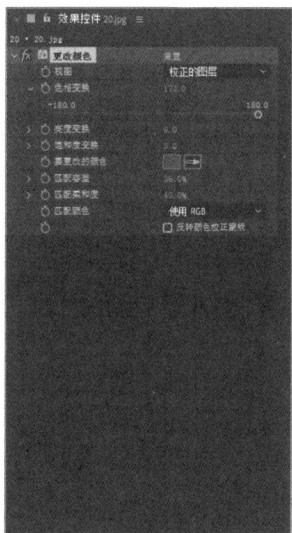

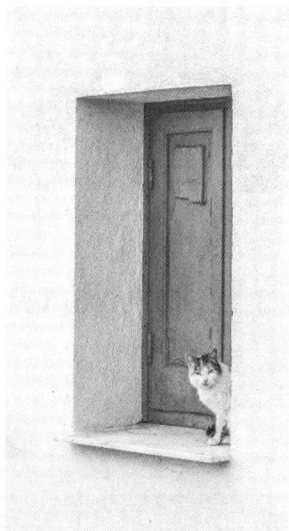

图5-55   图5-56   图5-57

"更改颜色"效果部分属性参数作用介绍如下。

- 视图：用于选择视图中显示的内容。选择"校正的图层"选项时，将显示更改颜色效果的结果；选择"颜色校正蒙版"选项时，将显示灰度遮罩，以指示图层中发生变化的区域，其中白色区域变化最大。
- 色相变换：用于调整匹配像素的色相。
- 亮度变换：用于调整匹配像素的亮度。
- 饱和度变换：用于调整匹配像素的饱和度。

知识链接

After Effects中的"更改为颜色"效果，作用与"更改颜色"效果相似，可以将选中的颜色更改为使用色相、亮度和饱和度(HLS)值的其他颜色，同时使其他颜色不受影响。

5.3.11 颜色平衡

"颜色平衡"效果可以更改图像阴影、中间调和高光中的红色、绿色和蓝色数量，从而调整颜色。图5-58为"颜色平衡"效果的属性参数。添加该效果并调整,前后对比效果如图5-59、图5-60所示。

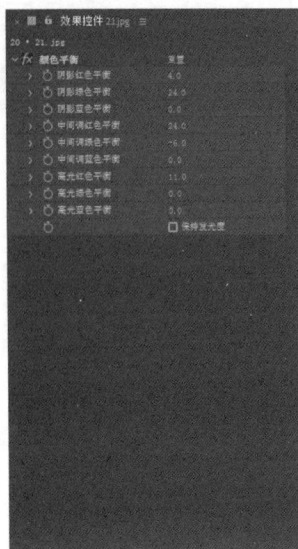

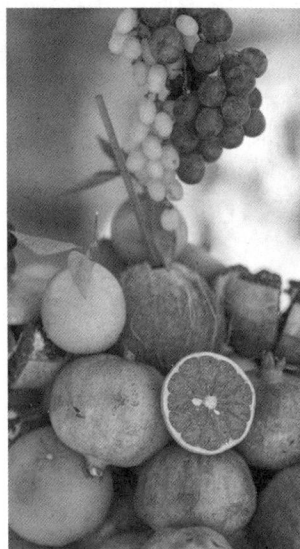

图5-58 图5-59 图5-60

5.3.12 颜色平衡(HLS)

"颜色平衡(HLS)"效果可以改变图像的色相、亮度和饱和度,从而调整颜色。图5-61为"颜色平衡(HLS)"效果的属性参数。添加该效果并调整,前后对比效果如图5-62、图5-63所示。

图5-61 图5-62 图5-63

5.3.13 颜色链接

"颜色链接"效果可以使用一个图层的平均像素值为另一个图层着色,以便快速找到与背景图层的颜色匹配的颜色。图5-64为"颜色链接"效果的属性参数。

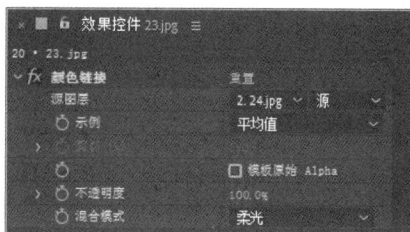

图5-64

"颜色链接"效果部分属性参数作用介绍如下。

- 源图层：用于选择对颜色采样的图层。
- 不透明度：用于设置效果的不透明度。
- 混合模式：用于设置效果结果和原始图层的混合
模式。

图5-65、图5-66为原始图层和源图层，添加并调整"颜色链接"效果后原始图层效果如图5-67所示。

图5-65

图5-66

图5-67

5.3.14 课堂实操：色彩呈现 AIGC

实操5-2 / 色彩呈现

实例资源▶ 第5章\课堂实操\色彩呈现\"素材"文件夹

本案例将练习制作色彩呈现的效果。具体操作方法介绍如下。

Step 01 通过AIGC工具，如文心一言，提供灵感来源，具体如下。

Q：Adobe After Effects中的保留颜色可以制作什么效果？

A：在Adobe After Effects（AE）中，保留颜色效果可以制作多种视觉特效，

微课视频

其核心功能在于能够保留指定的颜色，而将其他颜色转换为黑白色调或进行其他形式的处理。以下是一些具体的效果和应用场景。

一、基本效果

- 保留特定颜色：通过保留颜色效果，可以选择并保留画面中的一种或多种颜色，而其他颜色则会被转换为黑白色调。这种效果常用于突出画面中的某个特定元素或主题。

二、创意应用

- 色彩强调：在保留颜色的基础上，可以通过调整饱和度、亮度等参数，进一步强调所保留的颜色，使其更加鲜明和突出。

- 双色调效果：结合其他颜色校正工具，可以创建双色调效果，即画面主要由两种颜色构成，一种为保留的颜色，另一种为转换后的黑白色调（或另一种指定颜色）。
- 艺术风格化：通过保留颜色效果，可以制作出具有独特艺术风格的作品，如漫画风格、插画风格等。这种效果在广告、动画、电影等领域有广泛应用。

三、技术实现

- 参数调整：在使用保留颜色效果时，需要调整的关键参数包括要保留的颜色、容差（决定颜色的相似度）、边缘柔和度（决定保留颜色与转换颜色之间的过渡效果）等。
- 图层叠加：可以将保留颜色效果应用于多个图层，通过叠加和合成，创造出更加复杂的视觉效果。
- 关键帧动画：结合关键帧动画技术，可以实现保留颜色效果的动态变化，如颜色逐渐显现或消失、颜色转换等。

四、实际应用案例

- 电影特效：在电影制作中，保留颜色效果常用于强调某个场景或角色的重要性，或营造特定的氛围和情绪。
- 广告宣传：在广告设计中，保留颜色效果可以吸引观众的注意力，突出产品或品牌的特点。
- 动画制作：在动画制作中，保留颜色效果可以用于创建独特的视觉风格，增强动画的吸引力和表现力。

综上所述，AE中的保留颜色效果具有广泛的应用场景和创意空间，能够制作出多种独特的视觉效果。通过灵活调整参数和结合其他技术手段，可以实现更加丰富和多样的视觉体验。

Step 02 新建After Effects项目，导入本章素材文件，并基于素材文件新建合成，如图5-68所示。

Step 03 在"时间轴"面板中选择素材图层，单击鼠标右键，执行"时间>时间伸缩"命令，打开"时间延长"对话框，调整持续时间，如图5-69所示。完成后单击"确定"按钮。

图5-68

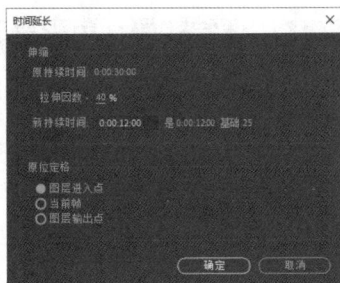

图5-69

Step 04 在"项目"面板中选中合成，单击鼠标右键，执行"合成设置"命令打开"合成设置"对话框，调整持续时间，如图5-70所示。完成后单击"确定"按钮，效果如图5-71所示。

Step 05 执行"图层>新建>调整图层"命令，新建调整图层，如图5-72所示。

Step 06 选中调整图层，执行"效果>颜色校正>保留颜色"命令，添加"保留颜色"效果，在"效果控件"面板中设置参数，如图5-73所示。此时"合成"面板中的效果如图5-74所示。

Step 07 移动当前时间指示器至0:00:00:00处，为"脱色量"参数和"边缘柔和度"参数添加关键帧，如图5-75所示。

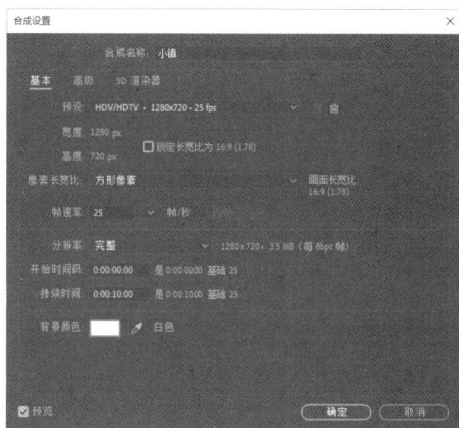

图5-70

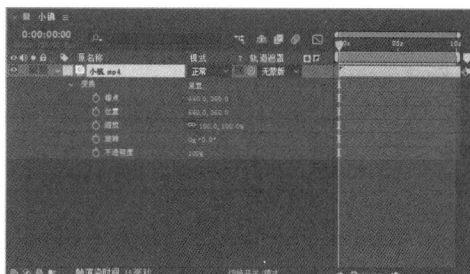

图5-71

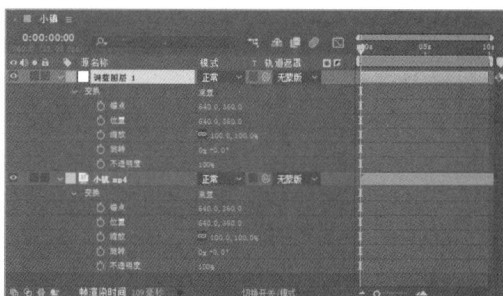

图5-72

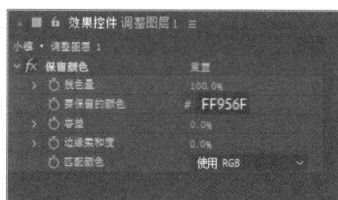

图5-73

图5-74

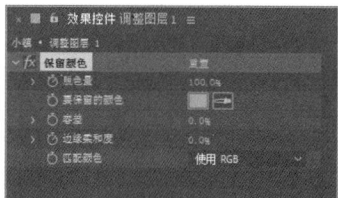

图5-75

Step 08 移动当前时间指示器至0:00:06:00处，更改"脱色量"参数为"0.0%"，"边缘柔和度"参数为"1.0%"，软件将自动添加关键帧，如图5-76所示。

Step 09 选中关键帧，按F9键创建缓动。此时"合成"面板中的效果如图5-77所示。

图5-76

图5-77

Step 10 按空格键预览效果，如图5-78所示。

图5-78

至此，完成色彩呈现效果的制作。

5.4 实战演练：悠悠蓝天

实操 *5-3* / 悠悠蓝天

📁 **实例资源▶** 第5章\实战演练\"素材"文件夹

本案例将综合应用本章所学知识制作悠悠蓝天调色视频，以达到举一反三、学以致用的目的。下面将对具体操作思路进行介绍。

微课视频

Step 01 新建After Effects项目，导入本章素材文件，并基于素材文件新建合成，如图5-79所示。

Step 02 执行"图层>新建>调整图层"命令，新建调整图层，如图5-80所示。

图5-79

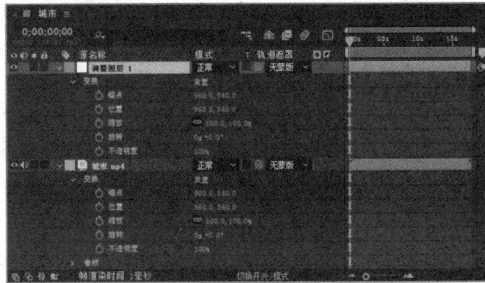

图5-80

Step 03 选中调整图层，执行"效果>颜色校正>阴影/高光"命令，添加"阴影/高光"效果，在"效果控件"面板中设置参数，如图5-81所示。此时"合成"面板中的效果如图5-82所示。

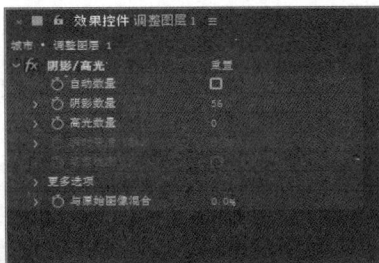

图5-81

图5-82

Step 04 执行"效果>颜色校正>Lumetri颜色"命令，添加"Lumetri颜色"效果，在"效果控件"面板"基本校正"选项组中设置参数，如图5-83所示。此时"合成"面板中的效果如图5-84所示。

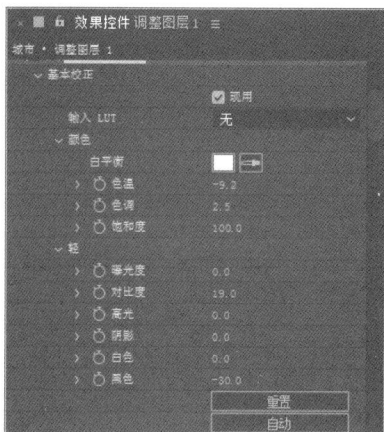

图5-83

图5-84

Step 05 在"曲线"选项组中调整RGB曲线,如图5-85所示。此时"合成"面板中的效果如图5-86所示。

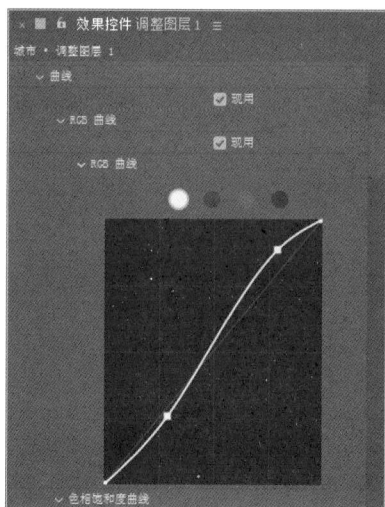

图5-85

图5-86

Step 06 在"曲线"选项组中调整亮度与饱和度曲线,如图5-87所示。此时"合成"面板中的效果如图5-88所示。

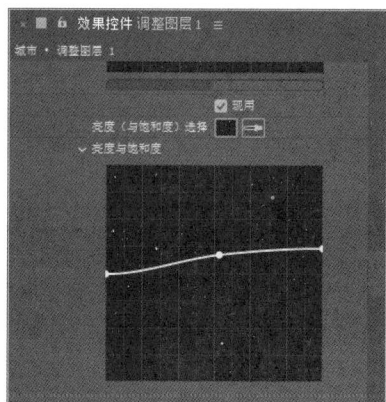

图5-87

图5-88

Step 07 按空格键预览效果，如图5-89所示。

图5-89

至此，完成悠悠蓝天效果的制作。

5.5 拓展练习

📦 **实例资源** ▶ 第5章\拓展练习\"素材"文件夹

下面将练习使用调色效果制作麦子黄了的效果，如图5-90所示。

实操5-4 / 麦子黄了

图5-90

技术要点：
- 调整图层的创建。
- "色阶"效果的应用与调整。
- "照片滤镜"效果的应用与调整。
- "更改颜色"效果的应用与调整。
- 关键帧动画的制作。

操作提示：
① 新建项目，导入素材文件，并基于素材新建合成。
② 新建调整图层，应用"色阶"效果提亮画面。
③ 为调整图层添加"照片滤镜"效果，添加画面中的蓝色。
④ 为"密度"参数添加关键帧，制作密度逐渐降低的动画效果。
⑤ 添加"更改颜色"效果，并调整参数，使画面偏绿。
⑥ 为"色相变换"和"饱和度变换"参数添加关键帧。
⑦ 在视频最后段调整画面偏黄。
⑧ 设置关键帧缓动效果。

第6章
合成：抠像与运动跟踪

Ae

内容导读

本章将对抠像与运动跟踪的操作进行介绍，包括认识抠像、"抠像"效果组、Keylight（1.2）、运动跟踪与稳定等。了解并掌握这些知识，可以帮助用户掌握视频合成的方法，更好地进行视频编辑和特效制作。

学习目标

- 掌握常用抠像效果。
- 掌握Keylight（1.2）效果的应用。
- 掌握运动跟踪的创建与应用。

素养目标

- 培养影视后期制作人员视频合成的专业能力，使其掌握抠像效果的应用，能够合成不同场景的影片。
- 通过运动跟踪与稳定技术的应用，提升影视后期制作人员在视频特效制作方面的能力，助力其出色完成视频跟随等特效的制作。

案例展示

文本跟随

屏幕新生

6.1 认识抠像

抠像又被称为键控，通过抠取画面中的图像，并将其合成到一个新的场景中去，制作出更加神奇的视觉效果。在电影和电视制作中，常常可以见到演员在绿幕或蓝幕前表演，这两种背景颜色在后期处理时可以方便地使用抠像技术移除。通过这种技术，制作人员可以将演员的表演与其他场景无缝结合，呈现出观众在影视剧中实际看到的效果，这不仅大大增强了视觉效果的创造力和灵活性，还使得复杂场景的制作变得更加可行和高效。

在After Effects中，抠像技术尤为重要，它提供了多种工具和插件，如Keylight（1.2）、"抠像"特效组等，以帮助用户精确地去除背景颜色并保留前景对象的细节，图6-1、图6-2为抠像前后对比效果。通过合理的拍摄条件和高质量的素材，结合After Effects软件强大的抠像工具，用户可以实现高质量的抠像效果，创建出色的视觉合成。

图6-1

图6-2

6.2 "抠像"效果组

"抠像"效果组中包括Advanced Spill Suppressor、线性颜色键、颜色范围等多种抠像效果，这些效果可以帮助用户轻松完成抠像操作。本节将对此进行介绍。

6.2.1 Advanced Spill Suppressor

"Advanced Spill Suppressor（高级颜色溢出抑制）"效果可以从抠像图层中移除杂色，包括抠像边缘及主体中染上的环境色等，一般用于抠像操作之后。选中抠像图层，执行"效果>抠像>Advanced Spill Suppressor"命令，或在"效果和预设"面板中搜索该效果，拖拽至抠像图层上，在"效果控件"面板中可以设置相应的参数，如图6-3所示。添加该效果并设置参数，原图像和前后对比效果如图6-4、图6-5、图6-6所示。

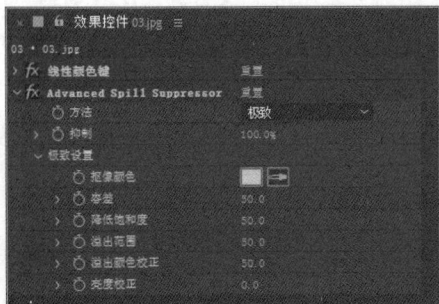

图6-3

图6-4

图6-5

图6-6

"Advanced Spill Suppressor"效果部分属性参数作用介绍如下。

• 方法：用于选择颜色溢出抑制方法，包括"标准"和"极致"两种。"标准"方法可以自动检测主要抠像颜色，"极致"方法基于Premiere中的"超级键"效果的溢出抑制，选择该方法将激活"极致设置"属性组进行设置。

• 抑制：用于设置颜色溢出抑制程度。

• 极致设置：用于精确设置抠像颜色、容差、溢出范围等属性参数，获得更好的颜色溢出抑制效果。

6.2.2 CC Simple Wire Removal

"CC Simple Wire Removal（简单金属丝移除）"效果可以简单地模糊或替换线性形状，多用于去除拍摄过程中出现的线，如威亚钢丝或一些吊着道具的细绳。添加该效果后，在"效果控件"面板中可以设置相关的属性参数，如图6-7所示。

图6-7

"CC Simple Wire Removal"效果部分属性参数作用介绍如下。

• Point A/B：用于设置金属丝两个移除点的坐标，也可以在"合成"面板中设置。

• Removal Style（移除方法）：用于设置金属丝移除方法，默认为"Displace（置换）"。

• Thickness（厚度）：用于设置金属丝移除的宽度。

• Slope（倾斜）：用于设置水平偏移程度。

• Mirror Blend（镜面混合）：用于对图像进行镜像或混合处理。

• Frame Offset（帧偏移）：用于设置帧偏移程度。

多次添加该效果并设置参数，前后对比效果如图6-8、图6-9所示。

图6-8

图6-9

6.2.3 线性颜色键

"线性颜色键"效果可将图像的每个像素与指定的主色进行比较，如果像素的颜色与主色近似匹配，则此像素将变得完全透明。用户可以在"效果控件"面板中指定主色，如图6-10所示。

"线性颜色键"效果部分属性参数作用介绍如下。

• 预览：用于观察和调整抠像效果，左边的缩览图表示未改变的源图像，右边的缩览图表示在"视图"菜单中选择的视图。

• 视图：用于设置"合成"面板中的视图效果。

• 匹配颜色：用于设置颜色空间，默认为"使用RGB"。

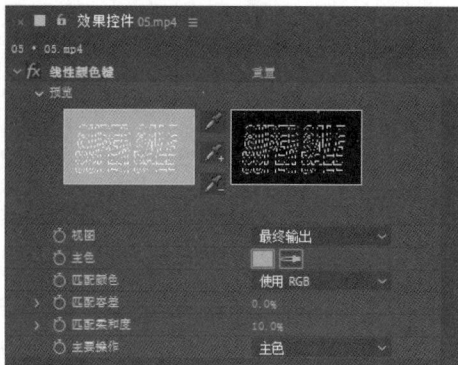

图6-10

• 匹配容差：用于指定像素在开始变透明之前，必须匹配主色的严密程度。

• 匹配柔和度：用于控制图像和主色之间边缘的柔和度。

• 主要操作：设置主要操作方式为"主色"或者"保持颜色"。用户可以重新应用"线性颜色键"效果，设置"主要操作"为"保持颜色"，以保留第一次应用此抠像时变透明的颜色。

添加该效果并设置参数，前后对比效果如图6-11、图6-12所示。

图6-11

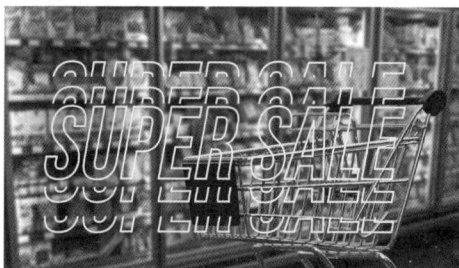

图6-12

6.2.4 颜色范围

"颜色范围"效果可以在Lab、YUV或RGB颜色空间中抠出指定的颜色范围，多用于亮度不均匀且包含同一颜色的不同阴影的蓝屏或绿屏上。用户可以在"效果控件"面板中设置范围，如图6-13所示。

"颜色范围"效果部分属性参数如下。

• 预览：用于观察和调整抠像效果，通过吸管可以添加或减少抠像区域。

• 模糊：用于柔化透明和不透明区域之间的边缘。

• 色彩空间：用于选择颜色空间以抠取颜色范围。

• 最小值/最大值：用于微调颜色范围的起始颜色和结束颜色。其中L、Y、R滑块可控制指定颜色空间的第一个分量；a、U、G滑块可控制第二个分量；b、V、B滑块可控制第三个分量。

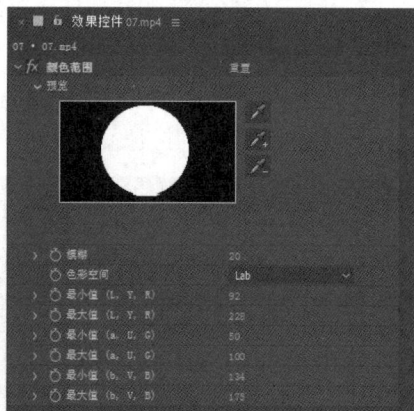

图6-13

添加该效果并设置参数，前后对比效果如图6-14、图6-15所示。

图6-14

图6-15

6.2.5 颜色差值键

"颜色差值键"效果可以创建明确定义的透明度值，它通过将图像分为"遮罩部分A"和"遮罩部分B"两个遮罩，在相对的起始点创建透明度，"遮罩部分B"使透明度基于指定的主色，而"遮罩部分A"使透明度基于不含第二种不同颜色的图像区域，通过将这两个遮罩合并为第三个遮罩（称为"Alpha遮罩"），制作抠像效果。图6-16为"颜色差值键"效果的属性参数。

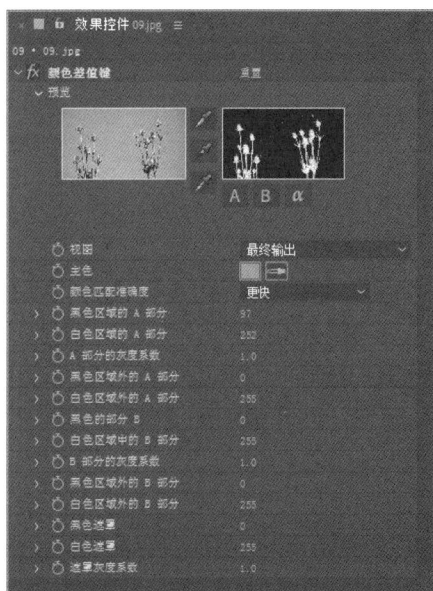

图6-16

"颜色差值键"效果部分属性参数介绍如下。

• 预览：用于观察和调整抠像效果，用户可以选择不同的吸管工具，指定透明和不透明区域。

• 颜色匹配准确度：用于选择匹配准确度，包括"更快"和"更准确"两个选项。

• 黑色：用于调整每个遮罩的透明度水平。

• 白色：用于调整每个遮罩的不透明度水平。

• 灰度系数：用于控制透明度值遵循线性增长的严密程度。

添加该效果并设置参数，前后对比效果如图6-17、图6-18所示。

图6-17

图6-18

6.2.6 课堂实操：农场觅食

实操6-1 / 农场觅食

■ **实例资源▶** 第6章\课堂实操\农场觅食\"素材"文件夹

本案例将练习制作替换鸡觅食背景的效果，涉及的知识点包括"线性颜色键"效果、"Advanced Spill Suppressor"效果的应用等。具体操作方法介绍如下。

微课视频

Step 01 打开After Effects软件，新建项目，导入本章素材文件，并根据视频素材新建合成，如图6-19所示。

Step 02 选择视频素材图层，执行"效果>抠像>线性颜色键"命令，添加视频效果，如图6-20所示。

图6-19

图6-20

Step 03 选择"效果控件"面板中"主色"参数右侧的吸管工具 ，在"合成"面板中绿幕处单击，效果如图6-21、图6-22所示。

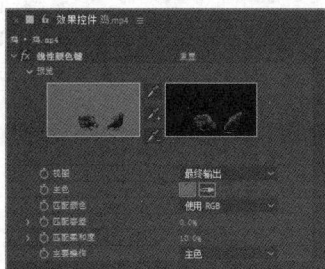

图6-21

图6-22

Step 04 选中抠像后的图层，执行"效果>抠像> Advanced Spill Suppressor"命令，添加效果去除画面中的溢色，如图6-23所示。

Step 05 将"背景.jpg"素材拖拽至"时间轴"面板中图层的下方，效果如图6-24所示。

图6-23

图6-24

Step 06 选中抠像图层，调整其"位置"参数和"缩放"参数，如图6-25所示。此时"合成"面板中的效果如图6-26所示。

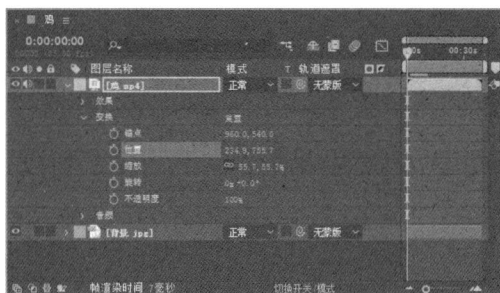

图6-25

图6-26

Step 07 选中抠像图层，执行"效果>颜色校正>色阶"命令，添加"色阶"效果，在"效果控件"面板中设置参数，如图6-27所示。此时"合成"面板中的效果如图6-28所示。

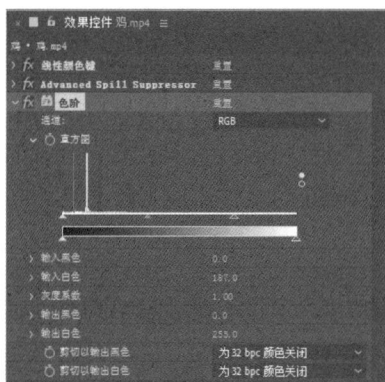

图6-27

图6-28

Step 08 按空格键预览效果，如图6-29所示。

图6-29

至此，完成农场觅食效果的制作。

6.3 Keylight（1.2）

"Keylight（1.2）"是After Effects内置的第三方增效工具，在制作专业品质的抠色效果方面表现出色。它能够精确控制前景对象中的蓝幕或绿幕反光，并将其替换为新背景的环境光。"Keylight（1.2）"还可以帮助用户轻松抠出所需的人像等内容，大大提高了影视后期制作的工作效率。

选择图层，执行"效果>Keying> Keylight（1.2）"命令，或在"效果和预设"面板中搜索

"Keylight（1.2）"效果，并应用至图层上，在"效果控件"面板中可以对其参数进行设置，如图6-30所示。

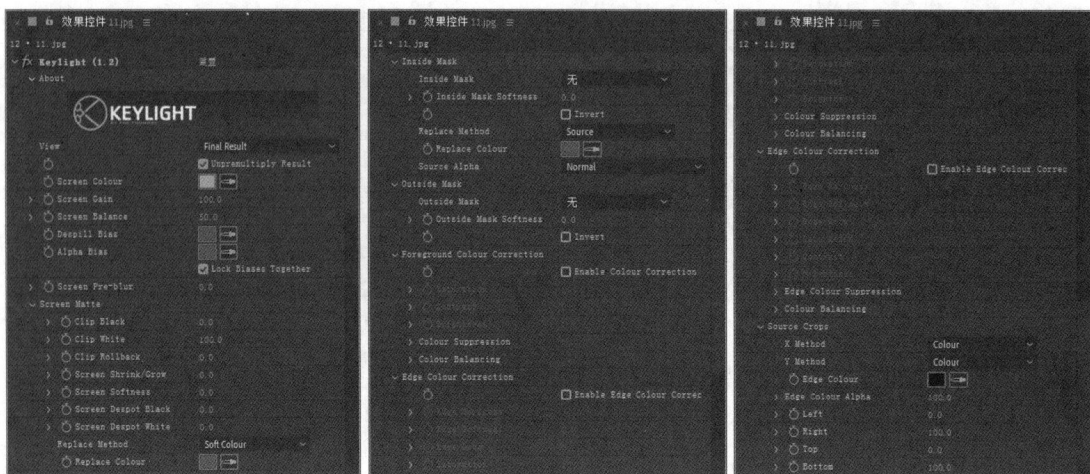

图6-30

"Keylight（1.2）"效果部分属性参数作用介绍如下。

• View（视图）：用于设置图像在合成窗口中的显示方式。

• Unpremultiply Result（非预乘结果）：选择该复选框将设置图像为不带Alpha通道显示，反之为带Alpha通道显示效果。

• Screen Colour（屏幕颜色）：用于设置需要抠除的颜色。一般在原图像中用吸管直接吸取。

• Screen Gain（屏幕增益）用于设置屏幕抠除效果的强弱程度，类似于容差值。数值越大，抠除程度越强。

• Screen Balance（屏幕均衡）：用于设置抠除颜色的平衡程度。数值越大，平衡效果越明显。

• Despill Bias（反溢出偏差）：用于恢复被过度抠除区域的原始颜色。

• Alpha Bias（Alpha偏差）：用于恢复被过度抠除的Alpha通道部分的颜色。

• Lock Biases Together（同时锁定偏差）：选择此复选框后，可以在抠除时同步设定"Despill Bias"和"Alpha Bias"的偏差值。

• Screen Pre-blur（屏幕预模糊）：用于设置抠除部分边缘的模糊效果。数值越大，模糊效果越明显。

• Screen Matte（屏幕蒙版）：用于设置抠除区域影像的属性参数。其中"Clip Black/White（修剪黑色/白色）"属性可去除抠像区域的黑/白色；"Clip Rollback（修剪回滚）"参数用于恢复修剪部分的影像；"Screen Shrink/Grow（屏幕收缩/扩展）"参数用于设置抠像区域影像的收缩或扩展；"Screen Softness（屏幕柔化）"参数用于柔化抠像区域影像；"Screen Despot Black/ White（屏幕独占黑色/白色）"参数用于显示图像中的黑色/白色区域；"Replace Method（替换方式）"参数用于设置屏幕蒙版的替换方式；"Replace Colour（替换色）"参数用于设置蒙版的替换颜色。

• Inside Mask（内侧遮罩）：用于为图像添加并设置抠像内侧的遮罩属性。

• Outside Mask（外侧遮罩）：用于为图像添加并设置抠像外侧的遮罩属性。

• Foreground Colour Correction（前景色校正）：用于设置蒙版影像的色彩属性。其中"Enable Colour Correction（启用颜色校正）"复选框启用后将校正蒙版影像颜色；"Saturation（饱和度）”参数用于设置抠像影像的色彩饱和度；“Contrast（对比度）”参数用于设置抠像影像的对比程度；“Brightness（亮度）”参数用于设置抠像影像的明暗程度；“Colour Suppression（颜色抑制）”参数可通过设定抑制类型来抑制某一颜色的色彩平衡和数量；“Colour Balancing（颜色平衡）”参数可通过Hue和Sat两个属性控制蒙版的色彩平衡效果。

- Edge Colour Correction（边缘色校正）：用于设置抠像边缘，属性参数与“前景色校正”属性基本类似。其中“Enable Edge Colour Correction（启用边缘色校正）”复选框启用后将校正蒙版影像边缘色；“Edge Hardness（边缘锐化）”参数用于设置抠像蒙版边缘的锐化程度；“Edge Softness（边缘柔化）”参数用于设置抠像蒙版边缘的柔化程度；“Edge Grow（边缘扩展）”参数用于设置抠像蒙版边缘的大小。

- Source Crops（源裁剪）：用于设置裁剪影响的属性类型及参数。

添加该效果并设置参数，前后对比效果如图6-31、图6-32所示。

图6-31

图6-32

6.4 运动跟踪与稳定

运动跟踪和稳定是影视后期制作中常用的技术。通过跟踪对象的运动轨迹，并将这些跟踪数据应用于另一个对象（例如另一个图层或效果控制点），可以实现图像和效果随运动同步的合成。本节将对运动跟踪和稳定进行介绍。

6.4.1 运动跟踪与稳定简介

运动跟踪是一种通过对指定区域进行运动分析并自动创建关键帧的技术。它可以将跟踪结果应用到其他图层或效果上，从而制作出动画效果。例如，可以使文字跟随运动的人物，为运动的汽车添加一个物品并使其随之运动，或者为移动的镜框加上照片效果等。运动跟踪能够追踪复杂的运动路径，包括加速、减速以及变化复杂的曲线等。

知识链接

在对影片进行运动追踪时，合成图像中至少要有两个图层，一个作为追踪图层，另一个作为被追踪图层，二者缺一不可。

运动稳定是通过After Effects对前期拍摄的影片素材进行画面稳定处理，用于消除前期拍摄过程中出现的画面抖动问题，使画面变得平稳。运动稳定可以通过“跟踪器”中的“稳定运动”按钮实现，也可以通过“变形稳定器”效果实现。

6.4.2 跟踪器

在After Effects中进行运动跟踪有多种方法，如蒙版跟踪、人脸跟踪、点跟踪、变形稳定器VFX等，用户可以通过"跟踪器"面板设置、启动和应用运动跟踪，通过"图层"面板设置跟踪点来指定要跟踪的区域，每个跟踪点包括两个方框和一个交叉点，如图6-33所示。一组跟踪点构成一个跟踪器。

图6-33

交叉点称为附加点，是运动跟踪的中心，可以指定目标的附加位置；内层方框称为特性区域，用于定义图层中要跟踪的元素，在选择时应围绕一个与众不同的可视元素，且整个跟踪持续期间都必须能够清晰识别；外层方框称为搜索区域，用于定义After Effects为查找跟踪特性而要搜索的区域，被跟踪特性只需要在搜索区域内与众不同，不需要在整个帧内与众不同。

下面将以点跟踪为例，对运动跟踪进行介绍。After Effects中的点跟踪包括一点跟踪、两点跟踪和四点跟踪三种，其中一点跟踪和四点跟踪较为常用。

1. 一点跟踪

一点跟踪是通过跟踪影片剪辑中的单个参考样式（小面积像素）来记录位置数据。选中需要跟踪的图层，执行"动画>跟踪运动"命令新建运动跟踪，软件将自动打开"跟踪器"面板，如图6-34所示。此时"图层"面板中将出现跟踪点，如图6-35所示。用户可以在"图层"面板中调整跟踪点的位置和跟踪区域的大小。

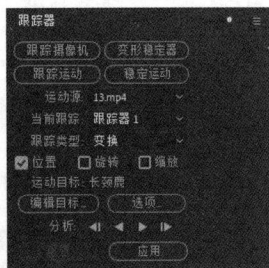

图6-34

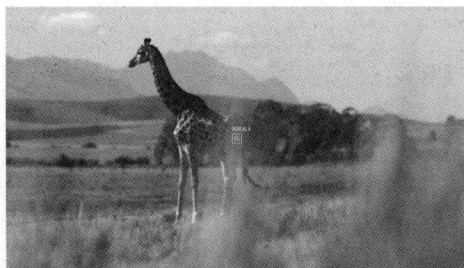

图6-35

在"跟踪器"面板中的"跟踪类型"菜单中选择跟踪类型时，软件会自动放置合适数目的跟踪点。若想添加更多跟踪点，可以单击"跟踪器"面板右上角的"菜单" ▤ 按钮，在弹出的快捷菜单中执行"新建跟踪点"命令新建跟踪点。

在"跟踪器"面板中，用户可以通过"编辑目标"按钮设置应用跟踪数据的图层。设置完成后，单击"向前分析" ▶ 按钮或"向后分析" ◀ 按钮，系统会自动向当前时间指示器的前方或后方分析并创建关键帧，图6-36、图6-37分别为分析前后对比效果。

图6-36

图6-37

分析完成后，用户可以逐帧查看，并对不满意的地方进行调整。完成后单击"应用"按钮，在"动态跟踪器应用选项"对话框中设置应用维度，如图6-38所示。完成后单击"确定"按钮，将跟踪数据应用到目标图层，如图6-39所示。

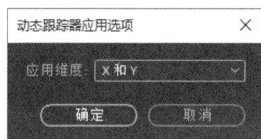

图6-38

图6-39

2. 四点跟踪

四点跟踪又被称为边角定位跟踪，通过跟踪影片剪辑中的四个参考样式来记录位置、缩放和旋转数据，这四个跟踪点会分析四个参考样式（例如屏幕的四个角）之间的关系。选中跟踪的运动源图层，在"跟踪器"面板中设置"跟踪类型"为"透视边角定位"，然后在"图层"面板中调整四个跟踪点的位置，如图6-40所示。完成后进行分析和应用即可，图6-41为分析后效果。

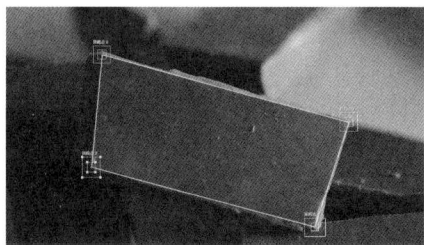

图6-40

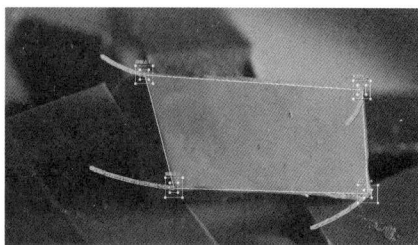

图6-41

6.4.3 课堂实操：文本跟随

实操6-2 / 文本跟随

📦 **实例资源** ▶ 第6章\课堂实操\文本跟随\"素材"文件夹

本案例将练习制作文本跟随的效果，涉及的知识点包括文本的创建、一点跟踪的创建、跟踪数据的应用等。具体操作方法介绍如下。

微课视频

Step 01 打开After Effects软件，新建项目，导入本章素材文件，并根据视频素材新建合成，如图6-42所示。

Step 02 移动当前时间指示器至0:00:02:00处，使用横排文字工具在"合成"面板中单击输入文本，在"属性"面板中设置参数，如图6-43所示。此时"合成"面板中的效果如图6-44所示。

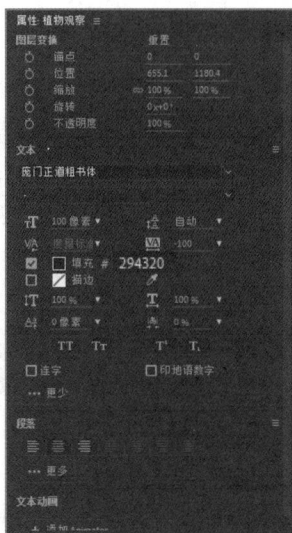

图6-42   图6-43   图6-44

Step 03 选中"时间轴"面板中的素材图层，执行"动画>跟踪运动"命令，"图层"面板中将自动出现跟踪点，调整特性区域和搜索区域大小和位置，将附加点移动至画面纸张中心处，如图6-45所示。

Step 04 在"跟踪器"面板中设置运动模板为文本图层，如图6-46所示。

Step 05 单击"向后分析" ◀ 按钮，软件将自动对当前时间指示器左侧进行分析，如图6-47所示。

Step 06 分析过程中可以及时地暂停调整，如图6-48所示。直至0:00:00:07处，纸张角点完全左移出画面，如图6-49所示。

Step 07 单击"跟踪器"面板中的"应用"按钮，打开"动态跟踪器应用选项"对话框，选择应用维度，如图6-50所示。完成后单击"确定"按钮应用跟踪数据至目标图层。

图6-45

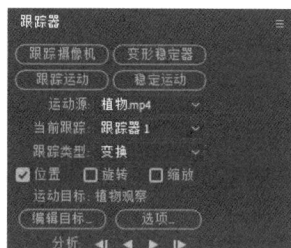
图6-46

图6-47

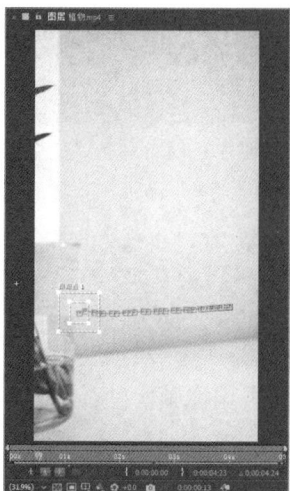
图6-48

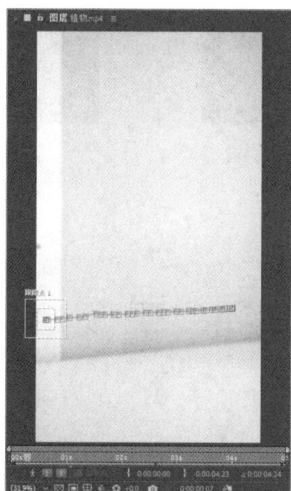
图6-49

图6-50

Step 08 按空格键预览效果，如图6-51所示。

图6-51

至此，完成文字跟随效果的制作。

6.5 实战演练：屏幕新生 AIGC

实操6-3 / 屏幕新生

📁 **实例资源** ▶ 第6章\实战演练\"素材"文件夹

本案例将综合应用本章所学知识制作屏幕新生效果，以达到举一反三、学以致用的目的。下面将对具体操作思路进行介绍。

Step 01 通过Midjourney生成图像，图6-52所示为示例效果。

Step 02 下载第4张，如图6-53所示。

图6-52

图6-53

🔗 **知识链接**

AIGC生成的图像具有随机性，生成适合的图像效果即可。

Step 03 打开After Effects软件，新建项目，导入本章素材文件，并根据视频素材新建合成，如图6-54所示。

Step 04 使用横排文字工具在"合成"面板中单击输入文本，如图6-55所示。

图6-54

图6-55

Step 05 选中文本图层，在0:00:01:15处按Alt+【组合键定义入点，在0:00:03:10处按Alt+】组合键定义出点，如图6-56所示。

Step 06 移动当前时间指示器至0:00:01:15处，选中视频图层，执行"动画>跟踪运动"命令，"图层"面板中将自动出现跟踪点，调整特性区域和搜索区域大小和位置，将附加点移动至文字所在处，如图6-57所示。

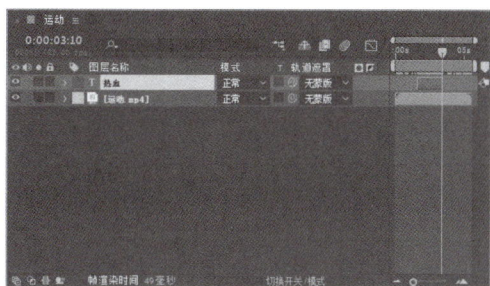

图6-56

图6-57

Step 07 单击"向前分析" ▶ 按钮，软件将自动对当前时间指示器右侧进行分析，在0:00:03:10处停止分析，在"图层"面板中可以查看关键帧，如图6-58所示。

Step 08 单击"跟踪器"面板中的"应用"按钮，打开"动态跟踪器应用选项"对话框，选择应用维度，如图6-59所示。完成后单击"确定"按钮应用跟踪数据至目标图层。

图6-58

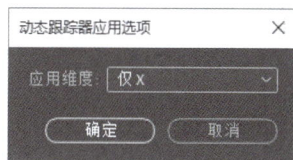

图6-59

Step 09 移动当前时间指示器至0:00:01:15处，选中文本图层，执行"效果>模糊和锐化>高斯模糊"命令，在"效果控件"面板中设置参数，如图6-60所示。

Step 10 移动当前时间指示器至0:00:03:01处，更改"模糊度"参数为"0.0"，软件将自动生成关键帧，如图6-61所示。

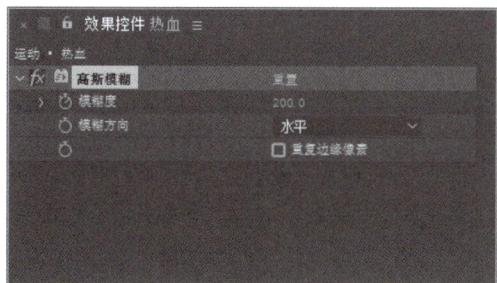

图6-60

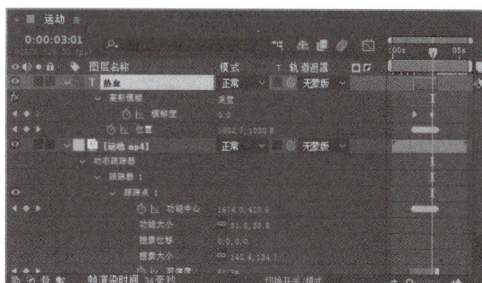

图6-61

Step 11 在"项目"面板中选择图像素材，并基于素材新建合成，右击合成，在弹出的快捷菜单中执行"合成设置"命令，打开"合成设置"对话框，设置持续时间为0:00:05:16，如图6-62所示。完成后单击"确定"按钮。

Step 12 选中"电脑"合成中的图像图层，执行"效果>抠像>颜色范围"命令，添加效果，选择"效果控件"面板中吸管工具 ▦，在"合成"面板中绿幕处单击吸取颜色，如图6-63所示。

Step 13 将"运动"合成拖拽至"时间轴"面板中，在"时间轴"面板"变换"属性组中调整缩放和位置，如图6-64所示。此时"合成"面板中的效果如图6-65所示。

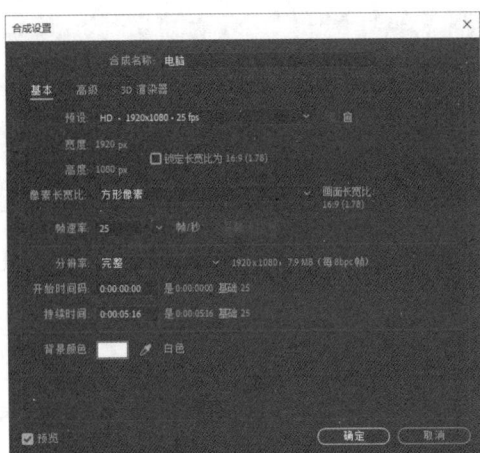

图6-62

图6-63

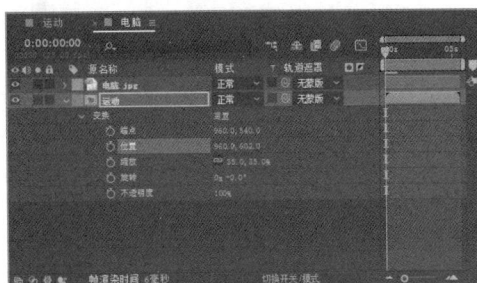

图6-64

图6-65

Step 14 执行"图层>新建>调整图层"命令新建调整图层，选中调整图层，选择钢笔工具 ，沿电脑轮廓绘制蒙版，如图6-66所示。

Step 15 选中调整图层，执行"效果>抠像> Advanced Spill Suppressor"命令添加效果，去除画面中的溢色，如图6-67所示。

图6-66

图6-67

Step 16 按空格键预览效果，如图6-68所示。

图6-68

至此，完成屏幕新生效果的制作。

实例资源 ▶ 第6章\拓展练习\"素材"文件夹

下面将练习制作行走的猫录制视频，如图6-69所示。

实操6-4 / 行走的猫

图6-69

技术要点：

- AI格式素材的应用。
- "Keylight（1.2）"效果的应用。
- 跟踪器的应用。
- 素材的剪切。
- 预合成的创建。

操作提示：

① 导入素材文件，根据猫素材创建合成。

② 添加录制素材。

③ 为录制素材应用"Keylight（1.2）"效果，并设置参数。

④ 导入.ai格式素材，放置在图层上方。

⑤ 新建文本，调整位置及属性参数。

⑥ 将导入的箭头和文本创建预合成。

⑦ 跟踪猫素材，调整附加点位置，并分析跟踪数据。

⑧ 在特性区域离开处剪切预合成。

⑨ 为预合成应用跟踪数据。

第7章

字幕：探索文本动画

Ae

内容导读

本章将对文本动画的创建及设置进行介绍，包括文本的创建、文本的编辑和调整、文本图层属性、动画制作器、文本选择器及文本动画预设等。了解并掌握这些知识，可以帮助用户掌握文本及文本动画的创建与编辑，制作视觉效果更为丰富的影片。

学习目标

- 掌握文字工具的应用。
- 了解外部文本的导入与设置。
- 掌握编辑和调整文本的方式。
- 掌握文本图层属性的设置。
- 掌握动画制作器和文本选择器的应用。
- 了解文本动画预设。

素养目标

- 培养影视后期制作人员创意表达的专业能力，使其了解文本和文本动画的创建与编辑，能够生动准确地传递影片信息。
- 通过控制文本动画的节奏和速度，提升影视后期制作人员对影片节奏的控制能力，使影片内容更加流畅连贯。

案例展示

字符闪现

字影跳跃

7.1 创建文本

文本在影视后期制作中不仅可以提供关键信息，还可以增强影片的视觉效果和叙事表达，使影片内容更加清晰有条理。本节将对文本的创建进行介绍。

7.1.1 文字工具

文字工具是After Effects软件中创建文本的主要工具，包括横排文字工具和直排文字工具，在"工具"面板中选择任意文字工具，在"合成"面板中单击输入文本将创建点文本，图7-1、图7-2分别为创建的横排文本和直排文本。点文本需要按Enter键才可以换行。

图7-1

图7-2

选中任意文字工具后，在"合成"面板中按住鼠标左键拖拽，将创建定界框，如图7-3所示。在其中输入的文本即为段落文本，段落文本将根据定界框边界自动换行，如图7-4所示。用户也可以按Enter键手动调整换行。

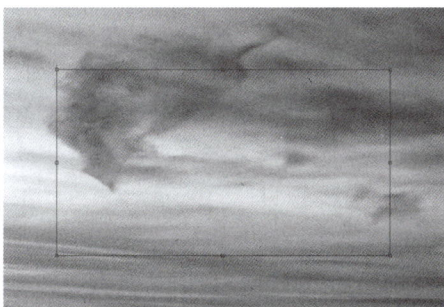
图7-3

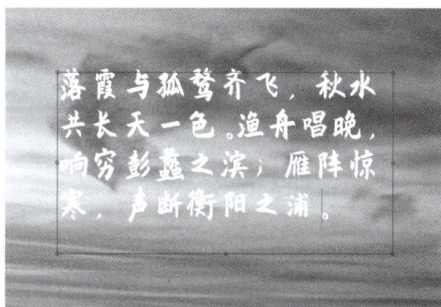
图7-4

🔗 **知识链接**

在文本输入状态，移动鼠标至定界框控制点处，按住鼠标左键拖拽可以调整定界框的大小。

除了文字工具外，用户也可以执行"图层>新建>文本"命令，软件中将自动出现文本图层，同时"合成"面板中将出现占位符，此时直接输入文本即可。

7.1.2 外部文本

After Effects支持保留并编辑来自Photoshop的文本。在导入PSD文档时，选择"图层选项”为“可编辑的图层样式”，如图7-5所示，完成后单击“确定”按钮。双击创建的PSD合成文件打开，选择文本图层，执行“图层>创建>转换为可编辑文字”命令即可，如图7-6所示。

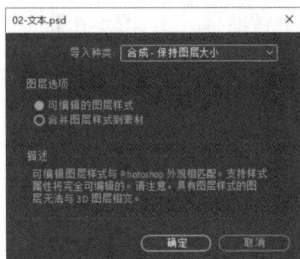

图7-5

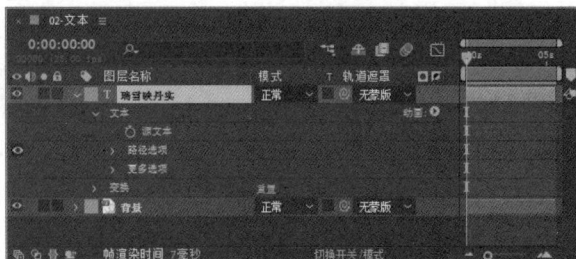

图7-6

若导入的PSD文档为合并图层，则需要先选中该图层，执行“图层>创建>转换为图层合成”命令将PSD文档分解到图层中，再选择文本图层进行调整。

7.2 编辑和调整文本

文本创建后，可以根据影片的视觉效果，对文本样式进行调整，该操作一般通过“字符”面板、“段落”面板或“属性”面板进行。下面将对此进行介绍。

7.2.1 “字符”面板

“字符”面板主要用于设置文本的字符格式，包括字体、字号、填充、描边等，执行“窗口>字符”命令打开“字符”面板，如图7-7所示。设置后的文本效果如图7-8所示。

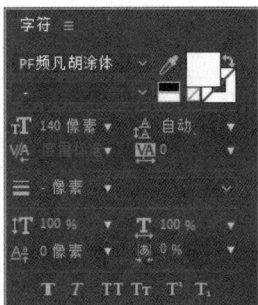

图7-7

图7-8

“字符”面板中部分常用选项作用介绍如下。

- 设置字体系列：在下拉列表中可以选择字体类型进行应用。
- 设置字体样式：仅选择部分可设置字体样式的字体系列时激活，以选择不同的字体样式进行应用。
- 吸管：可在整个工作面板中吸取颜色，并应用至所选文本的填充或描边。
- 设置为黑色/白色：设置颜色为黑色或白色。
- 填充颜色和描边颜色：单击“填充颜色”，打开“文本颜色”对话框可以设置文本颜色。单击“描边颜色”，将设置描边颜色。
- 设置字体大小：用于设置字体大小。可以在下拉列表中选择预设的大小，也可以在数值处按住鼠标左键左右拖动改变数值大小，或在数值处单击直接输入数值。

- 设置行距 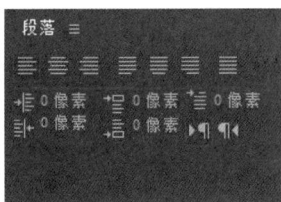：用于调节文本行与文本行之间的距离。
- 两个字符间的字偶间距 ：设置光标左右字符之间的间距。
- 所选字符的字符间距 ：设置所选字符之间的间距。
- 垂直缩放 /水平缩放 ：在垂直方向或水平方向缩放字符。
- 设置基线偏移 ：用于控制文本与其基线之间的距离，提升或降低选定文本以创建上标或

下标。用户也可以单击"字符"面板底部的"上标" 或"下标" 按钮创建上标或下标。

🔗 **知识链接**

若选择了文本内容，在"字符"面板中的设置将仅影响选中文本。若选中文本图层，在"字符"面板中的设置将影响所选文本图层。若没有选中文本内容和文本图层，在"字符"面板中的设置将成为下一个文本项的新默认值。

7.2.2 "段落"面板

"段落"面板主要用于设置文本段落，如缩进、对齐方式等，执行"窗口>段落"命令打开"段落"面板，如图7-9所示。设置前后文本段落效果如图7-10、图7-11所示。

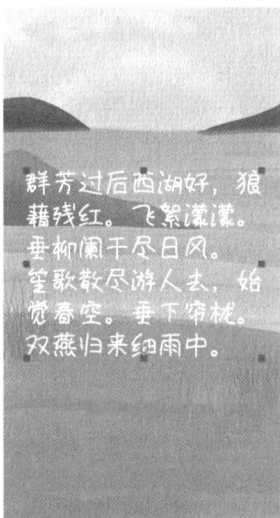

图7-9　　　　　　　　　　图7-10　　　　　　　　　　图7-11

🔗 **知识链接**

对于点文本，每行都是一个单独的段落。对于段落文本，一段可能有多行，具体取决于定界框的尺寸。

"段落"面板中部分常用选项作用介绍如下。
- 对齐 ：用于设置文本段落的对齐，包括左对齐 、右对齐 等7种对齐方式。其中两端对齐 只适用于段落文本。
- 缩进左边距 ：用于从段落的左边缩进文字，直排文本则从段落的顶端缩进。

- 缩进右边距▐：用于从段落的右边缩进文字，直排文本则从段落的底部缩进。
- 首行缩进▐：用于缩进段落中的首行文字。对于横排文本，首行缩进与左缩进相对；对于直排文本，首行缩进与顶端缩进相对。
- 段前添加空格▐/段后添加空格▐：用于设置段落前或段落后的间距。

7.2.3 "属性"面板

"属性"面板综合了"字符"和"段落"面板的功能，可以对选中文本的字符、段落变换等多种属性进行设置，如图7-12所示。设置后效果如图7-13所示。

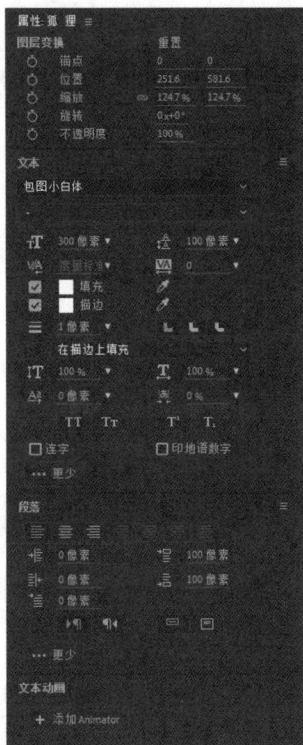

图7-12

图7-13

在编辑文本时，用户可以根据自身使用习惯选择合适的面板进行设置。

7.2.4 课堂实操：字符闪现

实操7-1 字符闪现

📦 **实例资源** ▶ 第7章\课堂实操\字符闪现\"素材"文件夹

本案例将练习制作字符闪现的效果，涉及的知识点包括文字工具的应用、"字符"面板的设置、动画预设的应用等。具体操作方法介绍如下。

Step 01 新建项目，导入本章视频素材，并基于素材新建合成，如图7-14所示。

Step 02 选中"时间轴"面板的图层，执行"效果>颜色校正>色阶"命令，添加

微课视频

效果，在"效果控件"面板中设置参数，如图7-15所示。此时"合成"面板中的效果如图7-16所示。

图7-14

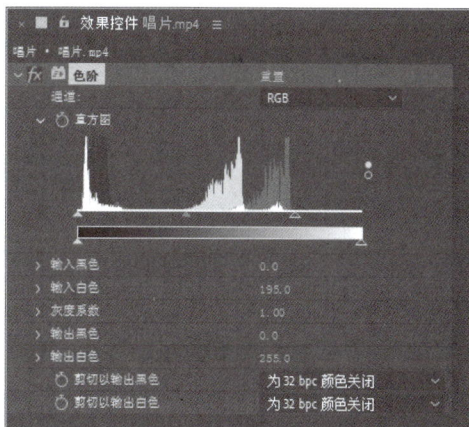

图7-15

Step 03 选中横排文字工具,在"合成"面板中单击输入文本,如图7-17所示。

图7-16

图7-17

Step 04 选中文本图层,在"字符"面板中设置参数,如图7-18所示。此时"合成"面板中的效果如图7-19所示。

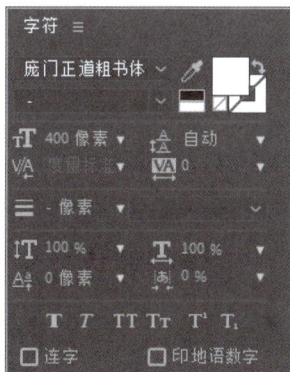

图7-18

图7-19

Step 05 在"效果和预设"面板中搜索"子弹头列车"动画预设,拖拽至文本图层上,如图7-20所示。

Step 06 使用相同的方法添加"蒸发"动画预设,并调整关键帧位置,如图7-21所示。

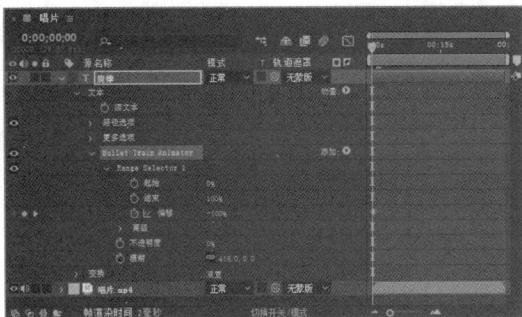

图7-20

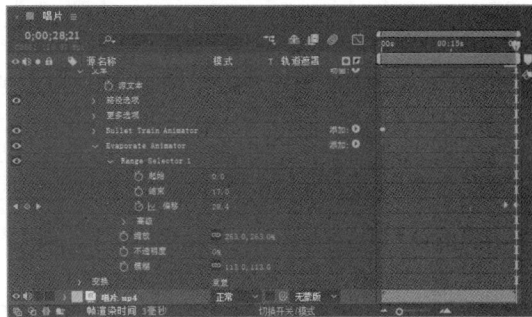

图7-21

Step 07 按空格键预览效果，如图7-22所示。

图7-22

至此，完成字符闪现效果的制作。

7.3 文本动画

文本动画可以增强影片的视觉吸引力，使信息更容易理解和记忆，是影视后期制作中极为重要的一环。本节将对文本动画进行介绍。

7.3.1 文本图层属性

文本是After Effects中一类单独的图层，它具备"文本"和"变换"两个基本属性组，如图7-23所示。通过设置这些属性并添加关键帧，可以制作基础的文本动画效果。

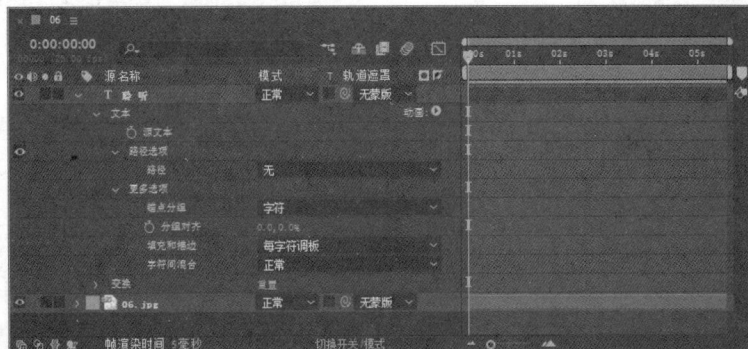

图7-23

1. 源文本

"源文本"属性可以设置文本在不同时间的显示效果。单击"时间变化秒表" ⏱ 按钮创建关键帧，移动当前时间指示器，更改文本内容，软件将自动生成关键帧，如图7-24所示。两个关键帧中的文本内容不相同，在播放时将呈现文本切换的效果。

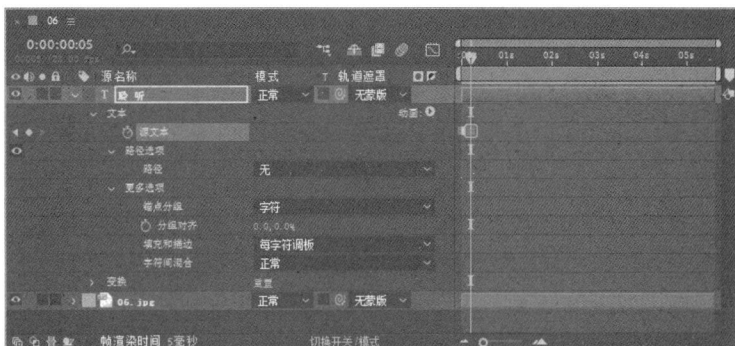

图7-24

2. 路径选项

当文本图层上有蒙版时，可以将蒙版用作路径，制作路径文本的效果。用户不仅可以指定文本的路径，还可以设置各个字符在路径上的显示。

选中文本图层，使用形状工具或钢笔工具在"合成"面板中绘制蒙版路径，在"时间轴"面板"路径"属性右侧的下拉列表中选择蒙版，如图7-25所示，文本会沿路径分布。

图7-25

"路径选项"属性组中各选项作用介绍如下。

● 路径：用于选择文本跟随的路径。

● 反转路径：用于设置反转路径的方向。反转前后对比效果图7-26、图7-27所示。

图7-26

图7-27

- 垂直于路径：用于设置文本字符在路径上的显示方式，即是否垂直于路径。关闭后效果如图7-28所示。
- 强制对齐：用于设置文本与路径首尾是否对齐，图7-29为对齐效果。

图7-28

图7-29

- 首字边距：用于设置第一个字符相对于路径的开始位置。当文本为右对齐，并且强制对齐为关闭时，将忽略首字边距。
- 末字边距：用于设置最后一个字符相对于路径的结束位置。在文本为左对齐，并且强制对齐为关闭时，将忽略末字边距。

3. 更多选项

"更多选项"属性组中提供了更多的文本选项，如图7-30所示。这些选项的作用分别介绍如下。

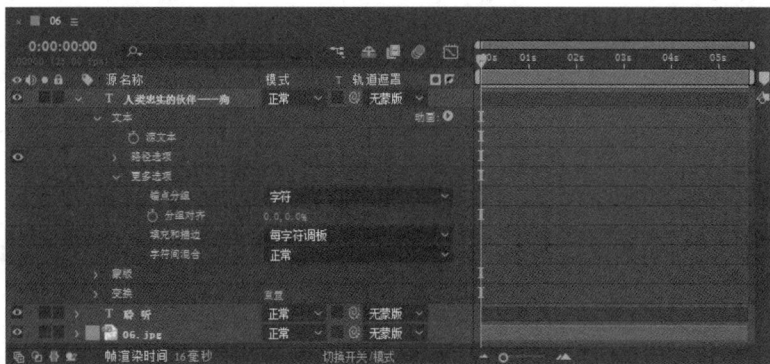

图7-30

- 锚点分组：用于指定变换的锚点是单个字符、词、行或是全部。
- 分组对齐：用于控制字符锚点相对于组锚点的对齐方式。
- 填充和描边：用于控制填充和描边的显示方式。
- 字符间混合：用于控制字符间的混合模式，类似于图层混合模式。

7.3.2 动画制作器

动画制作器是一个强大且灵活的工具，支持用户对文本和图形进行复杂的动画制作。选中图层，执行"动画>动画文本"命令，在其子菜单中执行子命令，如图7-31所示，即可添加动画制作器，以设置为哪些属性制作动画。用户也可以单击"时间轴"面板图层中的"动画" ▶ 按钮，选择动画制作器添加，如图7-32所示。

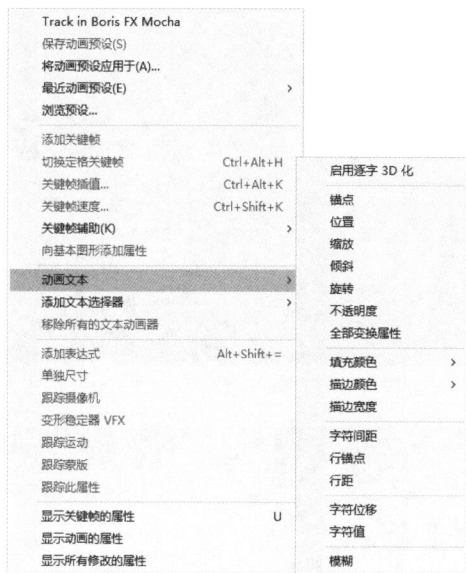

图7-31

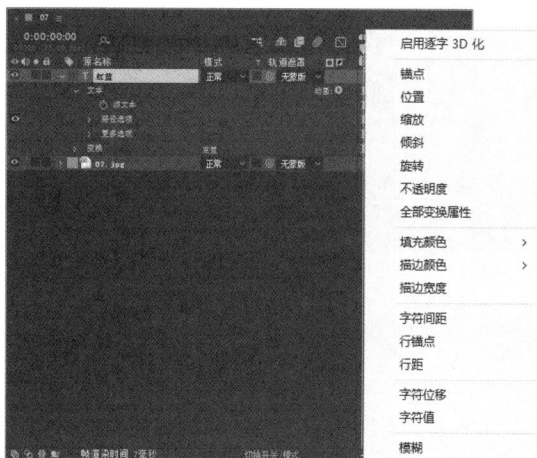

图7-32

不同类型动画制作器的作用介绍如下。

- 启用逐字3D化：将图层转化为三维图层，并将文本图层中的每一个文字作为独立的三维对象。
- 锚点：制作文字中心定位点变换的动画。
- 位置：调整文本的位置。
- 缩放：对文字进行放大或缩小等设置。
- 倾斜：设置文本倾斜程度。
- 旋转：设置文本旋转角度。
- 不透明度：设置文本透明度。
- 全部变换属性：将所有变换属性都添加到动画制作器组中。
- 填充颜色：设置文字的填充颜色、色相、饱和度、亮度、不透明度。
- 描边颜色：设置文字的描边颜色、色相、饱和度、亮度、不透明度。
- 描边宽度：设置文字描边粗细。
- 字符间距：设置文字之间的距离。
- 行锚点：用于设置每行文本的字符间距对齐方式。值为0%时设置左对齐，值为50%时设置居中对齐，值为100%时设置右对齐。
- 行距：设置多行文本图层中文本行之间的距离。
- 字符位移：按照统一的字符编码标准对文字进行位移。如值为5时，会按字母顺序将单词中的字符前进五步，因此单词Effects将变成Jkkjhyx。
- 字符值：按照统一的字符编码标准，统一替换设置字符值所代表的字符。
- 模糊：在平行和垂直方向分别设置模糊文本的参数，以控制文本的模糊效果。

图7-33为添加旋转动画制作器的文本图层。从中调整动画制作器属性值为最终值，然后通过选择器制作动画效果即可，如图7-34所示。

设置后在"合成"面板中预览效果，如图7-35、图7-36所示。

图7-33

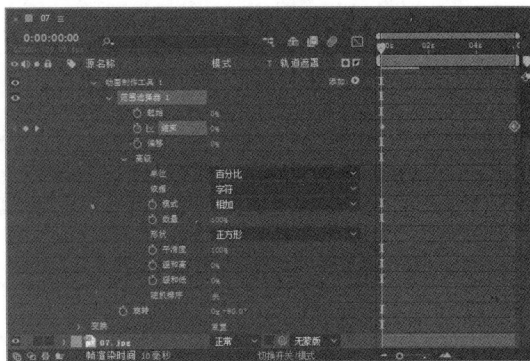
图7-34

图7-35

图7-36

文本选择器

文本选择器可以控制动画制作器影响的范围和程度，一般与动画制作器联合使用，每个动画制作器组都包括一个默认的范围选择器，如图7-37所示。用户也可以在选中文本图层后，执行"动画>添加文本选择器"命令进行添加，如图7-38所示。下面将对常用的文本选择器进行介绍。

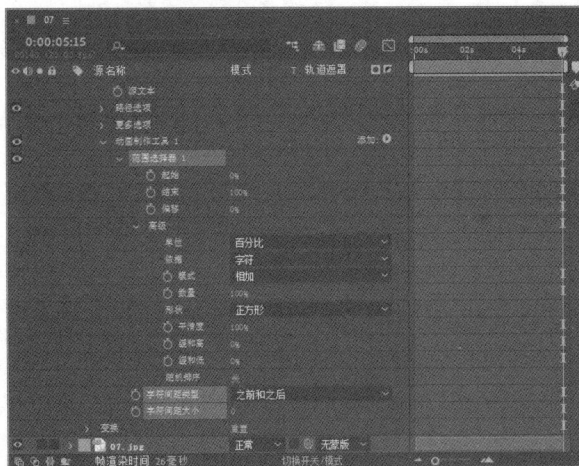
图7-37

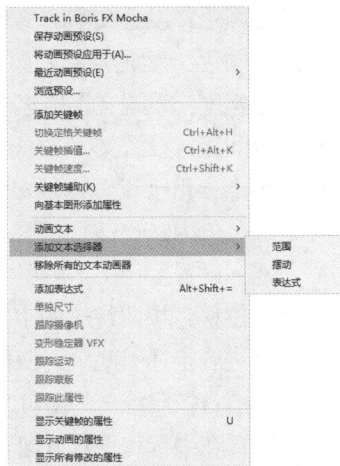
图7-38

1. 范围选择器

范围选择器是最基础常用的选择器，可用于设置动画影响的文本范围。其属性组中部分常用选项作用介绍如下。

- 起始：用于设置选择项的开始。
- 结束：用于设置选择项的结束。
- 偏移：用于设置从通过开始和结束属性指定的选择项进行位移的量。
- 模式：用于设置每个选择器如何与文本以及它上方的选择器进行组合，默认为相加。
- 数量：用于设置字符范围受动画制作器属性影响的程度。值为0%时，动画制作器属性不影响字符。值为50%时，每个属性值的一半影响字符。
- 形状：用于控制如何在范围的开始和结束之间选择字符。
- 平滑度：仅在形状为正方形时激活该选项，以设置动画从一个字符过渡到另一字符所耗费的时间。
- 缓和高与缓和低：确定选择项值从完全包含（高）到完全排除（低）变化的速度。例如，如果缓和高为100%，则在完全选择字符到部分选择字符时，变化会更缓慢；如果缓和高为-100%，则变化会更快速。同样地，如果缓和低为100%，则在部分选择字符或未选择字符时，变化会更缓慢；如果缓和低为-100%，则变化会更快速。
- 随机排序：用于以随机顺序向范围选择器指定的字符应用属性。

2. 摆动选择器

摆动控制器可以控制文本的抖动，配合关键帧动画制作出更加复杂的动画效果。执行"动画>添加文本选择器>摆动"命令，添加摆动选择器，如图7-39所示。

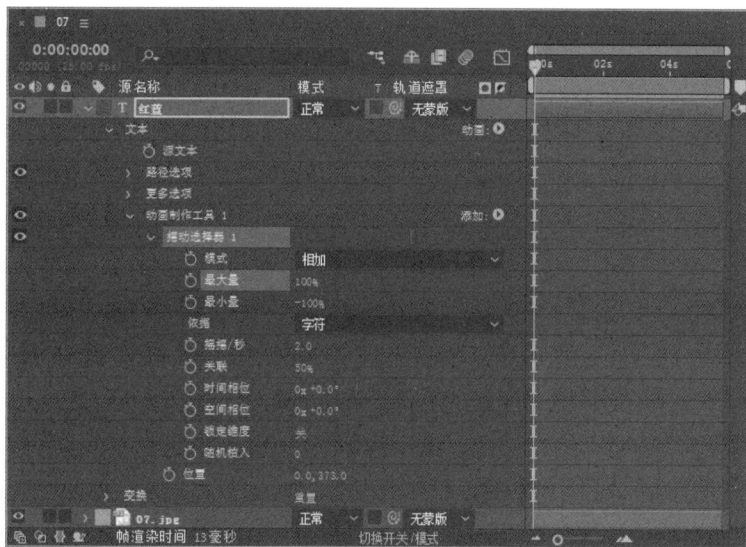

图7-39

其属性组中部分常用选项作用介绍如下。
- 最大量和最小量：用于设置所选范围的变化量。
- 摇摆/秒：用于设置每秒随机变化的频率，该数值越大，变化频率就越大。
- 关联：用于设置每个字符的变化之间的关联。值为100%时，所有字符同时摆动相同的量；值为0%时，所有字符独立地摆动。
- 时间相位和空间相位：设置文本动画在时间、空间范围内随机量的变化。
- 锁定维度：设置随机相对范围的锁定。

在制作文本动画时，用户可以叠加多种选择器，制作出更为丰富的动画效果。

7.3.4　文本动画预设

"效果和预设"面板提供了多组文本动画预设，可以帮助用户快速制作文本动画，如图7-40所示。从中选择预设，并将其拖拽至文本图层即可，图7-41为添加"交替字符进入"动画预设的文本图层。

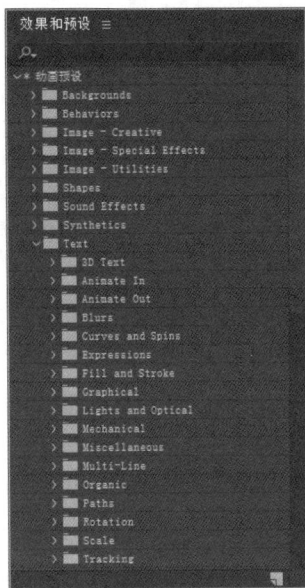

图7-40

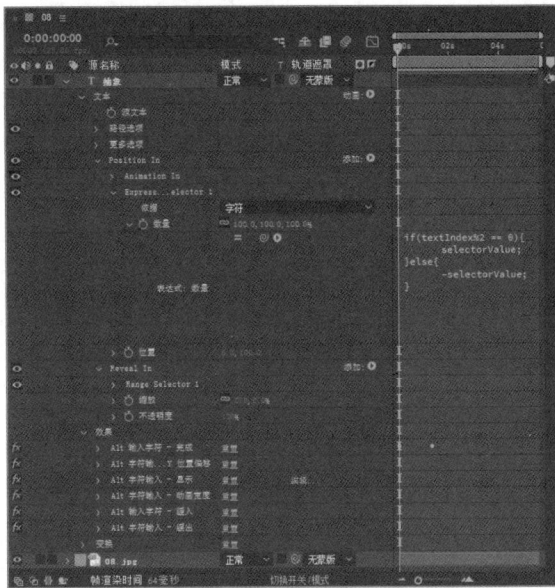

图7-41

在"合成"面板中预览效果，如图7-42所示。

图7-42

知识链接

添加动画预设后，用户还可以手动调整关键帧及数值等参数，制作出更具特色的文本动画。

7.3.5 课堂实操：字影跳跃

实操 **7-2** 字影跳跃

📦 **实例资源** ▶ 第7章\课堂实操\字影跳跃\"素材"文件夹

　　本案例将练习制作字影跳跃的效果，涉及的知识点包括动画制作器的应用、文本选择器的设置等。具体操作方法介绍如下。

微课视频

Step 01 新建项目，导入本章视频素材，并基于素材新建合成，如图7-43所示。

Step 02 选中"时间轴"面板的图层，执行"效果>颜色校正>色阶"命令，添加效果，在"效果控件"面板中设置参数，如图7-44所示。此时"合成"面板中的效果如图7-45所示。

图7-43

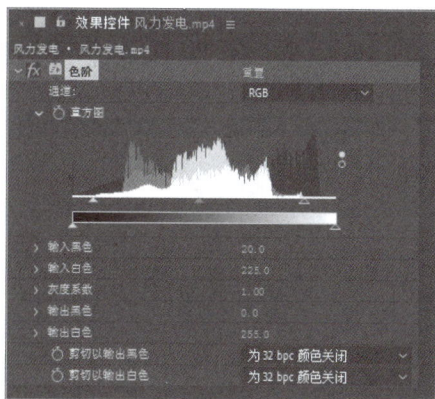

图7-44

Step 03 选中横排文字工具，在"合成"面板中单击输入文本，在"字符"面板中设置字符属性，如图7-46所示。此时"合成"面板中的效果如图7-47所示。

图7-45

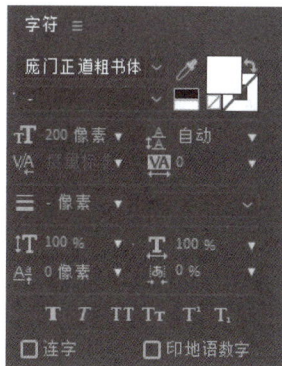

图7-46

Step 04 选中文本图层，执行"效果>透视>投影"命令添加投影，保持默认设置，效果如图7-48所示。

Step 05 选中文本图层，执行"动画>动画文本>字符位移"命令，添加动画制作器，在"时间轴"面板中设置"字符位移"参数为"5"，并为"范围选择器1"中的"起始"参数添加关键帧，如图7-49所示。此时"合成"面板中的效果如图7-50所示。

图7-47

图7-48

图7-49

图7-50

Step 06 移动当前时间指示器至0：00：05：00处，更改"起始"参数为"100%"，软件将自动添加关键帧，如图7-51所示。

Step 07 选中文本图层，执行"动画>动画文本>位置"命令，再次添加动画制作器，设置"位置"参数为"0.0，-600.0"，如图7-52所示。

图7-51

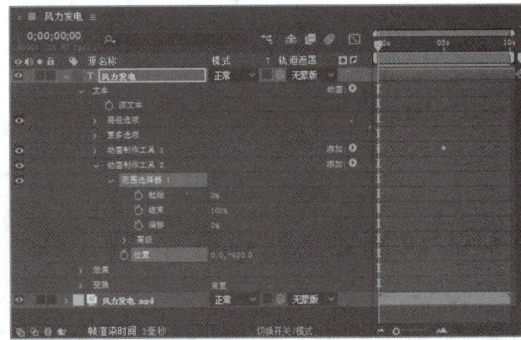
图7-52

Step 08 单击"动画制作工具2"属性组中的"添加"▶按钮，在弹出的快捷菜单中执行"选择器>摆动"命令，添加摆动选择器，设置参数，并为"范围选择器1"中的"起始"参数添加关键帧，如图7-53所示。

Step 09 移动当前时间指示器至0：00：05：00处，更改"起始"参数为"100%"，软件将自动添加关键帧，如图7-54所示。

Step 10 选中文本图层，按U键显示其关键帧，选中关键帧，按F9键创建缓动，如图7-55所示。

Step 11 单击"图表编辑器"▦按钮，切换至图表编辑器，调整曲线，如图7-56所示。再次单击"图表编辑器"▦按钮切换至原时间轴。

图7-53

图7-54

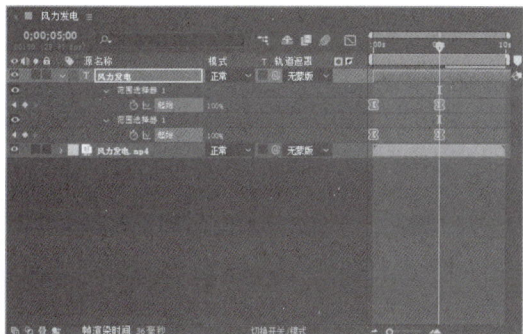

图7-55

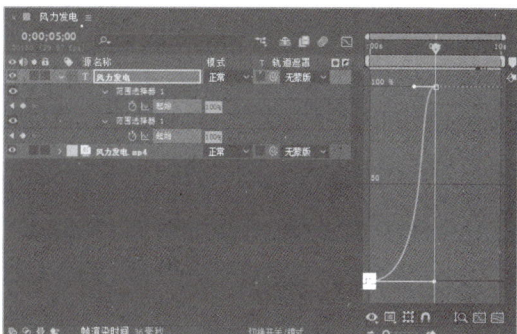

图7-56

Step 12 按空格键预览效果，如图7-57所示。

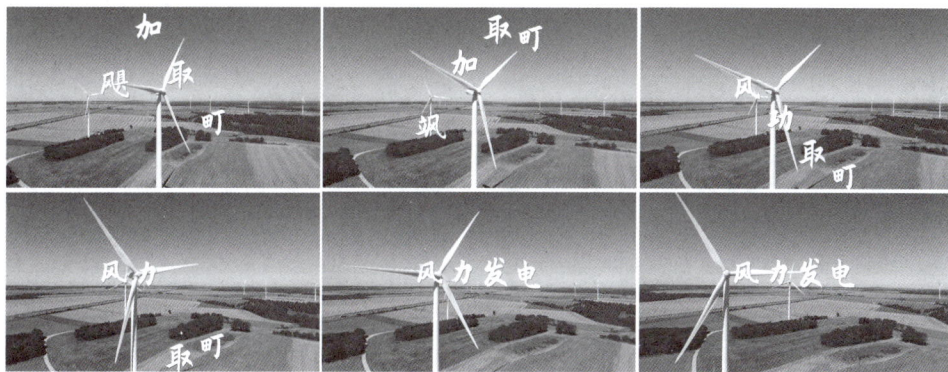

图7-57

至此，完成字影跳跃效果的制作。

7.4 实战演练：标题渐出 AIGC

实操 7-3 / 标题渐出

🖰 **实例资源** ▶ 第7章\实战演练\"素材"文件夹

本案例将综合应用本章所学知识制作标题渐出的效果，以达到举一反三、学以致用的目的。下面将对具体操作思路进行介绍。

Step 01 新建项目，导入本章视频素材，并基于素材新建合成，如图7-58所示。

微课视频

Step 02 选中"项目"面板中的合成，单击鼠标右键，在弹出的快捷菜单中执行"合成设置"命令，打开"合成设置"对话框，设置持续时间为10秒，如图7-59所示。完成后单击"确定"按钮应用设置。

图7-58

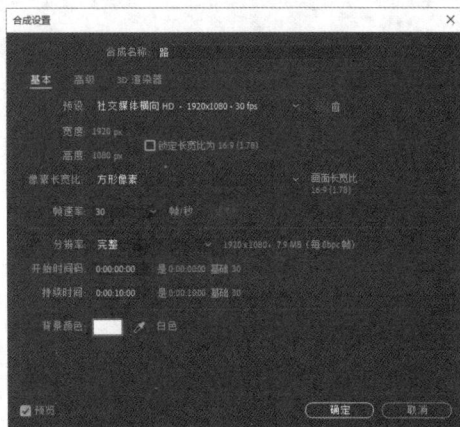
图7-59

Step 03 取消选择任何图层，选中矩形工具■，设置填充为黑色，在"合成"面板中按住鼠标左键拖拽绘制矩形，如图7-60所示。

Step 04 移动当前时间指示器至0:00:00:15处，单击"变换：矩形1"属性组中"比例"参数中的"约束比例"按钮，取消链接，并为"比例"参数添加关键帧，如图7-61所示。

图7-60

图7-61

Step 05 移动当前时间指示器至0:00:00:00处，设置"比例"参数为"0.0，100.0%"，软件将自动添加关键帧，如图7-62所示。

Step 06 移动当前时间指示器至0:00:00:15处，选中横排文字工具，在"合成"面板中单击输入文本"一路前行"，在"字符"面板中设置参数，如图7-63所示。此时"合成"面板中的效果如图7-64所示。

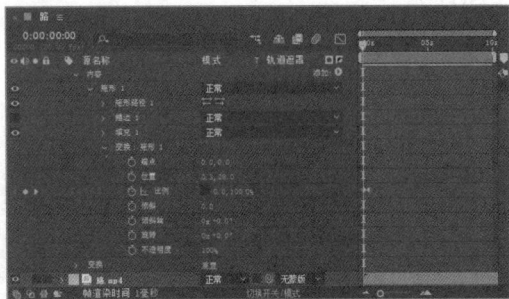
图7-62

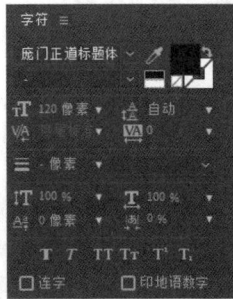
图7-63

Step 07 选中文本图层，选择矩形工具在文本上绘制矩形创建蒙版，如图7-65所示。

图7-64

图7-65

Step 08 移动当前时间指示器至0:00:01:10处，为"蒙版路径"参数和"位置"参数添加关键帧，如图7-66所示。

Step 09 移动当前时间指示器至0:00:00:15处，更改"位置"参数为"961.1,645.0"，在"合成"面板中的移动蒙版位置，如图7-67所示，软件将自动创建关键帧。

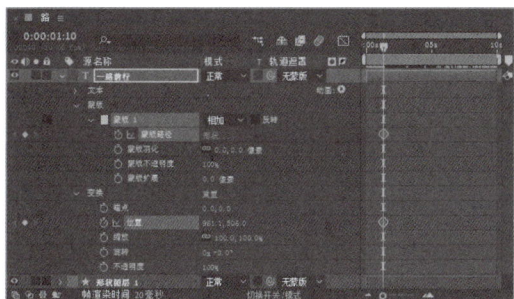
图7-66

图7-67

知识链接

这里可以通过AIGC生成合适的副标题，根据生成的内容，结合视频内容编辑修改后，得到下面步骤中所用的文本。

Q 请为标题为"一路前行"的视频，起个解释性的副标题，以"一场……"开头，主题为勇气、坚持等。

A 当然可以！以下是一些适合标题为"一路前行"的视频的解释性副标题，以"一场……"开头，主题围绕勇气、坚持：

"一场关于勇气与坚持的心灵旅程"

"一场探索信念与勇气的旅程"

"一场坚持梦想的勇敢之旅"

"一场无畏挑战的坚持之旅"

"一场充满勇气与信念的冒险"

"一场迎接未来的坚定之旅"

"一场勇敢追梦的坚持之旅"

"一场追寻内心力量的旅程"

"一场勇气与毅力的考验之旅"

"一场关于信念与坚持的奋斗之旅"

希望这些副标题能够传达出你想要表达的主题和情感!

Step 10 移动当前时间指示器至0:00:01:10处,选中横排文字工具,在"合成"面板中单击输入文本,在"字符"面板中设置参数,如图7-68所示。此时"合成"面板中的效果如图7-69所示。

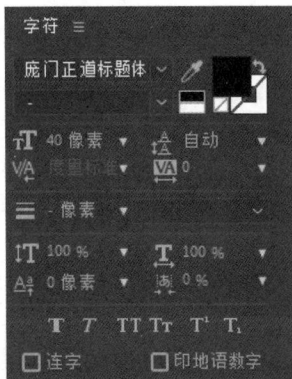

图7-68

图7-69

Step 11 选中新建的文本图层,执行"动画>动画文本>不透明度"命令,添加不透明度动画制作器,在"时间轴"面板中设置"不透明度"为"0%",并为"起始"参数添加关键帧,如图7-70所示。

Step 12 移动当前时间指示器至0:00:01:25处,更改"起始"参数为"100%",软件将自动添加关键帧,如图7-71所示。

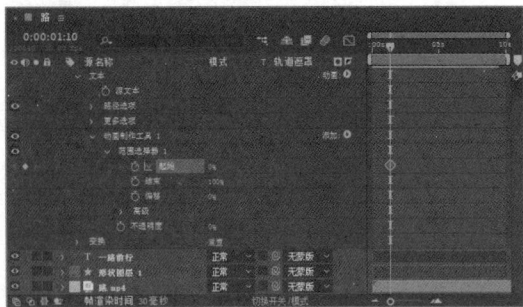

图7-70

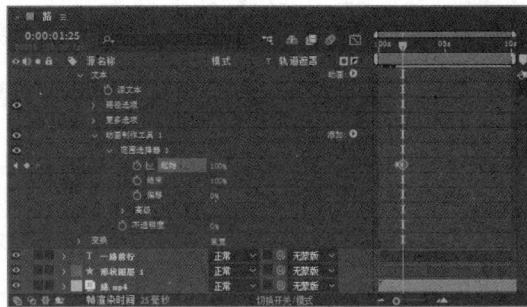

图7-71

Step 13 选中形状图层和文本图层,单击鼠标右键,在弹出的快捷菜单中执行"预合成"命令,打开"预合成"对话框设置参数,如图7-72所示。完成后单击"确定"按钮创建预合成,如图7-73所示。

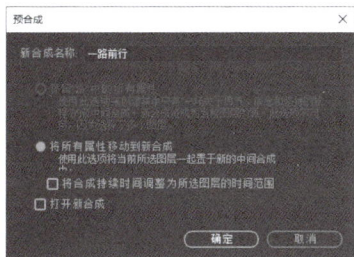

图7-72

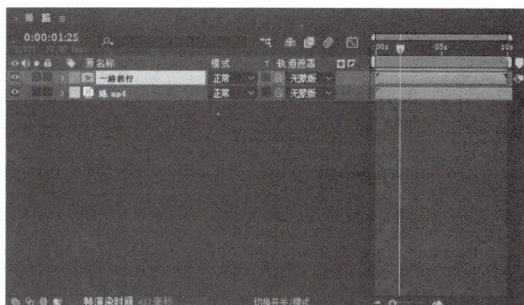

图7-73

Step 14 移动当前时间指示器至0:00:02:00处，选中预合成图层，执行"效果>生成> CC Light Sweep"命令添加光线扫码特效，调整"Center"参数，并添加关键帧，如图7-74所示。

Step 15 移动当前时间指示器至0:00:02:20处，调整"Center"参数为"1200.0,270.0"，软件将自动添加关键帧，如图7-75所示。

图7-74

图7-75

Step 16 按空格键预览效果，如图7-76所示。

图7-76

至此，完成标题渐出效果的制作。

7.5 拓展练习

⊟ 实例资源 ▶ 第7章\拓展练习\"素材"文件夹

下面将练习使用动画制作器和动画预设制作文字逐字而出的效果，如图7-77所示。

图7-77

技术要点：
- 关键帧动画的制作。
- 动画预设的添加与调整。
- 动画制作器的添加。
- 文本选择器的设置。

操作提示：

① 导入素材并基于素材新建合成。

② 绘制圆角矩形，调整不透明度。

③ 设置"缩放"关键帧动画，制作展开和合上的效果。

④ 添加文本内容，并设置文本参数。

⑤ 为文本添加动画预设，调整关键帧位置。

⑥ 为文本添加"缩放"动画制作器。

⑦ 调整范围选择器，并制作关键帧动画。

遮罩：形状和蒙版

本章将对形状和蒙版进行介绍，包括蒙版的基础知识、创建形状和蒙版的方法、画笔工具和橡皮擦工具的应用、蒙版属性的编辑等。了解并掌握这些知识，可以帮助用户隐藏图层的部分区域，实现创意合成效果。

- 了解蒙版基础知识。
- 掌握形状工具组和钢笔工具组的应用。
- 掌握画笔工具和橡皮擦工具的应用。
- 掌握从文本创建形状和蒙版的方法。
- 掌握蒙版属性的编辑。
- 掌握蒙版混合模式的设置。

- 培养影视后期制作人员创意合成的能力，使其了解图层修饰与隐藏的专业知识，能够合成更具创意的画面效果。
- 通过蒙版的应用，提升影视后期制作人员组合各类素材的能力，出色完成影片合成或制作其他特殊效果的操作。

△视线聚焦

△崭颜焕新

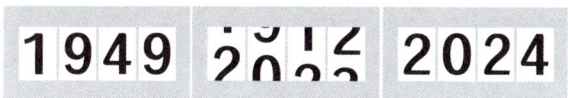

时光机动效

8.1 认识蒙版

蒙版是一种用于控制图层可见性的工具，可以隐藏、显示图层的部分区域，或进行特殊处理，制造出创意性的视觉效果，图8-1、图8-2为蒙版前后对比效果。

图8-1

图8-2

After Effects中的蒙版可以分为闭合路径蒙版和开放路径蒙版，闭合路径蒙版可以为图层创建透明区域，开放路径无法为图层创建透明区域，但可用作效果参数。一个图层可以包含多个蒙版，其中蒙版层为轮廓层，决定看到的图像区域；被蒙版层为蒙版下方的图像层，决定看到的内容。蒙版动画的原理是蒙版层产生变化或者被蒙版层产生运动。

8.2 创建形状和蒙版

形状和蒙版的创建工具基本一致，都包括形状工具组、钢笔工具组、文本等，区别在于绘制前是否选中图层。下面将对形状和蒙版的创建进行介绍。

8.2.1 形状工具组

形状工具组包括矩形工具▢、圆角矩形工具▢、椭圆工具◯、多边形工具⬡和星形工具☆等五种，可用于绘制常用的基础形状。长按"工具"面板中的矩形工具，将展开工具组以选择工具，如图8-3所示。下面将对这五种工具进行介绍。

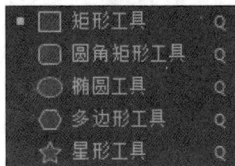

图8-3

1. 矩形工具

矩形工具可以绘制矩形形状或矩形蒙版，在选中形状图层的情况下，使用矩形工具绘制形状将在现有形状图层中创建一个形状，若选中图像图层进行绘制，将创建蒙版。

在未选中图层的情况下，选中矩形工具，在"工具"面板中设置矩形填充和描边，然后在"合成"面板中按住鼠标左键拖拽将绘制矩形形状，如图8-4所示。同时"时间轴"面板中将出现形状图层，如图8-5所示。用户可以在"时间轴"面板或"属性"面板中，对已绘制形状的填充、描边等参数进行设置。

"时间轴"面板中部分形状属性作用介绍如下。

- 线段端点：用于设置描边线段末端的外观。
- 线段连接：用于设置路径突然改变方向时描边的外观，即转弯处的外观。

图8-4

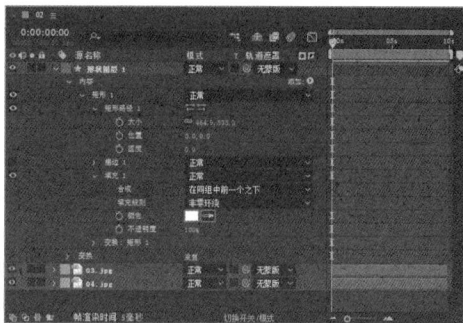

图8-5

- 虚线：用于创建虚线描边。
- 锥度：用于创建具有锥度的描边效果。
- 填充规则：用于确定复合路径中视为路径内部的区域。若选择"奇偶"，则若从某个点按任意方向穿过路径绘制直线的次数为奇数次，该点位于路径内部，否则，该点位于路径外部。若选择"非零环绕"，则直线的交叉计数是直线穿过路径的自左向右部分的总次数减去直线穿过路径的自右向左部分的总次数，如果按任意方向从该点绘制的直线的交叉计数为零，则该点位于路径外部，否则，该点位于路径内部。

🔗 **知识链接**

双击"工具"面板中的形状工具，将创建图层大小的形状。

若选中图像图层，绘制矩形，将创建矩形蒙版，如图8-6所示。在"时间轴"面板中选择"反转"复选框，效果如图8-7所示。

图8-6

图8-7

🔗 **知识链接**

选择"蒙版"属性组中的"反转"复选框，将反向蒙版效果。

2. 圆角矩形工具

圆角矩形工具可以绘制圆角矩形形状或蒙版，绘制方法与矩形工具相同。图8-8、图8-9分别为圆角矩形工具绘制的形状和蒙版。

在绘制圆角矩形的过程中，用户可以通过箭头键调整圆角值。按住键盘上的↑箭头键可以增大圆角值，按住键盘上的↓箭头键可以减少圆角值，按住键盘上的←箭头键可以将圆角值设置为最小值，按住键盘上的→箭头键可以将圆角设置为最大值。

图8-8

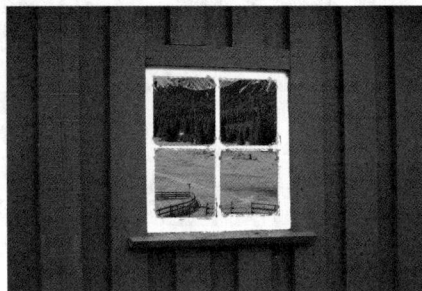
图8-9

3. 椭圆工具

椭圆工具可用于绘制椭圆形状或椭圆蒙版。选中图像图层，按住鼠标左键拖拽将创建椭圆蒙版，如图8-10所示。按住Shift键的同时拖拽鼠标将创建圆形蒙版，如图8-11所示。

图8-10

图8-11

4. 多边形工具

多边形工具可用于绘制多边形形状或蒙版。选中图像图层，在"合成"面板中按住鼠标左键拖拽，将从中心点绘制多边形蒙版，如图8-12所示。在绘制过程中，按住键盘上的↑箭头键和↓箭头键可以调整多边形边数，按住键盘上的←箭头键和→箭头键可以调整多边形外圆度，如图8-13所示。

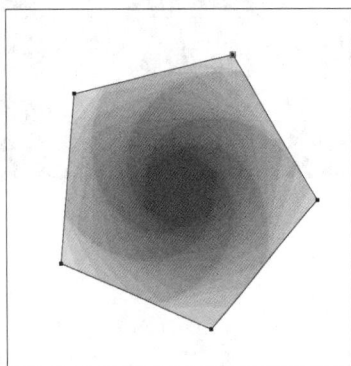
图8-12

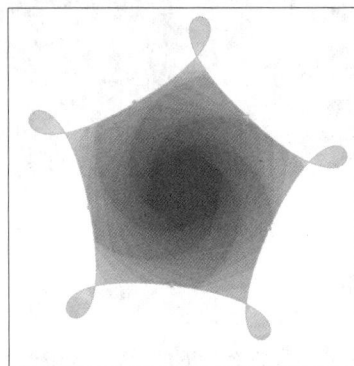
图8-13

5. 星形工具

星形工具可用于绘制星形形状或蒙版。选中图像图层，在"合成"面板中按住鼠标左键拖拽，将从中心点绘制星形蒙版，如图8-14所示。在绘制过程中，按住键盘上的↑箭头键和↓箭头键可以调整星形角数，按住Ctrl键将在保持内径不变的情况下增大外径，如图8-15所示。

图8-14

图8-15

8.2.2 钢笔工具组

钢笔工具组中包括钢笔工具 ✐、添加"顶点"工具 ✐、删除"顶点"工具 ✐、转换"顶点"工具 ▶ 和蒙版羽化工具 ✐，通过这些工具，用户可以创建自定义形状或蒙版，并进行调整。下面将对这五种工具进行介绍。

1. 钢笔工具

钢笔工具可以绘制不规则的形状或蒙版。在未选择图层的情况下，选择钢笔工具 ✐，在"合成"面板中单击创建锚点，按住鼠标左键拖拽将创建平滑锚点，多次创建锚点后，在起始锚点处单击闭合路径将绘制形状，如图8-16、图8-17所示。

图8-16

图8-17

选中图像图层，使用相同的方法绘制形状将创建蒙版，如图8-18所示。反转蒙版效果如图8-19所示。

图8-18

图8-19

2. 添加"顶点"工具

添加"顶点"工具可以在蒙版路径上添加锚点，增加路径细节。选择该工具，移动鼠标至蒙版路径上单击将添加锚点，图8-20、图8-21为添加并调整锚点前后对比效果。若移动鼠标至锚点上，按住鼠标左键拖拽可移动锚点。

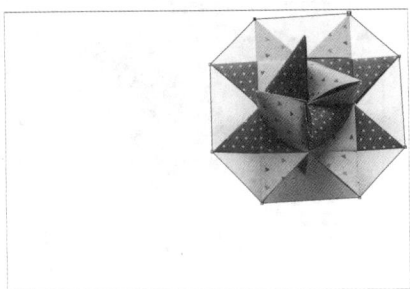

图8-20

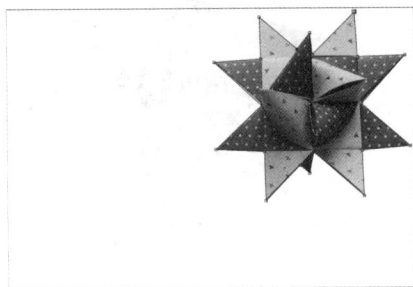

图8-21

🔗 **知识链接**

选择添加"顶点"工具，在蒙版路径上按住鼠标左键拖拽，将创建平滑锚点。

3. 删除"顶点"工具

删除"顶点"工具的作用与添加"顶点"工具截然相反。选择该工具，在锚点上单击即可删除锚点。

4. 转换"顶点"工具

转换"顶点"工具可以转换顶点的类型为硬转角或平滑锚点。选择该工具后，在锚点上单击即可，图8-22、图8-23为转换前后对比效果。

图8-22

图8-23

5. 蒙版羽化工具

蒙版羽化工具可以柔化蒙版边缘。选择该工具，在蒙版路径的锚点上单击并拖动，将创建向内或向外的羽化效果，图8-24、图8-25分别为向内羽化和向外羽化的效果。

图8-24

图8-25

8.2.3 画笔工具和橡皮擦工具

画笔工具 ✐ 和橡皮擦工具 ◈ 都是绘画工具，用户可以在"图层"面板中使用绘画工具绘制图形，从而影响图层的显示效果。下面将对此进行介绍。

1. 画笔工具

画笔工具可以借助前景色在"图层"面板中的图层上绘画。选择"工具"面板中的画笔工具，在"画笔"面板和"绘画"面板中设置画笔属性，如图8-26、图8-27所示。

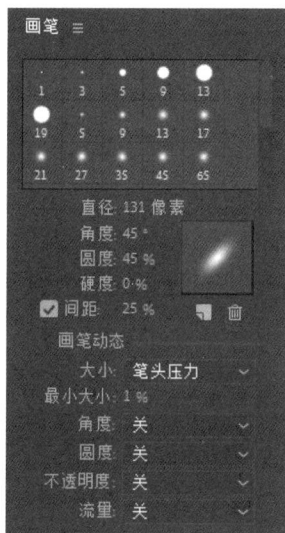

图8-26

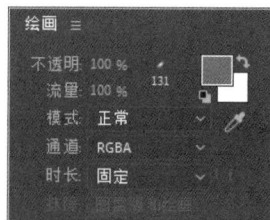

图8-27

"画笔"面板中部分属性参数介绍如下。

- 画笔笔尖选择器：用于选择预设的画笔笔刷。
- 直径：用于控制画笔大小。
- 角度：用于设置画笔的长轴相对于水平方向旋转的角度。
- 圆度：用于设置画笔的短轴和长轴之间的比例。值为100%时为圆形画笔，值为0%时为线性画笔，介于两者之间的值为椭圆画笔。
- 硬度：控制画笔描边从中心不透明到边缘透明的过渡。
- 间距：用于设置画笔笔迹之间的距离，以画笔直径的百分比度量。若取消选择该复选框，间距将由创建描边时的拖动速度决定。
- 画笔动态：用于设置笔刷的动态变化效果。

"绘画"面板中部分属性参数介绍如下。

- 不透明度：用于设置绘制时的不透明度。
- 流量：用于设置绘制时的涂抹强度和速度。
- 模式：用于设置底层图像像素与画笔或仿制描边所绘制像素的混合方式。
- 通道：用于设置画笔描边影响的图层通道。
- 时长：用于设置绘制对象的持续时间。"固定"选项将描边从当前帧应用到图层持续时间结束。"单帧"选项仅将描边应用于当前帧。"自定义"选项将描边应用于从当前帧开始的指定帧数。"写入"选项将描边从当前帧应用到图层持续时间结束，并动画显示描边的"结束"属性，以便匹配绘制描边时所用的运动。

设置画笔属性后，双击"时间轴"面板中的图层在"图层"面板中打开，按住鼠标左键拖拽绘制即可，图8-28、图8-29为绘制前后对比效果。

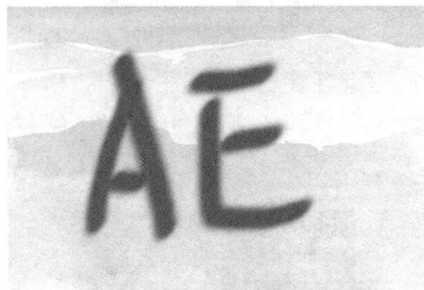

图8-28   图8-29

使用画笔工具绘制后，"时间轴"面板中将出现相应的"绘画"属性组，如图8-30所示。用户可以从中修改绘画效果。

图8-30

2. 橡皮擦工具

橡皮擦工具可以擦除当前图层的一部分，显示出下层图像的内容。其使用方式与画笔工具类似，选择橡皮擦工具，在"画笔"面板和"绘画"面板中设置画笔属性参数，然后在"图层"面板中按住鼠标左键拖拽擦除即可。图8-31、图8-32为使用橡皮擦工具擦除图层部分区域后，在"图层"面板和"合成"面板中的显示效果。

图8-31   图8-32

8.2.4 从文本创建形状或蒙版

After Effects支持从文本创建形状和蒙版。选中"时间轴"面板中的文本图层，单击鼠标右键，在弹出的快捷菜单中执行"创建"命令，在其子菜单中执行"从文字创建形状"或"从文字创建蒙版"命令即可，如图8-33所示。

图8-33

"从文字创建形状"命令将提取每个字符的轮廓创建形状，并将形状放置在一个新的形状图层上。"从文字创建蒙版"命令则将提取每个字符的轮廓创建蒙版，并将蒙版放置在一个新的纯色图层上。这两种命令都会保留原文本图层。

8.2.5 课堂实操：视线聚焦

实操8-1 / 视线聚焦

实例资源▶ 第8章\课堂实操\视线聚焦\"素材"文件夹

本案例将练习制作视线聚焦的效果，涉及的知识点包括视频的调色、蒙版的制作等。具体操作方法介绍如下。

微课视频

Step 01 新建项目，按Ctrl+N组合键打开"合成设置"对话框设置参数，如图8-34所示。完成后单击"确定"按钮新建合成。

Step 02 按Ctrl+I组合键导入本章素材文件，并添加至"时间轴"面板中，单击鼠标右键，在弹出的快捷菜单中执行"时间>时间伸缩"命令，打开"时间延长"对话框，设置持续时间与合成一致，如图8-35所示。完成后单击"确定"按钮。

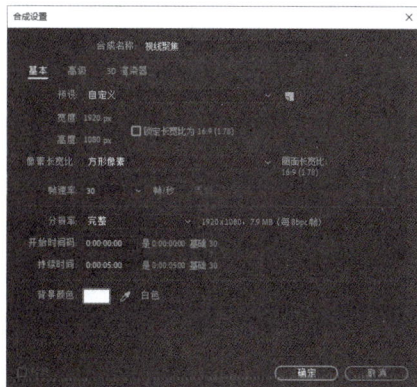

图8-34

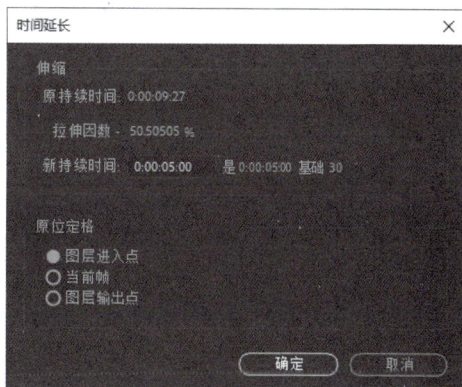

图8-35

Step 03 执行"图层>新建>调整图层"命令新建调整图层,在"效果和预设"面板搜索"色阶"
效果拖拽至调整图层上,在"效果控件"面板中设置参数,如图8-36所示。调整色阶前后对比
效果如图8-37、图8-38所示。

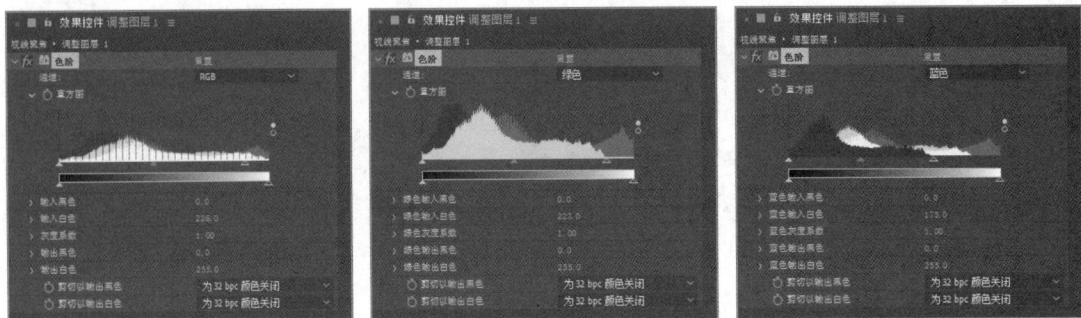

图8-36

图8-37

图8-38

Step 04 新建调整图层,在"效果和预设"面板中搜索"高斯模糊"效果,拖拽至新建的调整
图层上,在"效果控件"面板中设置参数,如图8-39所示。此时"合成"面板中的效果如图8-40
所示。

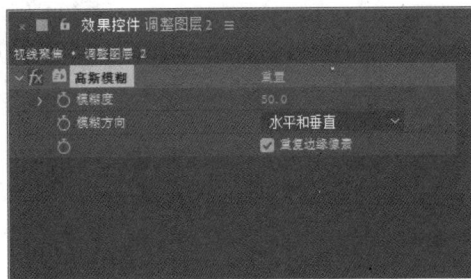

图8-39

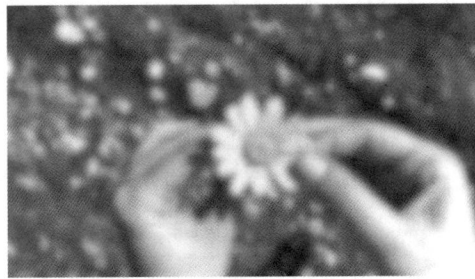

图8-40

Step 05 选中上方的调整图层,双击矩形工具创建与图层等大的矩形蒙版,在0:00:00:00处为
"蒙版路径"属性添加关键帧,并设置"蒙版羽化"属性为"10.0,10.0像素",如图8-41所示。

Step 06 移动当前时间指示器至0:00:01:00处,单击"蒙版路径"属性中的"形状…"文字,
打开"蒙版形状"对话框设置参数,如图8-42所示。

Step 07 完成后单击"确定"按钮,"时间轴"面板中将自动生成关键帧,如图8-43所示。此时
"合成"面板的效果如图8-44所示。

Step 08 选中"时间轴"面板中的"蒙版1"属性组,按Ctrl+T组合键打开控制框,在"合成"
面板中顺时针旋转蒙版路径,如图8-45所示。

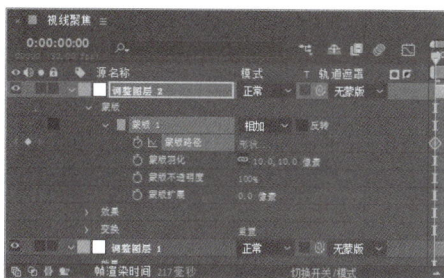

图8-41

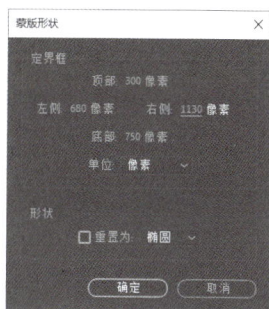

图8-42

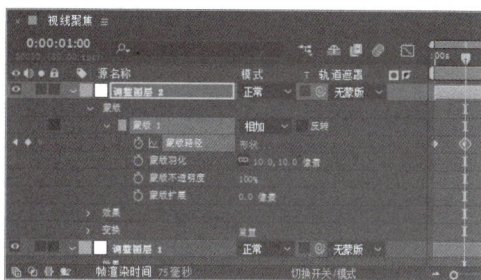

图8-43

图8-44

Step 09 单击"蒙版1"属性组中的"反转"复选框，此时"合成"面板中的效果如图8-46所示。

图8-45

图8-46

Step 10 移动当前时间指示器至0:00:02:00处，选中"时间轴"面板中的"蒙版1"属性组，按Ctrl+T组合键打开控制框，在"合成"面板中移动蒙版路径，如图8-47所示。

Step 11 移动当前时间指示器至0:00:03:11处，选中"时间轴"面板中的"蒙版1"属性组，按Ctrl+T组合键打开控制框，在"合成"面板中移动蒙版路径，如图8-48所示。使用相同的方法，根据花朵位置创建关键帧移动蒙版路径。

图8-47

图8-48

按空格键预览效果，如图8-49所示。

图8-49

至此，完成视线聚焦效果的制作。

8.3 编辑蒙版属性

蒙版创建后，在"时间轴"面板的"蒙版"属性组中，可以对"蒙版路径""蒙版羽化"等属性进行编辑。下面将对此进行介绍。

8.3.1 蒙版路径

蒙版路径影响着蒙版的形状，用户可以通过移动、增加或减少蒙版路径上的控制点，改变蒙版路径。通过为"蒙版路径"属性添加关键帧，还将创建蒙版形状变化的动画效果。

若想精确调整蒙版形状，可以单击"蒙版路径"属性右侧的"形状…"文字，如图8-50所示，打开"蒙版形状"对话框进行设置，如图8-51所示。从中可以通过"定界框"参数确定蒙版路径距离合成四周的位置从而拉伸蒙版路径，还可以选择将蒙版路径重置为矩形或椭圆。

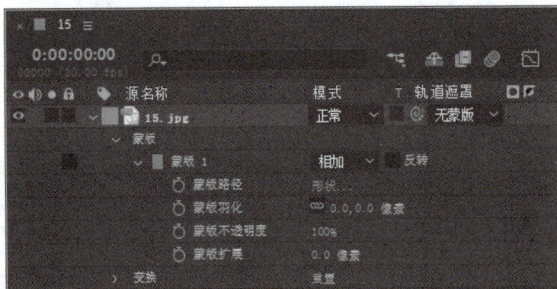

图8-50

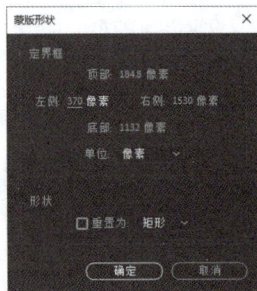

图8-51

🔗 **知识链接**

按住Shift键移动锚点可以将锚点沿水平或垂直方向移动。

8.3.2 蒙版羽化

"蒙版羽化"属性可以柔化蒙版边缘，使之呈现出边缘虚化的效果，与蒙版羽化工具不同的是，通过"蒙版羽化"属性设置的羽化将同时向内向外双向羽化。图8-52、图8-53为羽化前后效果。

图8-52

图8-53

取消"约束比例" 🔗 ，还可以制作水平或垂直方向的羽化效果，如图8-54、图8-55所示。

图8-54

图8-55

8.3.3 蒙版不透明度

创建蒙版后，默认蒙版内的图像100%显示，而蒙版外的图像0%显示，用户可以通过调整"蒙版不透明度"属性，改变蒙版内区域的不透明度。图8-56、图8-57为不同不透明度的效果。

图8-56

图8-57

8.3.4 蒙版扩展

"蒙版扩展"属性可以扩大或缩小受蒙版影响的区域，它实际上是一个偏移量，不会影响底层蒙版路径。当属性值为正值时，将在原始蒙版路径的基础上进行扩展偏移；当属性值为负值时，将在原始蒙版路径的基础上进行收缩偏移。图8-58、图8-59分别为扩大和收缩蒙版范围的效果。

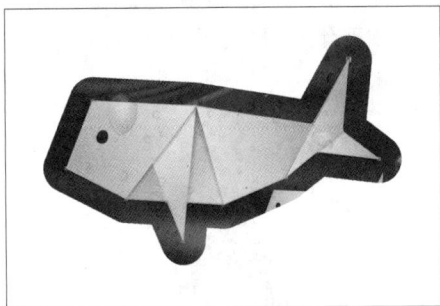

图8-58

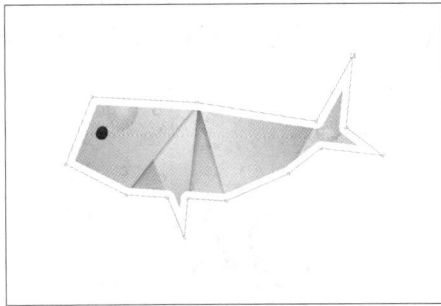

图8-59

8.3.5 蒙版混合模式

蒙版混合模式控制图层中的蒙版彼此间交互的方式，默认为"相加"，如图8-60所示。用户创建的第一个蒙版将与图层的Alpha通道相互作用，其他蒙版将与在"时间轴"面板堆叠顺序中位于其上的蒙版交互，其效果具体取决于在堆积顺序中位于更高位置的蒙版的模式。

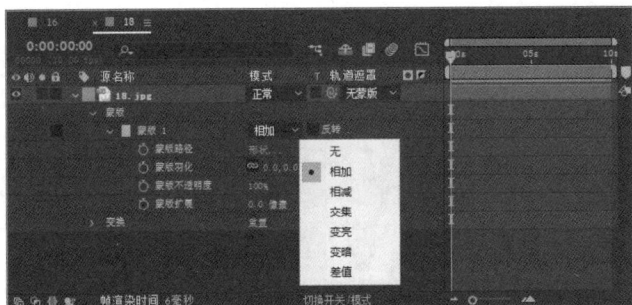

图8-60

各蒙版混合模式的作用介绍如下。

• 无：选择此模式，路径不起蒙版作用，只作为路径存在，可进行描边、光线动画或路径动画等操作。

• 相加：如果绘制的蒙版中有两个或两个以上的图形，选择此模式可将当前蒙版添加到堆积顺序位于它上面的蒙版中，蒙版的影响将与位于它上面的蒙版累加。

• 相减：选择此模式，将从位于该蒙版上面的蒙版中减去其影响，创建镂空的效果。

• 交集：蒙版将添加到堆积顺序位于它上面的蒙版中。在蒙版与位于它上面的蒙版重叠的区域中，该蒙版的影响将与位于它上面的蒙版累加。在蒙版与位于它上面的蒙版不重叠的区域中，结果是完全不透明。

• 变亮：此模式对于可视范围区域，与"相加"模式相同。但对于重叠处的不透明度，则采用不透明度较高的值。

• 变暗：此模式对于可视范围区域，与"相减"模式相同。但对于重叠处的不透明度，则采用不透明度较低的值。

• 差值：蒙版将添加到堆积顺序位于它上面的蒙版中。在蒙版与位于它上面的蒙版不重叠的区域中，将应用该蒙版，就好像图层上仅存在该蒙版一样。在蒙版与位于它上面的蒙版重叠的区域中，将从位于它上面的蒙版中抵消该蒙版的影响。

上层蒙版混合模式选择"相加"，下层蒙版混合模式选择"相减"和"差值"的效果如图8-61、图8-62所示。

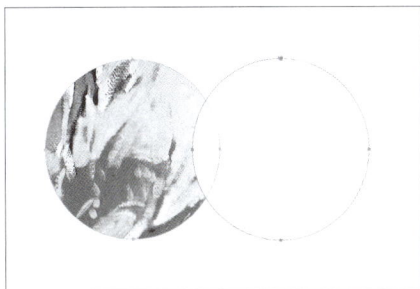

图8-61

图8-62

8.3.6 课堂实操：崭颜焕新

实操8-2 / 崭颜焕新

实例资源 ▶ 第8章\课堂实操\崭颜焕新\"素材"文件夹

微课视频

本案例将练习制作崭颜焕新的效果，涉及的知识点包括蒙版的创建、蒙版属性的编辑、关键帧动画的制作等。具体操作方法介绍如下。

Step 01 新建项目，导入本章素材文件，并基于素材新建合成，如图8-63所示。

Step 02 选中合成，单击鼠标右键，在弹出的快捷菜单中执行"合成设置"命令，打开"合成设置"对话框，调整持续时间为2秒，如图8-64所示。完成后单击"确定"按钮应用设置。

图8-63

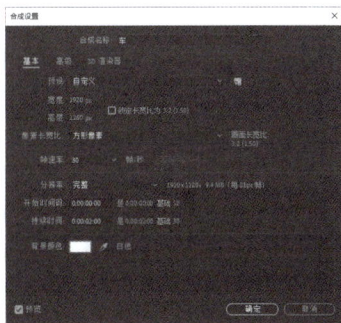

图8-64

Step 03 新建调整图层，在"效果和预设"面板中搜索"色阶"效果，添加至调整图层，在"效果控件"面板中设置参数，如图8-65所示。此时"合成"面板中的效果如图8-66所示。

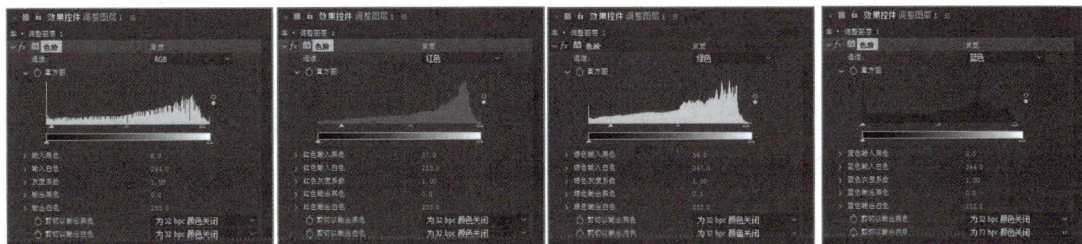

图8-65

Step 04 在"效果和预设"面板中搜索"曲线"效果,添加至调整图层,在"效果控件"面板中单击"自动"按钮,如图8-67所示。此时"合成"面板中的效果如图8-68所示。

图8-66

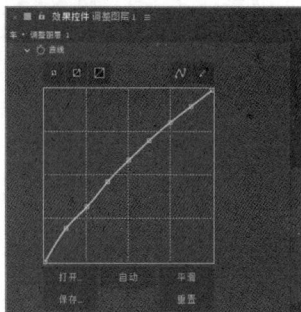
图8-67

Step 05 选中调整图层,选择椭圆工具,按住Shift键在"合成"面板中绘制正圆蒙版,如图8-69所示。

图8-68

图8-69

Step 06 在"时间轴"面板中设置"蒙版扩展"属性为"-120.0像素","蒙版羽化"属性为"200.0,200.0像素",并在0:00:00:00处为"蒙版扩展"属性添加关键帧,如图8-70所示。

Step 07 移动当前时间指示器至0:00:01:00处,更改"蒙版扩展"属性为"1000.0像素",软件将自动添加关键帧,如图8-71所示。此时"合成"面板中的效果如图8-72所示。

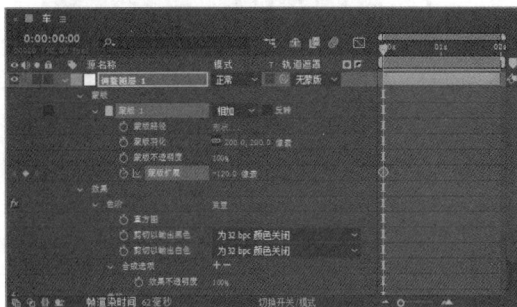
图8-70

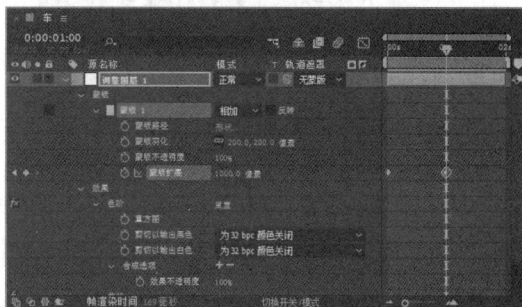
图8-71

Step 08 选中关键帧,按F9键创建缓动,单击"图表编辑器" ▧按钮切换至图表编辑器,调整方向手柄,如图8-73所示。再次单击"图表编辑器" ▧按钮切换至原时间轴。

图8-72

图8-73

Step 09 按空格键预览效果，如图8-74所示。

图8-74

至此，完成崭颜焕新效果的制作。

8.4 实战演练：时光机动效 AIGC

实操8-3 / 时光机动效

📁 **实例资源** ▶ 第8章\实战演练\时光机动效.aep

本案例将综合应用本章所学知识制作时光机动效，以达到举一反三、学以致用的目的。下面将对具体操作思路进行介绍。

微课视频

Step 01 通过AIGC工具，如文心一言，提供灵感来源，具体如下。

Q：Adobe After Effects中的形状与蒙版可以制作什么效果？

A：在Adobe After Effects（AE）中，形状与蒙版是两种关键的工具，它们可以单独使用也可以结合使用，以制作出丰富多样的视觉效果。以下是一些它们可以制作的主要效果：

1. 形状效果

● 创建独特图形：使用形状工具（如矩形工具、椭圆工具、多边形工具等）可以在合成中绘制各种基本图形或自定义形状。这些图形可以用于创建徽标、图标、过渡效果等。

● 图形动画：通过为形状的属性（如位置、旋转、缩放、不透明度等）添加关键帧动画，可以制作出图形动画效果。例如，可以让图形在屏幕上移动、旋转、缩放或逐渐显现/消失。

● 填充与轮廓：可以调整形状的填充颜色和轮廓颜色，以及应用不同的填充样式（如渐变填充、图案填充等），以增强视觉效果。

● 形状合并与操作：可以使用路径操作（如合并、相交、排除等）将多个形状合并在一起，以创造更复杂的形状效果。这种技术在制作复杂图形和过渡效果时非常有用。

2．蒙版效果
- 控制图层显示区域：蒙版可以看作是一个遮罩层，用于控制下层图层的显示区域。通过绘制蒙版形状，可以确定哪些部分应该显示，哪些部分应该被遮挡。
- 创建动态效果：蒙版路径可以随时间变化，从而创建出各种动态效果。例如，可以让一个图形逐渐显现或消失，或者让文字沿着特定路径移动。
- 透明度控制：蒙版还可以控制图层的透明度。通过调整蒙版的灰度值，可以将不同灰度色值转化为不同的透明度，从而创建出渐变透明效果。

3．形状与蒙版结合效果
- 形状遮罩：可以将形状用作蒙版来遮挡下层图层的内容。这种技术在制作文字动画、图形过渡等效果时非常有用。
- 复杂形状动画：结合使用形状和蒙版，可以创建出复杂的形状动画效果。例如，可以制作一个图形逐渐变形为另一个图形的动画，或者创建一个图形在屏幕上按特定路径移动的动画。
- 高级合成技巧：在高级合成中，形状和蒙版可以用于创建复杂的遮罩效果、图层叠加效果等。这些技巧在制作电影特效、广告动画等方面非常有用。

综上所述，AE中的形状与蒙版是两种非常强大的工具，它们可以单独使用也可以结合使用，以制作出丰富多样的视觉效果。通过学习和掌握这些工具的使用方法，可以在视频编辑和动画制作中创造出更加精彩和引人注目的作品。

在参考回答中，形状与蒙版结合效果中的形状遮罩可以用于制作文字时光机动画效果。

Step 02 新建项目，按Ctrl+N组合键打开"合成设置"对话框设置参数，如图8-75所示。随后单击"确定"按钮新建合成。

Step 03 选择矩形工具，在"工具"面板中设置填充为白色，描边为无，在"合成"面板中按住鼠标左键拖拽绘制矩形，按Ctrl+Alt+Home组合键将锚点移动至矩形中心，如图8-76所示。

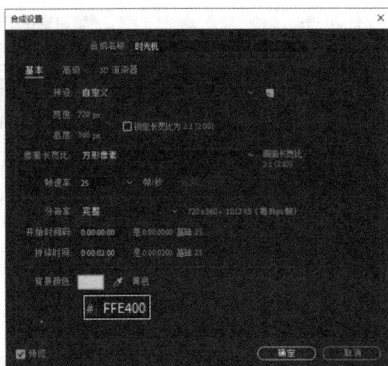

图8-75

图8-76

Step 04 选中"时间轴"面板中出现的形状图层，按Ctrl+D组合键复制，重复操作，如图8-77所示。

Step 05 在"合成"面板中选中最上方的矩形，移动至画面右端，如图8-78所示。

图8-77

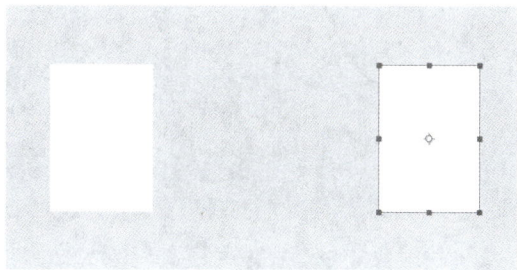

图8-78

Step 06 选中四个形状图层，在"对齐"面板中设置"将图层对齐到"为"合成"选项，单击"垂直对齐" 按钮和"水平均匀分布" 按钮，调整对齐与分布，效果如图8-79所示。

Step 07 选中四个形状图层，单击鼠标右键，在弹出的快捷菜单中执行"预合成"命令，打开"预合成"对话框，设置参数，如图8-80所示。完成后单击"确定"按钮创建预合成，并锁定预合成图层。

图8-79

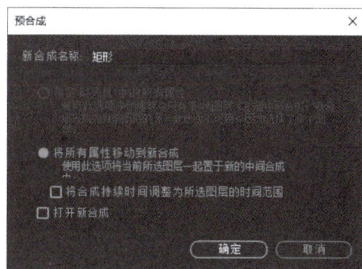

图8-80

Step 08 选择横排文字工具，在"合成"面板中单击输入文本0～9，重复输入得到3组，并按Enter键换行，如图8-81所示。

Step 09 在"字符"面板和"段落"面板中设置参数，如图8-82所示。

Step 10 在"合成"面板中移动文本，使从上至下第1个"1"显示在矩形中，如图8-83所示。

图8-81

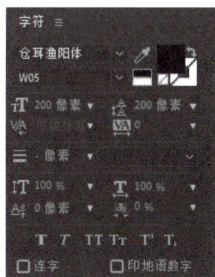

图8-82

图8-83

Step 11 在"时间轴"面板中展开文本图层属性组，单击"动画" 按钮，在弹出的快捷菜单中执行"位置"命令添加动画控制器，如图8-84所示。

Step 12 移动当前时间指示器至0:00:00:10处，单击"位置"属性左侧的"时间变化秒表" 按钮添加关键帧。移动当前时间指示器至0:00:01:10处，更改"位置"属性参数为"0.0，-4201.0"，使第3个"2"显示在矩形中，软件将自动添加关键帧，如图8-85所示。

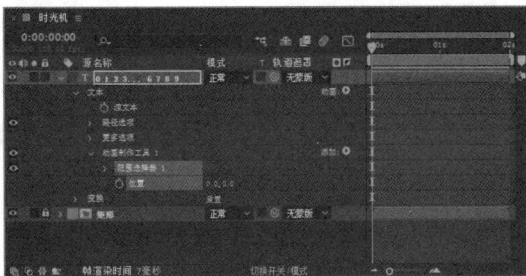

图8-84

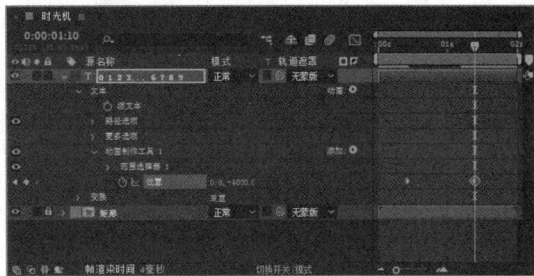

图8-85

Step 13 选中两个关键帧，按F9键创建缓动效果，单击"图表编辑器"按钮切换至图表编辑器，单击"选择图表类型和选项"按钮，在弹出的快捷菜单中执行"编辑速度图表"按钮，显示速度图表，选中第2个关键帧调整方向手柄，如图8-86所示。再次单击"图表编辑器"按钮切换至原时间轴。

Step 14 移动当前时间指示器至0:00:00:10处，选中文本图层，按Ctrl+D组合键复制，在"合成"面板中右移文本，并调整显示第1个"9"，如图8-87所示。

图8-86

图8-87

Step 15 移动当前时间指示器至0:00:01:14处，移动复制文本图层的第2个关键帧至当前时间指示器处，更改"位置"属性参数为"0.0，-2200.0"，使第3个"0"显示在矩形中，如图8-88所示。

Step 16 移动当前时间指示器至0:00:00:10处，选中复制文本图层，按Ctrl+D组合键复制，在"合成"面板中右移文本，并调整显示第1个"4"，如图8-89所示。

图8-88

图8-89

Step 17 移动当前时间指示器至0:00:01:18处，移动复制文本图层的第2个关键帧至当前时间指示器处，更改"位置"属性参数为"0.0，-1600.0"，使第3个"2"显示在矩形中，如图8-90所示。

Step 18 移动当前时间指示器至0:00:00:10处，选中第2列文本所在的图层，按Ctrl+D组合键复制，在"合成"面板中右移文本，如图8-91所示。

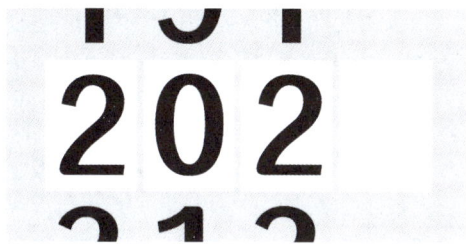

图8-90

图8-91

Step 19 移动当前时间指示器至0:00:01:22处，移动第4列文本所在的图层的第2个关键帧至当前时间指示器处，更改"位置"属性参数为"0.0，-3000.0"，使第3个"4"显示在矩形中，如图8-92所示。

Step 20 此时"时间轴"面板中的图层如图8-93所示。按Ctrl+;组合键取消显示参考线。

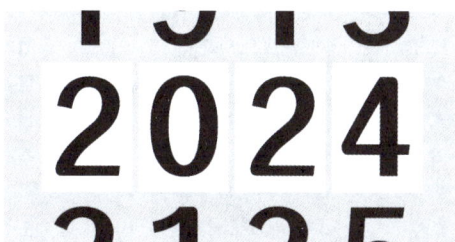

图8-92

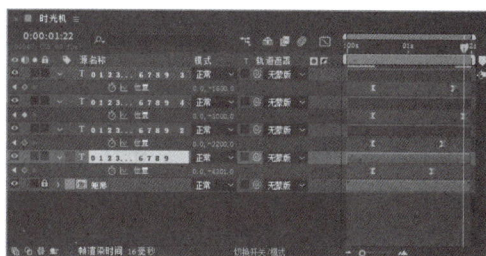

图8-93

Step 21 选中文本图层，单击鼠标右键，在弹出的快捷菜单中执行"预合成"命令，打开"预合成"对话框，设置参数，如图8-94所示。完成后单击"确定"按钮创建预合成。

Step 22 选中预合成，选择矩形工具，根据下方的矩形，绘制矩形创建蒙版，如图8-95所示。

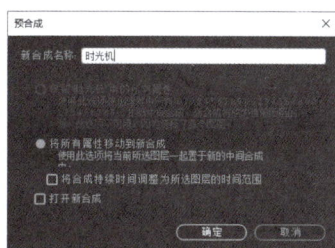

图8-94

图8-95

Step 23 按空格键预览效果，如图8-96所示。

图8-96

至此，完成时光机动效的制作。

🔲 **实例资源** ▶ 第8章\拓展练习\"素材"文件夹

下面将练习使用形状和蒙版制作缩影遮罩的效果，如图8-97所示。

实操8-4 / 缩影遮罩

图8-97

技术要点：

- 图形的创建与调整。
- 蒙版的创建与编辑。
- 文本的应用。
- 关键帧动画的制作。

操作提示：

① 导入素材文件，并基于素材新建合成。

② 调整合成持续时间和素材持续时间。

③ 在素材图层下方绘制与图层等大的矩形。

④ 为素材图层添加圆角矩形蒙版，并在靠后时间处添加蒙版路径关键帧。

⑤ 在起始位置调整蒙版路径，使其覆盖整个图层。

⑥ 输入文本，调整文本属性。

⑦ 将文本图层创建为预合成。

⑧ 为预合成图层添加矩形蒙版。

⑨ 制作矩形蒙版路径变化动画。

⑩ 为关键帧创建缓动效果。

第 9 章

UI 动效制作

Ae

本章将对UI动效的制作进行介绍，包括UI动效的基本定义、作用、类型、设计原则及实战演练等。了解并掌握这些知识，可以加深读者对UI动效的了解，学会通过After Effects制作简单的UI动效。

内容导读

学习目标

- 了解UI动效的基本定义。
- 了解UI动效的作用。
- 了解UI动效的类型。
- 了解UI动效的设计原则。
- 学会制作UI动效。

素养目标

- 培养影视后期制作人员对UI动效的了解，使其掌握UI动效的类型和设计原则，并能够有针对性地制作不同类型的UI动效。
- 通过UI动效制作实战演练，提升影视后期制作人员的技术能力。

案例展示

旅行App界面切换动效

9.1 UI动效概述

UI的全称为User Interface（用户界面），指用户与计算机、应用程序或网站之间的交互界面。与平面设计相比，UI动效具有更强的吸引力和交互性，是UI设计的重要组成部分，本节将对其进行详细介绍。

9.1.1 认识UI动效

UI动效从字面上看是指用户界面中的动态设计，包括用户界面中通过动态效果和动画增强用户体验的各类视觉和交互元素，它可以增强界面的灵动性，使用户与计算机、应用程序或网站之间的交互更加流畅直观。常见的UI动效包括界面切换时的过渡效果、加载动画、点按时的反馈动作等，图9-1为鸿蒙系统中世界时钟和计时器界面切换时的UI动效。

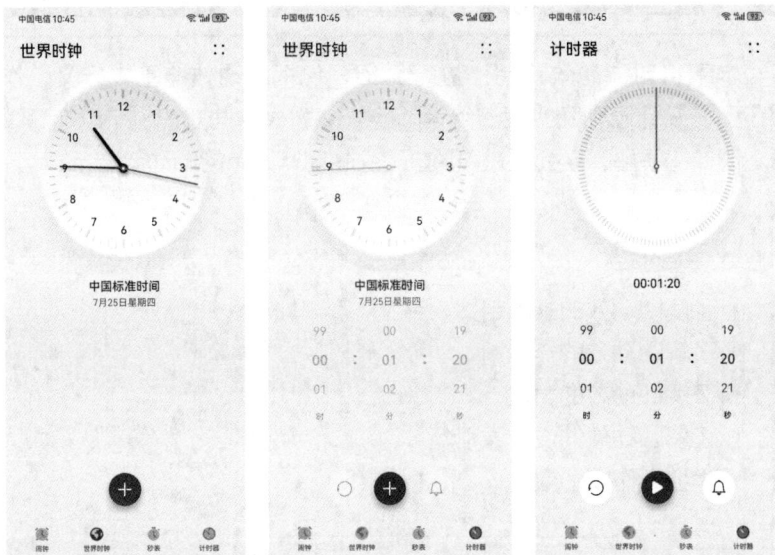

图9-1

9.1.2 UI动效的作用

UI动效是用户界面设计中不可或缺的部分，它不仅可以增强用户界面的趣味性，还可以提升用户体验和操作反馈。下面将对UI动效的作用进行介绍。

1. 吸引用户注意

相较于平面设计作品，动效明显更具吸引力，设计师可以通过动效创建更具创意的视觉效果，突出显示重要信息或功能。图9-2为返回日历当前日期时的动效。

2. 提供视觉反馈

UI动效可以即时反馈用户的操作，帮助用户确认他们的操作已被识别，从而提供良好的用户体验，如界面切换时按钮的颜色变化、状态切换，数据加载完毕的提示，密码输入错误时模仿摇头的来回摆动等。

3. 减少等待感知

动效可以转移用户在某些操作加载时的注意力，降低等待的厌烦度，如各种加载进度条动效等，如图9-3所示。

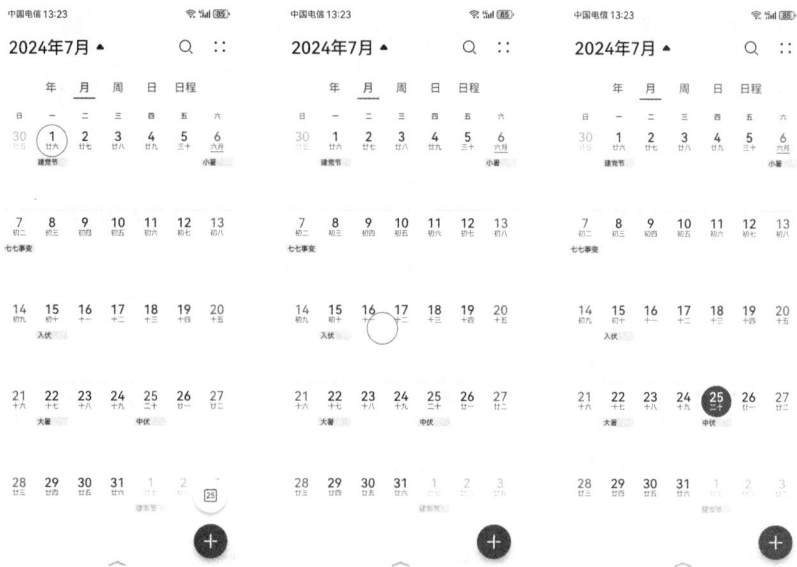

图9-2

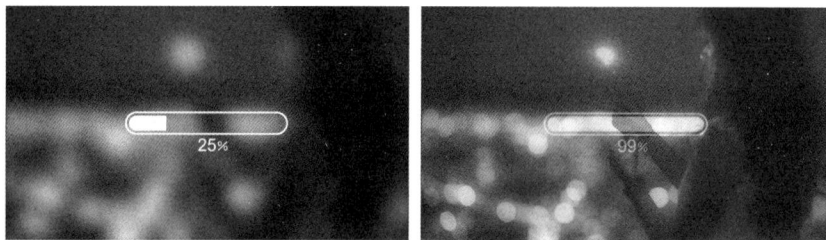

图9-3

4. 引导用户操作

UI动效可以帮助用户理解界面功能和结构，建立良好的层级感和方向感；在多步骤操作中，UI动效还可以形象地引导用户完成操作，提升用户体验。图9-4为智慧视觉界面中介绍功能的动效。

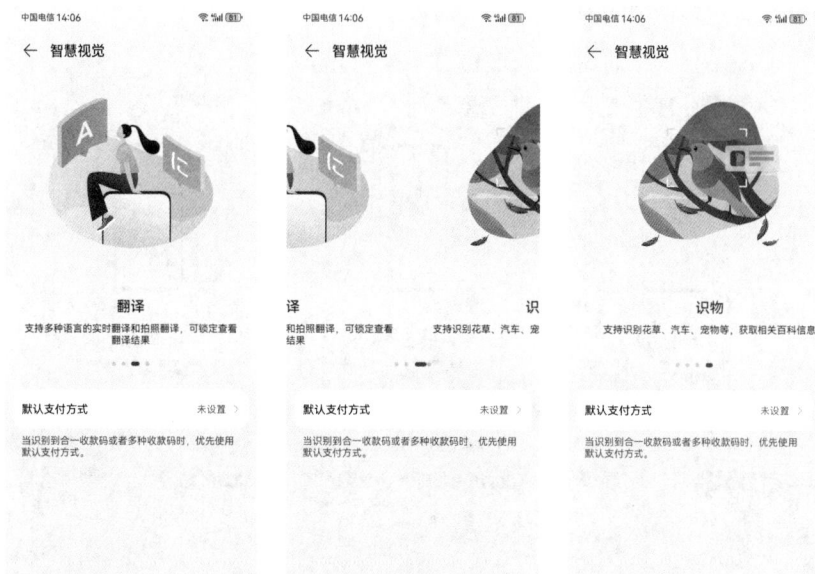

图9-4

　　根据使用场景和目的的不同，可以将UI动效分为功能型动效和展示型动效两种类型。下面将对这两种类型的UI动效进行介绍。

1. 功能型动效

　　功能型动效主要用于提升界面的实用性和可用性，通常与用户的操作直接相关，可以帮助用户理解和执行功能，如加载/刷新动效、转场过渡、导航动效、引导动效等。图9-5为手机管家优化时的动效。

图9-5

2. 展示型动效

　　展示型动效可以增强界面的视觉效果和信息传达，多用于吸引用户注意力或美化界面。这类动效不影响功能，但可以提升整体的用户体验，如各类背景动画、装饰性动效、启动动效、演示动画等。图9-6为智慧多窗中的演示动画。

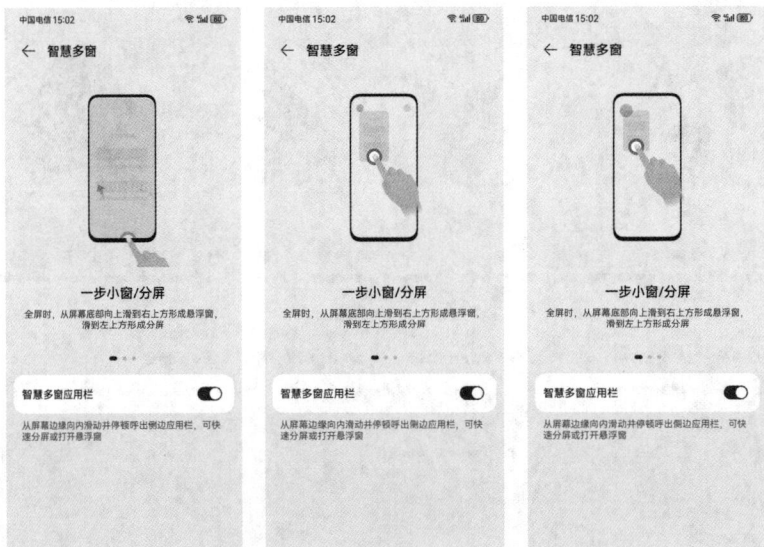

图9-6

9.1.4 UI动效的设计原则

UI动效的根本目的是提升用户体验，增强界面的可用性和美观性。下面将对一些关键设计原则进行介绍。

- 一致性：动效应在整个界面中保持一致，包括物理规律、风格、表现形式等，这有助于满足用户预期，使界面更易理解和使用。
- 反馈性：动效应及时反馈用户的操作，明确告知用户他们的操作是否被系统接受，提升用户体验和满意度。
- 简洁性：动效的目的是服务用户，应采用简洁明了的效果，便于用户操作和理解，而不是采用过于复杂的效果干扰用户。
- 节奏性：动效的速度和时机应与用户的操作节奏相匹配。标准的UI动效时长应该在200~500毫秒之间，这个范围是基于人脑的处理能力以及信息消化速度得出来的。持续时间低于100毫秒的动效很难被人眼识别，而超过500毫秒的动效会让人有迟滞感。
- 必要性：在设计动效时，应首先确定该动效是否必要，避免过多的动效导致界面混乱或用户疲劳。
- 可访问性：在设计动效时，应考虑到所有用户，包括具有视觉或运动障碍的用户，以确保所有用户都能顺利访问界面。

9.2　旅行App界面切换动效 AIGC

本案例将综合应用本章所学知识制作旅行App界面切换动效，以达到举一反三、学以致用的目的。

9.2.1 案例分析

案例分析可以加深我们对选题的理解，促进动效的设计。下面将从设计背景、动效分析两方面进行介绍。

1. 设计背景
- App名称：旅行App
- 切换界面：首页与新建页面
- 动效目的：在符合物理规律和观众心理预期的情况下，实现界面的平滑切换
- 目标受众：旅行爱好者

2. 动效分析
- 界面。切换的界面为App首页和新建页面，主题均与旅行息息相关，层级上新建页面位于首页上方，营造出覆盖遮罩的效果。
- 动效。模拟按钮点击时的缩放效果及按钮间的切换，及时地反馈操作。新建页面从下方平滑上移，覆盖首页界面；新建页面中的元素随界面的上移依次呈现，体现一种动态美感。

9.2.2 创意阐述

旅行App的界面切换动效旨在实现平滑的界面过渡效果。选择与App主题相契合的界面风

格，以减少用户的认知负担，并展现旅行中的美好瞬间。通过缩放动画，模拟按钮点击时的动态效果以及按钮切换时的变化，及时反馈用户操作，带来愉悦的正反馈体验。按钮切换后，初始界面渐隐消失，下一界面平滑上移出现，从而流畅地展示界面的切换效果。

9.2.3 制作过程

📦 **实例资源** ▶ 第9章\实战演练\"素材"文件夹

下面将对具体操作过程进行介绍。

Step 01 利用AIGC生成界面中的图标，生成结果是具有随机性的，这里选择图9-7所示的图标组。

微课视频

Step 02 选择满意的图标后下载，在Photoshop软件中抠取图标并放置在界面中的合适位置，如图9-8、图9-9所示。

图9-7

图9-8

图9-9

Step 03 利用AIGC生成指定的风景图片，结果如图9-10所示。

Step 04 下载图片，在Photoshop中编辑处理，放置在界面中的合适位置，如图9-11、图9-12所示。完成后保存PSD文档。

图9-10

图9-11

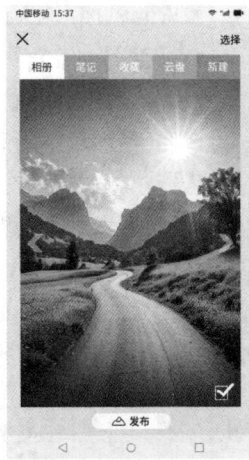
图9-12

Step 05 打开After Effects软件，新建项目，按Ctrl+I组合键导入保存的PSD文档，在"界面.psd"对话框中设置参数，如图9-13所示。

Step 06 完成后单击"确定"按钮，导入文档，如图9-14所示。

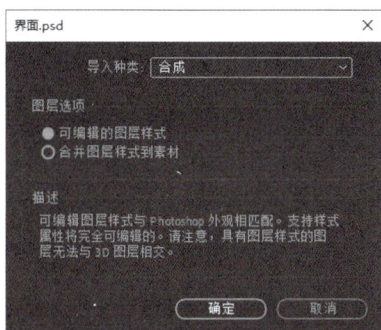

图9-13

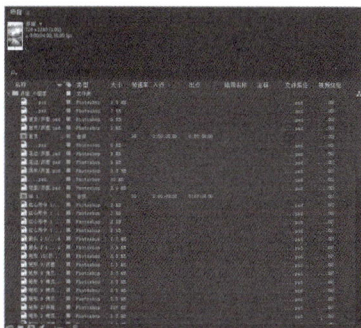

图9-14

Step 07 双击合成"界面"在"时间轴"面板中打开，如图9-15所示。

Step 08 选中"新建"图层，按P键展开"位置"属性，调整"新建"图层的位置属性参数为"360.0,1920.0"，使其完全下移出画面，如图9-16所示。

图9-15

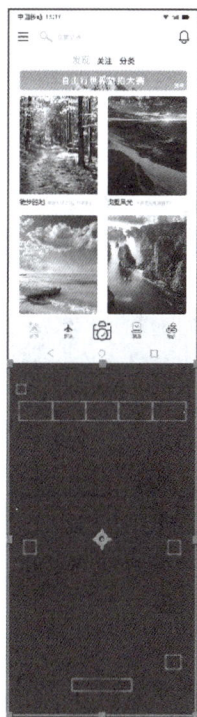

图9-16

Step 09 移动当前时间指示器至0:00:01:00处，为"新建"图层的"位置"属性添加关键帧，如图9-17所示。

Step 10 移动当前时间指示器至0:00:02:00处，更改"位置"属性参数为"360.0,640.0"，软件将自动添加关键帧，如图9-18所示。

Step 11 选中关键帧，按F9键创建缓动，单击"图表编辑器"▦按钮切换至图表编辑器，调整右侧关键帧的方向手柄，如图9-19所示。再次单击"图表编辑器"▦按钮切换至原时间轴。

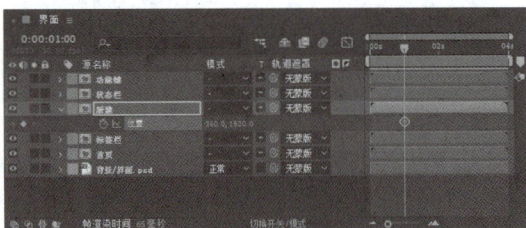

图9-17

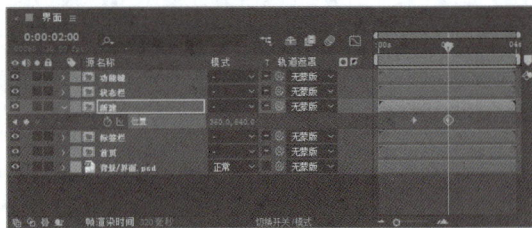

图9-18

Step 12 隐藏"新建"图层，选中"首页"图层按T键展开其"不透明度"属性，在0:00:01:00处为"不透明度"属性添加关键帧，在0:00:02:00处设置"不透明度"属性为"0%"，软件将自动生成关键帧，如图9-20所示。

图9-19

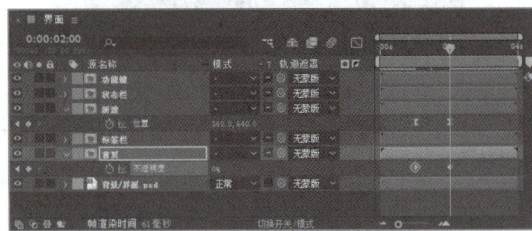

图9-20

Step 13 选中关键帧，按F9键创建缓动，单击"图表编辑器" 🔲 按钮切换至图表编辑器，调整右侧关键帧的方向手柄，如图9-21所示。再次单击"图表编辑器" 🔲 按钮切换至原时间轴，如图9-22所示。

图9-21

图9-22

Step 14 显示"新建"图层，按空格键预览效果，如图9-23所示。

图9-23

Step 15 移动当前时间指示器至0:00:00:14处，双击"时间轴"面板中的"标签栏"预合成图层将其打开，选中文本图层后单击鼠标右键，在弹出的快捷菜单中执行"创建>转换为可编辑文字"命令将其转换为文字，如图9-24所示。

Step 16 选中"首页"文本图层，执行"动画>动画文本>填充颜色>RGB"命令添加文本动画控制器，设置填充颜色为深灰色（#333333），展开"范围选择器1"属性组，设置"结束"属性参数为"0%"并添加关键帧，如图9-25所示。

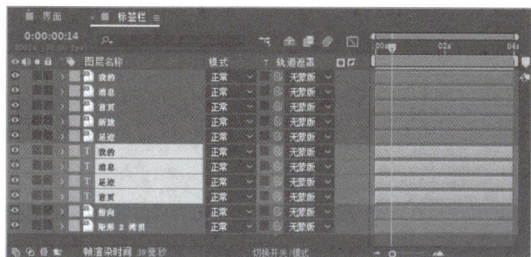

图9-24

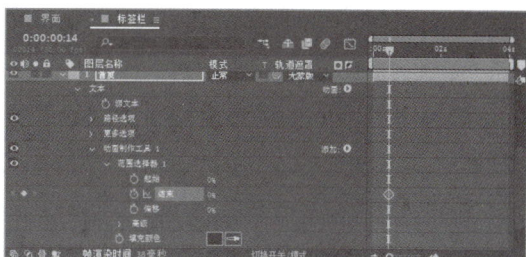

图9-25

Step 17 移动当前时间指示器至0:00:01:00处，更改"结束"属性参数为"100%"，软件将自动添加关键帧，如图9-26所示。

Step 18 移动当前时间指示器至0:00:00:14处，展开"首页"图层属性组，为"颜色叠加"属性组中的"颜色"属性添加关键帧，如图9-27所示。

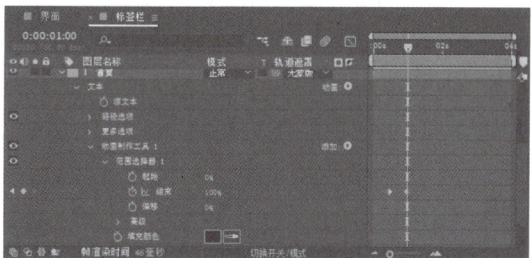

图9-26

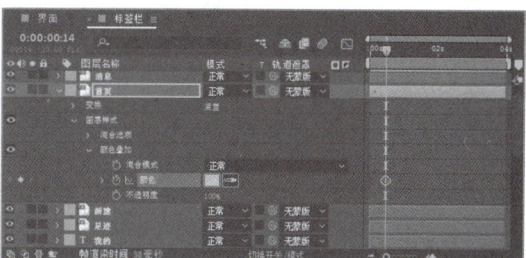

图9-27

Step 19 移动当前时间指示器至0:00:01:00处，更改"颜色"属性为深灰色（#333333），软件将自动添加关键帧，如图9-28所示。

Step 20 移动当前时间指示器至0:00:00:14处，展开"新建"图层属性组，为"颜色叠加"属性组中的"颜色"属性添加关键帧；移动当前时间指示器至0:00:01:00处，更改"颜色"属性为天蓝色（#99CCFF），软件将自动添加关键帧，如图9-29所示。

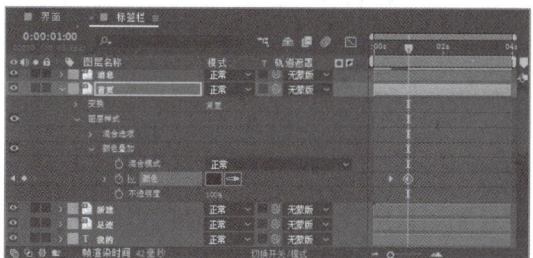

图9-28

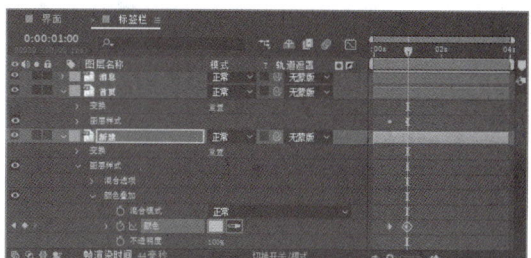

图9-29

Step 21 选中"新建"图层，使用向后平移锚点工具移动锚点至图标中心处，如图9-30所示。

Step 22 在0:00:00:14处和0:00:01:00处为"缩放"属性添加关键帧，在0:00:00:20处更改"缩放"属性参数为"80.0,80.0"，软件将自动添加关键帧，如图9-31所示。

图9-30

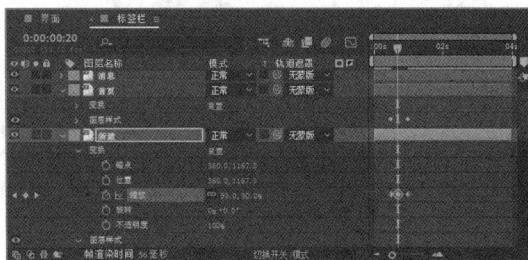

图9-31

Step 23 选中所有关键帧，将其右移6帧，如图9-32所示。

Step 24 选中所有关键帧，按F9键创建缓动，如图9-33所示。

图9-32

图9-33

Step 25 切换至"界面"合成。双击"界面"合成中的"新建"预合成图层将其打开，如图9-34所示。

Step 26 选中文本图层和其下方的矩形图层，单击鼠标右键，在弹出的快捷菜单中执行"预合成"命令创建预合成，重复多次，并将"箭头"图层创建为预合成，如图9-35所示。

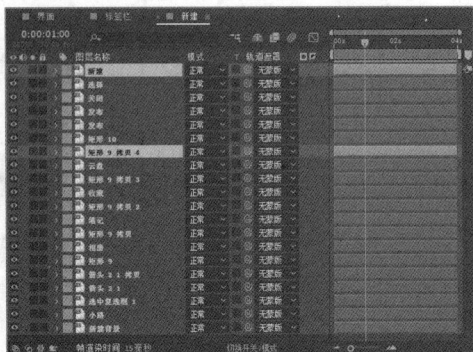

图9-34

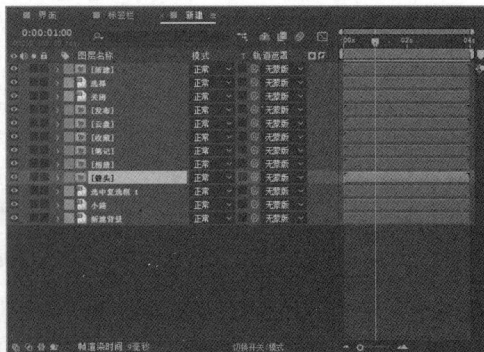

图9-35

Step 27 移动当前时间指示器至0:00:02:00处，选中预合成图层、"选中复选框1"图层和"小路"图层，按P键展开其位置属性并添加关键帧，如图9-36所示。

Step 28 移动当前时间指示器至0:00:01:00处，更改图层"位置"参数，软件将自动生成关键帧，如图9-37所示。此时"合成"面板中的效果如图9-38所示。

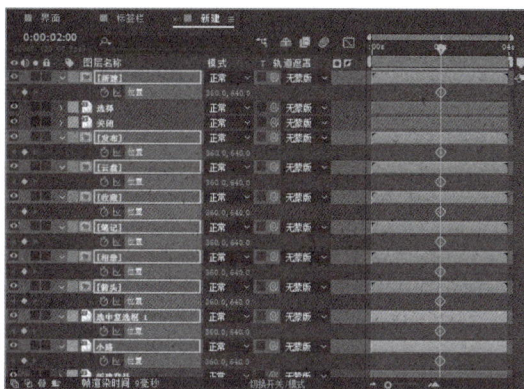

图9-36

图9-37

Step 29 选中"选择和关闭"图层，按T键展开其"不透明度"属性，在0:00:01:00处为"不透明度"属性添加关键帧，并设置属性参数为"0%"。移动当前时间指示器至0:00:02:00处，更改"不透明度"属性参数为"100%"，软件将自动生成关键帧，如图9-39所示。

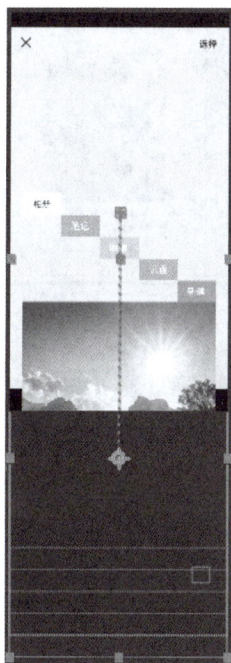

图9-38

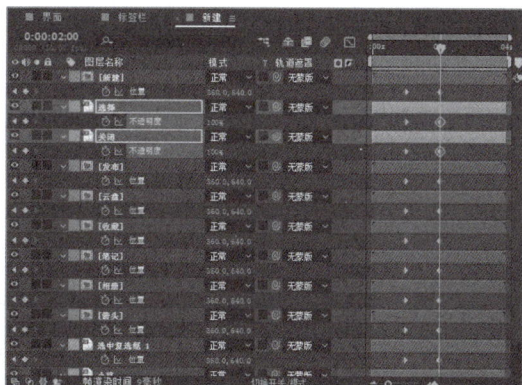

图9-39

Step 30 选中所有关键帧，按F9键创建缓动，如图9-40所示。

Step 31 选中"复选框1"图层，按T键展开其"不透明度"属性，并添加关键帧，设置属性参数为"0%"。移动当前时间指示器至0:00:02:10处，更改"不透明度"属性参数为"100%"，软件将自动生成关键帧，选中关键帧，按F9键创建缓动，如图9-41所示。

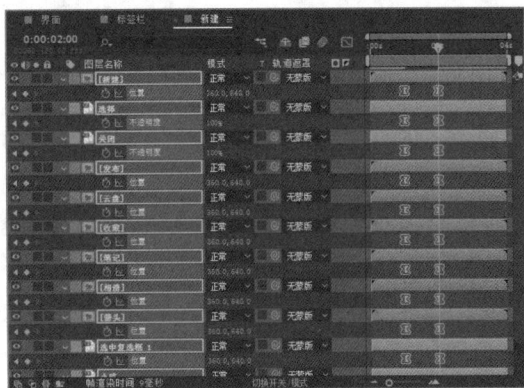

图9-40

图9-41

Step 32 切换至"界面"合成,按空格键预览效果,如图9-42所示。

图9-42

至此,完成旅行App界面切换动效的制作。

第 10 章
影视栏目包装制作

Ae

内容导读

本章将对影视栏目包装的制作进行介绍，包括影视栏目包装的组成部分、设计流程及具体的实例制作等。了解并掌握这些知识，可以提升用户对影视栏目包装的了解，帮助用户学习制作影视栏目包装。

学习目标

- 了解影视栏目包装的组成部分。
- 了解影视栏目包装的设计流程。
- 学会制作影视栏目包装。

素养目标

- 培养影视后期制作人员影视栏目包装的制作能力，使其了解影视栏目包装的组成部分和设计流程，能够制作影视栏目包装。
- 通过影视栏目包装制作实战演练，提升影视后期制作人员的技术能力。

案例展示

银幕时光栏目包装设计

10.1 影视栏目包装概述

影视栏目包装是指在影视节目中对作品进行视听设计与制作的过程，旨在增强节目的视觉吸引力和提升观众的观看体验。下面将对此进行介绍。

10.1.1 影视栏目包装组成部分

影视栏目包装的主要组成部分包括开场动画和片头、栏目字幕、过渡动画、视觉元素、片尾和结束画面、音效和音乐等，将这些组成部分有机结合，就能创造出具有一致性和吸引力的影视栏目包装。

1. 开场动画和片头

开场动画和片头是观众对影视栏目的第一印象，通常包括栏目名称、标志等主要信息，便于观众快速识别。设计风格则应在契合栏目主题的情况下富有趣味性和创意性，从而在第一时间吸引观众的视线，并为之留下深刻印象。

2. 栏目字幕

栏目字幕不仅包括对话文本，还包括标题、字卡等，在制作时应考虑目标受众的观看习惯和栏目的内容特点，在与整体风格相协调的情况下，清晰、直观地展示字幕信息。

3. 过渡动画

过渡动画可以平滑衔接不同环节，帮助节目流畅地过渡到下一部分。

4. 视觉元素

视觉元素是影视栏目包装的重要组成部分，包括图形、色彩等，它们在栏目品牌形象建立、视觉吸引力提升以及主题和情感传达等方面发挥着关键作用。在设计制作时，应充分考虑栏目主题内容和目标观众，精心协调运用视觉元素，有效提升栏目整体效果。

5. 片尾和结束画面

片尾和结束画面是影视栏目的落幕时刻，一般包含制作团队、演员名单、版权信息等内容，这些内容通常以滚动字幕的形式直观且完整地呈现，最后以栏目标志结尾，巩固观众对栏目的印象。

6. 音效和音乐

音效和音乐可以增强情感共鸣和氛围，提升观众的沉浸感。在设计时，应注意与视觉元素协调一致，共同促进栏目的发展。

10.1.2 影视栏目包装设计流程

影视栏目包装设计是一个多阶段的过程，包括需求分析、概念策划和最终输出发布等各个环节。通过规范化、系统化的设计流程，可以保证栏目包装贴合制作要求，有效传递主题和情感。

1. 需求分析

需求分析是影视栏目包装设计的第一步，也是最重要的一步，它明确了栏目的定位、目标及服务对象，可以帮助制作团队确定栏目风格、目标受众、市场趋势等信息，进而有针对性地进行设计制作。

2. 概念策划

明确制作需求后，就可以对市场趋势、竞品、目标受众偏好等进行研究，提炼出符合栏目定位的主题，在此基础上发散思维，获取更多的创意方案，然后择优进行深化设计，整理出初步的概念方案。

3. 设计制作

概念方案确定后，就可以进行具体的设计制作，包括图形设计、颜色、字体风格等各类视觉元素的设计，以及开场动画和过渡动画的制作及音乐音效等元素的选择应用等。

4. 后期合成

后期合成可以将各个元素整合到一起，再通过添加必要的视觉特效、调色和混音等操作，确保视觉效果的一致性和协调性及音频效果的平衡。

5. 审核修改

审核修改是避免明显错误的有效手段，在完成影视栏目包装的制作后，制作团队应进行审查，确保所有设计元素符合预期，避免遗漏或错误。

6. 输出发布

经过最终审核后，可以根据播放平台的要求，以适合的文件格式和分辨率输出，并将其发布到最终的平台中。发布后还需要监测观众反馈，并根据反馈进行后续优化，提升影视栏目包装的吸引力。

10.2 银幕时光栏目包装设计 AIGC

本案例将综合应用本章所学知识制作银幕时光栏目包装设计，以达到举一反三、学以致用的目的。

10.2.1 案例分析

案例分析可以帮助我们探索优秀栏目包装的设计风格和创意方向，并从中获得灵感。下面将从设计背景和设计元素分析两方面进行介绍。

1. 设计背景

- 栏目名称：银幕时光
- 设计目的：展示多种类型的影片，吸引观众并激发观众对电影的热爱，促进电影事业的发展和交流。
- 目标受众：电影行业从业人员、电影爱好者、学生等。

2. 设计元素分析

- 画面：主背景选用不同风格的、与电影相关的图像切换展示，交错显示的胶片展示电影的变迁，最后以栏目标志和栏目名称结尾，进行点题。
- 颜色：以蓝黑色为主，呈现理智而又神秘的氛围。

10.2.2 创意阐述

银幕时光栏目包装设计旨在推广宣传栏目，提升其影响力。设计采用影视相关的蓝黑色作为主色调，呈现出深邃而理性的氛围。通过关键帧动画，模拟影视胶片交错展示的效果，极具视觉冲击力，展现不同的影视风格。标志以蓝黑色为主，与整体主题相契合。文本则采用具有中国特色的毛笔字体，展现出飘逸而有序的效果。

10.2.3 制作过程

实例资源 ▶ 第10章\实战演练\"素材"文件夹

下面将对具体操作思路进行介绍。

微课视频

Step 01 新建项目，执行"合成>新建合成"命令，打开"合成设置"对话框设置参数，如图10-1所示。完成后单击"确定"按钮新建合成。

Step 02 按Ctrl+I组合键导入本章素材文件并创建文件夹进行分类，如图10-2所示。

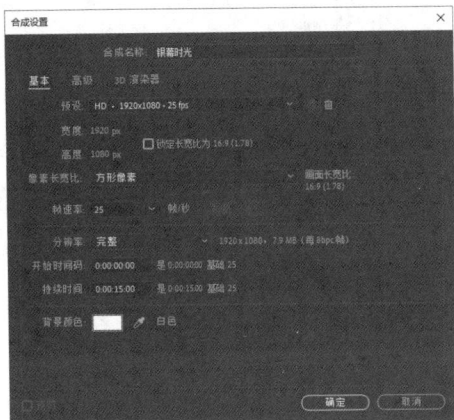

图10-1

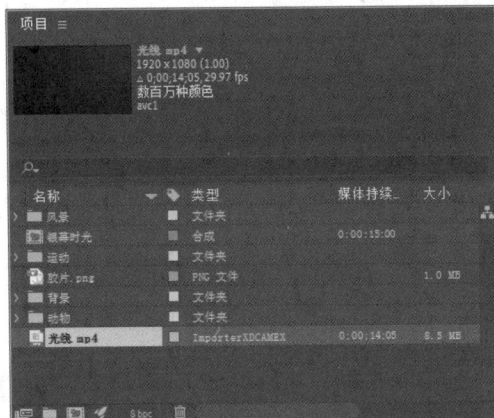

图10-2

Step 03 将"背景"文件夹中的素材拖拽至"时间轴"面板中，按P键展开其"位置"属性，如图10-3所示。

Step 04 选中图层中位于上方的14个图层，更改其"位置"属性参数为"960.0，-540.0"，如图10-4所示，使上方图层完全上移出画面。

图10-3

图10-4

Step 05 移动当前时间指示器至0:00:00:00处，为"B-02.jpg"图层的"位置"属性添加关

键帧。移动当前时间指示器至0:00:01:00处，更改"B-02.jpg"图层的"位置"属性参数为
"960.0,540.0"，软件将自动添加关键帧，如图10-5所示。

Step 06 选中两个关键帧，按F9键创建缓动，单击"图表编辑器"按钮切换至图表编辑器，
调整速率曲线，如图10-6所示。

图10-5

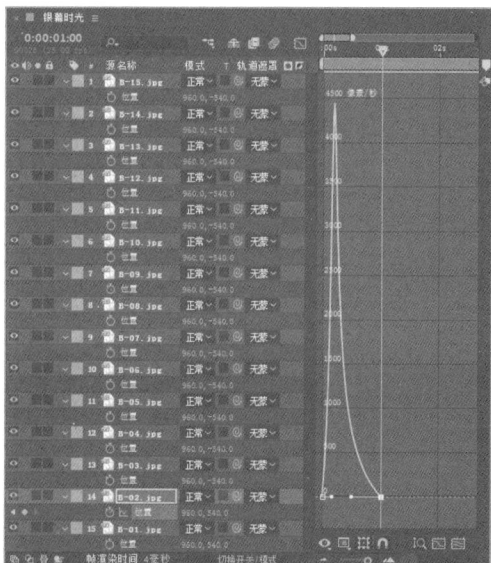

图10-6

Step 07 再次单击"图表编辑器"按钮切换至原时间轴。在"效果和预设"面板中搜索"高
斯模糊"效果，拖拽至"B-02.jpg"图层上，在"效果控件"面板中设置参数，如图10-7
所示。

Step 08 移动当前时间指示器至0:00:00:00处，在"时间轴"面板中为"模糊度"属性添加关
键帧。移动当前时间指示器至0:00:01:00处，更改"模糊度"属性参数为"0.0"，软件将自动
添加关键帧，如图10-8所示。

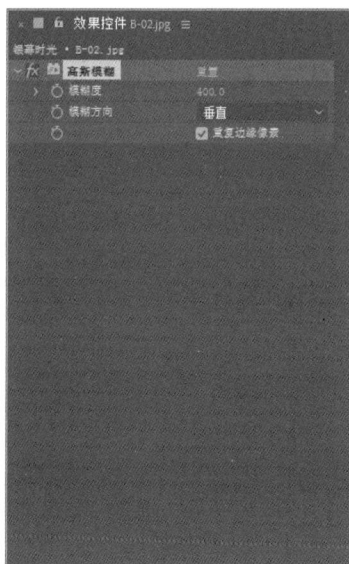

图10-7

图10-8

Step 09 选中"模糊度"属性的两个关键帧，按F9键创建缓动，单击"图表编辑器" ![icon] 按钮切换至图表编辑器，调整速率曲线，如图10-9所示。再次单击"图表编辑器" ![icon] 按钮切换至原时间轴。

Step 10 选中"B-02.jpg"图层中的关键帧，按Ctrl+C组合键复制，选中"B-03.jpg"图层，移动当前时间指示器至0:00:01:00处，按Ctrl+V组合键粘贴，按U键展开添加关键帧的属性，如图10-10所示。

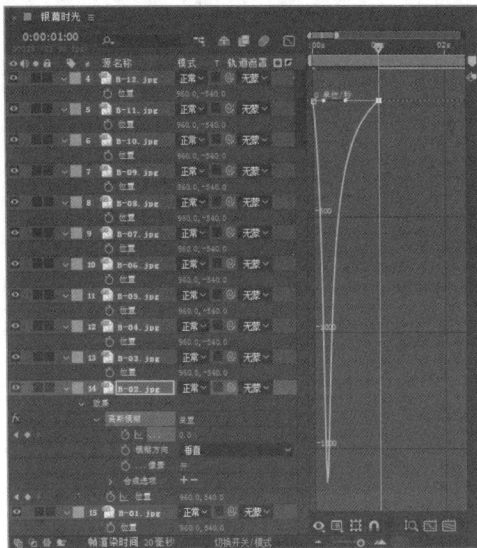

图10-9

图10-10

Step 11 使用相同的方法，在0:00:02:00处为"B-04.jpg"图层复制粘贴关键帧，重复操作，直至"B-15.jpg"图层，如图10-11所示。

Step 12 选中所有图层，单击鼠标右键，在弹出的快捷菜单中执行"预合成"命令，打开"预合成"对话框设置参数，如图10-12所示。完成后单击"确定"按钮创建预合成。

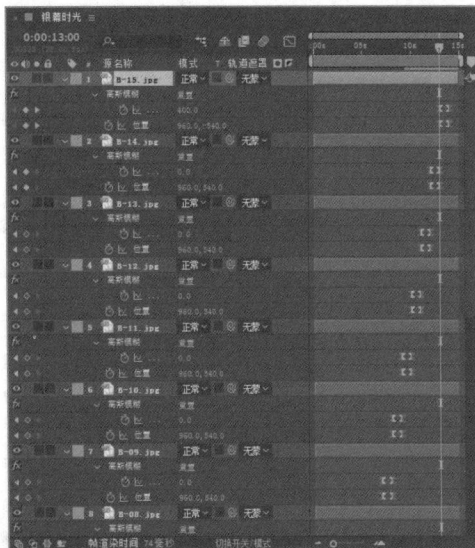

图10-11

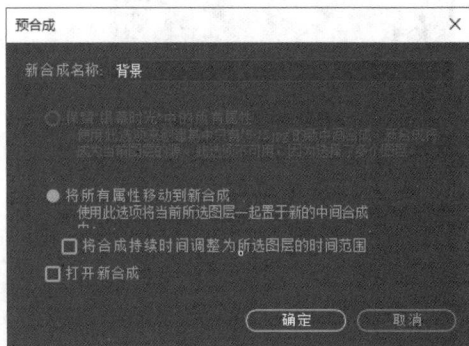

图10-12

Step 13 按空格键预览效果，如图10-13所示。

图10-13

Step 14 按Ctrl+N组合键打开"合成设置"对话框，设置参数，如图10-14所示。完成后单击"确定"按钮新建合成。

Step 15 将"胶片.png"素材拖拽至新建的合成中，按Ctrl+Shift+Alt+H组合键，使素材宽度适配到合成，如图10-15所示。

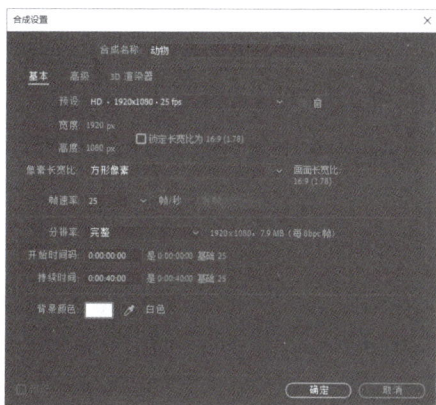

图10-14

图10-15

Step 16 选择"D-01.jpg""D-02.jpg""D-03.jpg"素材，拖拽至"胶片.png"图层下方，按S键展开这三个素材图层的"缩放"属性，设置参数为"48.0,48.0%"，并调整"位置"参数，效果如图10-16所示。

Step 17 选择"胶片.png"图层，按Ctrl+D组合键复制。选择下方的四个图层，单击鼠标右键，在弹出的快捷菜单中执行"预合成"命令，打开"预合成"对话框设置参数，如图10-17所示。完成后单击"确定"按钮创建预合成。

图10-16

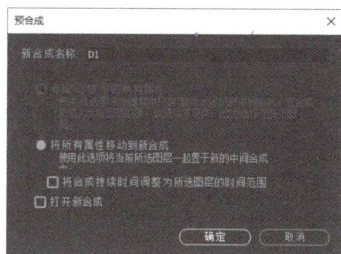

图10-17

Step 18 选中新建的预合成图层，按P键展开其"位置"属性，在0:00:00:00处，为"位置"属性添加关键帧。移动当前时间指示器至0:00:10:00处，更改"位置"属性参数为"-960.0,540.0"，使其完全左移出画面，软件将自动添加关键帧，如图10-18所示。

Step 19 选择"D-04.jpg""D-05.jpg""D-06.jpg"素材，拖拽至"胶片.png"图层下方，并调整"缩放"和"位置"参数，效果如图10-19所示。

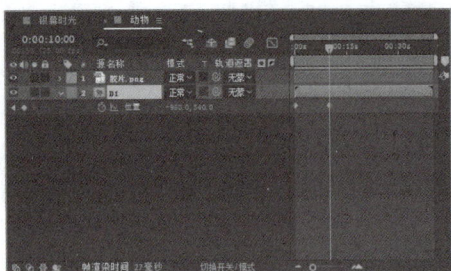

图10-18

图10-19

Step 20 选择"胶片.png"图层，按Ctrl+D组合键复制。选择"胶片.png"图层下方除"D1"图层外的四个图层，单击鼠标右键，在弹出的快捷菜单中执行"预合成"命令，新建"D2"预合成，如图10-20所示。

Step 21 选中"D2"预合成图层，按P键展开其"位置"属性，在0:00:00:00处，为"位置"属性添加关键帧，并设置属性参数为"2880.0,540.0"，使其完全右移出画面。移动当前时间指示器至0:00:20:00处，更改"位置"属性参数为"-960.0,540.0"，使其完全左移出画面，软件将自动添加关键帧，如图10-21所示。

图10-20

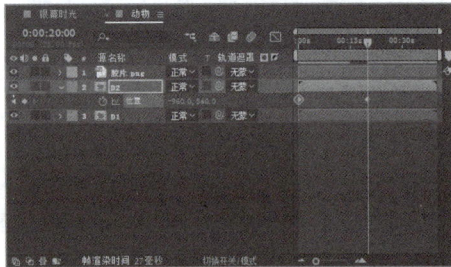

图10-21

Step 22 使用相同的方法，选择"D-07.jpg""D-08.jpg""D-09.jpg"素材和复制的"胶片.png"素材，创建预合成"D3"，按P键展开其"位置"属性，在0:00:10:00处，为"位置"属性添加关键帧，并设置属性参数为"2880.0,540.0"，使其完全右移出画面。移动当前时间指示器至0:00:30:00处，更改"位置"属性参数为"-960.0,540.0"，使其完全左移出画面，软件将自动添加关键帧，如图10-22所示。

Step 23 使用相同的方法，选择"D-10.jpg""D-11.jpg""D-12.jpg"素材和"胶片.png"素材，创建预合成"D4"，按P键展开其"位置"属性，在0:00:20:00处，为"位置"属性添加关键帧，并设置属性参数为"2880.0,540.0"，使其完全右移出画面。移动当前时间指示器至0:00:40:00处，更改"位置"属性参数为"-960.0,540.0"，使其完全左移出画面，软件将自动添加关键帧，如图10-23所示。

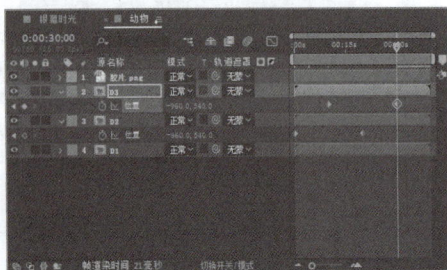

图10-22

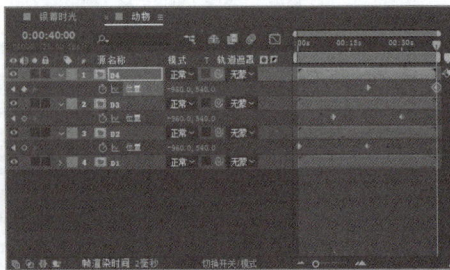

图10-23

Step 24 选中"D1"预合成，按Ctrl+D组合键复制，并移动至图层最上方，删除复制图层的关键帧。在0:00:30:00处，为"位置"属性添加关键帧，并设置属性参数为"2880.0,540.0"，使其完全右移出画面。移动当前时间指示器至0:00:40:00处，更改"位置"属性参数为"960.0,540.0"，使其位于画面正中，软件将自动添加关键帧，如图10-24所示。

Step 25 切换至"银幕时光"合成，将"动物"合成添加至"背景"预合成上方，选中"动物"合成图层，执行"图层>时间>时间伸缩"命令，打开"时间延长"对话框，调整新持续时间与"银幕时光"合成一致，如图10-25所示。完成后单击"确定"按钮。

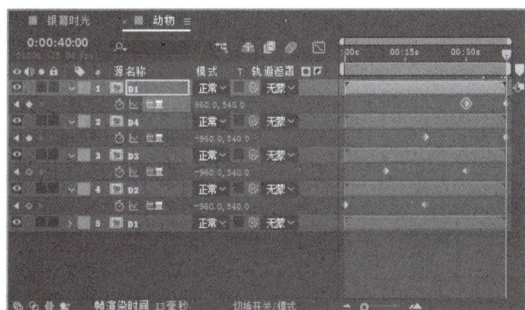

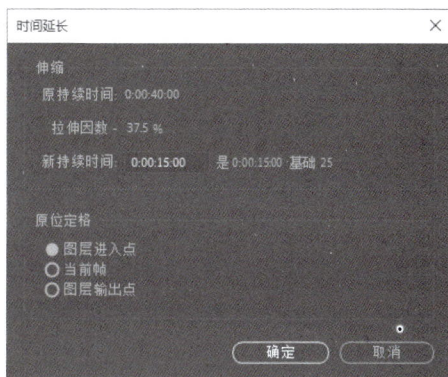

图10-24　　　　　　　　　　　　　　　　　图10-25

Step 26 在"合成"面板中预览效果，如图10-26所示。

图10-26

Step 27 使用相同的方法，新建"风景"和"运动"合成，如图10-27、图10-28所示。

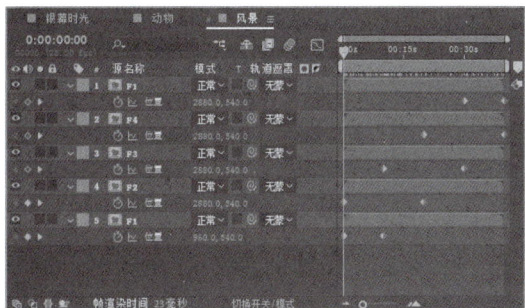

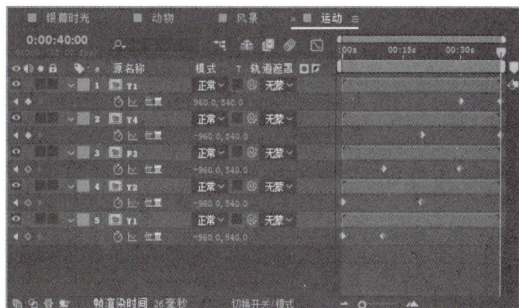

图10-27　　　　　　　　　　　　　　　　　图10-28

Step 28 将新建的"风景"和"运动"合成添加至"银幕时光"合成中，调整持续时间与"银幕时光"合成一致，并调整"位置""旋转"和"缩放"属性参数，如图10-29所示。此时"合成"面板中的效果如图10-30所示。

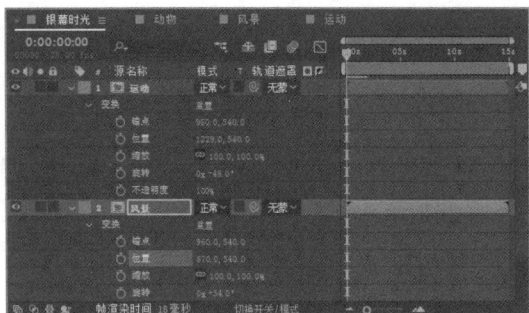

图10-29

图10-30

Step 29 将"光线.mp4"素材拖拽至"时间轴"面板中，调整其持续时间为"10秒"，如图10-31所示。

Step 30 移动当前时间指示器至0：00：09：05处，为"光线.mp4"图层的"不透明度"属性添加关键帧。移动当前时间指示器至0：00：05：00处，更改"不透明度"属性参数为"0%"，软件将自动添加关键帧，如图10-32所示。

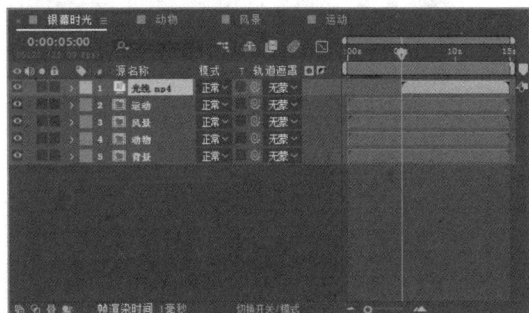

图10-31

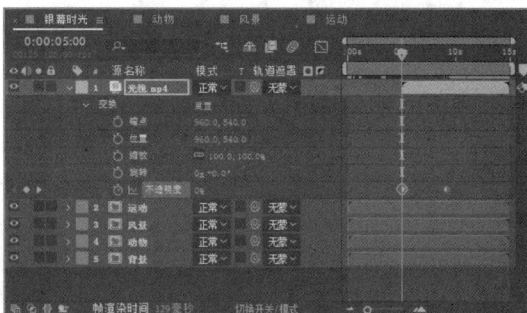

图10-32

Step 31 通过AIGC生成银幕时光的标志，如图10-33所示。

Step 32 在Photoshop软件中抠取标志，并导出为PNG格式，如图10-34所示。

图10-33

图10-34

Step 33 将标志导入After Effects软件中，拖拽至"银幕时光"合成中，如图10-35所示。

Step 34 在0：00：09：05处按Alt+【组合键定义图层的入点位置，如图10-36所示。此时"合成"

面板中的效果如图10-37所示。

Step 35 移动当前时间指示器至0:00:10:17处，调整"缩放"属性参数为"75.0，75.0%"，并为"缩放"属性和"不透明度"属性添加关键帧，如图10-38所示。

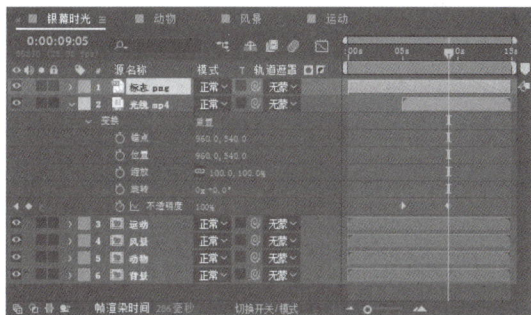

图10-35

图10-36

图10-37

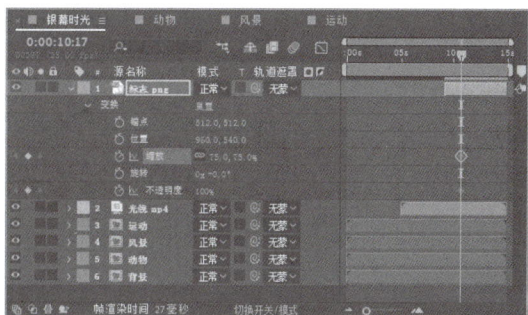

图10-38

Step 36 移动当前时间指示器至0:00:09:05处，设置"缩放"属性参数为"4.0，4.0%"，"不透明度"属性参数为"0%"，软件将自动添加关键帧，如图10-39所示。

Step 37 移动当前时间指示器至0:00:11:00处，设置"缩放"属性参数为"50.0，50.0%"，软件将自动添加关键帧，如图10-40所示。

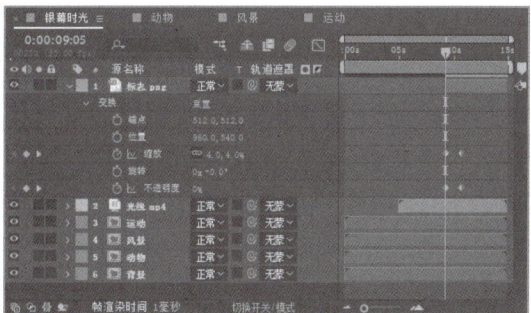

图10-39

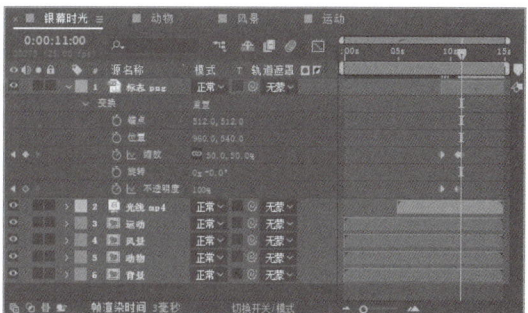

图10-40

Step 38 在"效果和预设"面板中搜索"更改为颜色"效果，拖拽至"标志.png"图层上，为"色相"属性添加关键帧，并设置其他属性参数，如图10-41所示。

Step 39 移动当前时间指示器至0:00:12:00处，更改"色相"属性参数为"100.0%"，软件将自动添加关键帧，此时"合成"面板中的效果如图10-42所示。

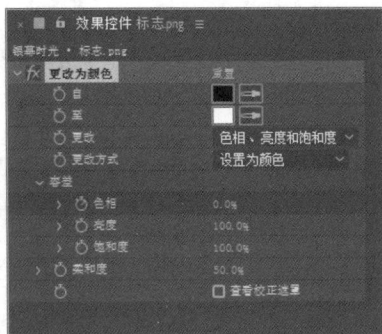

图10-41

图10-42

Step 40 在"合成"面板中调整标志位置，如图10-43所示。

Step 41 使用文字工具在"合成"面板中单击输入文本"银幕时光"，在"字符"面板中设置文本参数，如图10-44所示。此时"合成"面板中的效果如图10-45所示。

Step 42 选中"标志.png"图层，按P键展开其"位置"属性，并添加关键帧。移动当前时间指示器至0:00:11:00处，更改"位置"参数为"960.0,540.0"，软件将自动添加关键帧，如图10-46所示。

图10-43

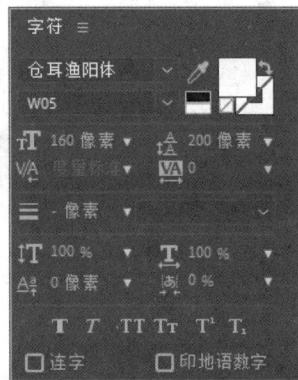

图10-44

图10-45

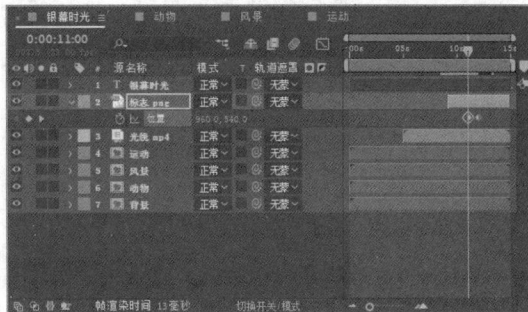

图10-46

Step 43 移动当前时间指示器至0:00:12:00处，选中文本图层，按P键展开其"位置"属性，并添加关键帧。移动当前时间指示器至0:00:11:10处，更改"位置"属性参数为"600.0,587.9"，软件将自动添加关键帧，如图10-47所示。

Step 44 选中文本图层，单击鼠标右键，在弹出的快捷菜单中执行"预合成"命令，创建文本预合成，如图10-48所示。

图10-47

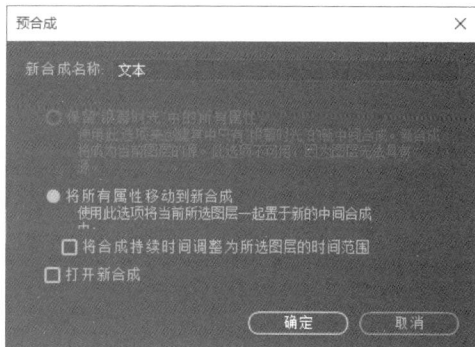

图10-48

Step 45 选中文本预合成，选择矩形工具，在"合成"面板中绘制矩形创建蒙版，如图10-49所示。

Step 46 在"效果和预设"面板中搜索"投影"效果，拖拽至文本预合成上，保持默认设置，效果如图10-50所示。

图10-49

图10-50

Step 47 按空格键预览效果，如图10-51所示。

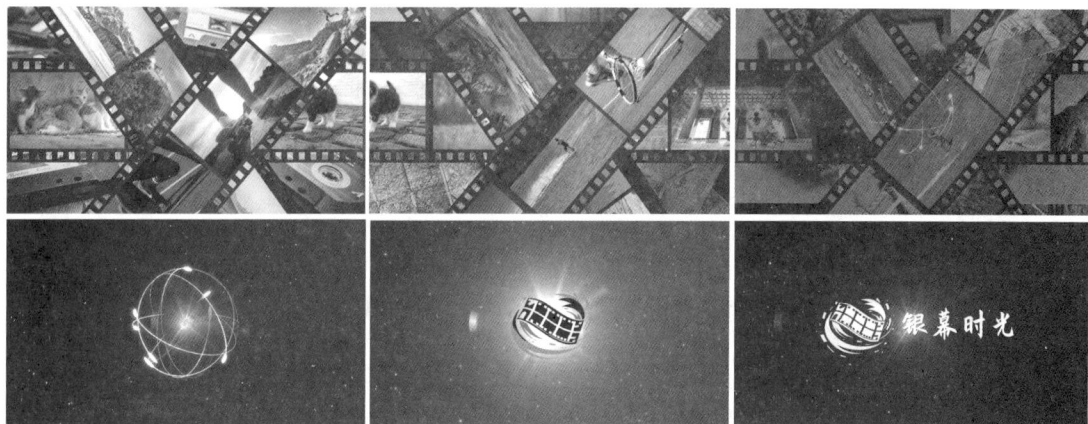

图10-51

至此，完成银幕时光栏目包装的制作。

第 11 章

影视动画制作

Ae

本章将对影视动画的制作进行介绍，包括影视动画的概念、特点、主要类型、应用领域及具体的实例制作等。了解并掌握这些知识，可以帮助用户认识影视动画，创作不同类型的影视作品。

- 了解影视动画的概念。
- 了解影视动画的主要类型。
- 了解影视动画的应用领域。
- 学会制作影视动画。

- 培养影视后期制作人员影视动画的制作能力，使其了解影视动画的基础知识和制作过程，能够制作出更具创意的影视动画效果。
- 通过影视动画制作实战演练，锻炼影视后期制作人员对图形和蒙版的应用，提升技术水平。

日夜兼程影视动画片段

影视动画概述

影视动画是一种全球通用的艺术形式，它不仅推动了文化交流和经济发展，还促进了教育进步和社会价值观的提升。下面将对影视动画进行介绍。

11.1.1　什么是影视动画

影视动画是指通过手绘或计算机等手段制作的影视作品，包括动画电影、动画短片及其他形式的动画内容等。它综合了影像、声音、表演、美术等多种艺术元素，形象生动地传递情感和主题。图11-1、图11-2为《大闹天空》动画片段。

图11-1　　　　　　　　　　　　　　　　图11-2

影视动画可以是虚构的，也可以基于现实进行创作，一般具有以下特点。

• 视觉表现丰富：影视动画通过连续生动的图像和动作展示故事，通常采用色彩鲜艳、形象鲜明的视觉风格，展现出高度的艺术性和视觉表现力。

• 叙事方式明确：影视动画通常具有清晰的故事情节和角色发展，能够有效传达情感和主题，引发观众的共鸣。

• 表现风格多样：影视动画的表现风格非常多样，从简约到繁复，从二维到三维，从卡通到写实，满足了不同类型观众的需求。

• 技术手段多元：随着现代技术的进步，影视动画的技术手段更加多元，创作者可以通过计算机图形技术、软件建模、手绘动画、定格拍摄等多种方式，创作出丰富的影视动画效果。

11.1.2　影视动画主要类型

影视动画的类型多种多样，用户可以根据不同的维度进行分类，以制作技术为例，可以将影视动画分为手绘动画、计算机生成动画、定格动画等类型。

1. 手绘动画

手绘动画是一种传统的动画制作方式，许多经典动画作品，如《大闹天宫》《狮子王》等都是以手绘动画为基础进行创作的。该类动画具有独特的艺术风格和个性，动画师逐帧绘制，手法更为细腻，能营造出丰富的视觉效果。随着现代技术的进步，手绘动画逐渐与数字技术结合，如数字绘图软件、动画制作工具等，使制作效率有了大大的提升。图11-3、图11-4为1941年上映的《铁扇公主》动画画面。

图11-3

图11-4

2. 计算机生成动画

计算机生成动画（Computer-Generated Animation，简称CGA）是指使用计算机软件和技术创建的动画，可以是二维的，也可以是三维的。相较于手绘动画，计算机生成动画更加灵活和高效，借助计算机技术，可以快速生成大量帧，适合处理复杂的场景和特效。三维动画技术还可以模拟真实物体，生动形象地表现出复杂、抽象的内容，如《冰雪奇缘》《玩具总动员》等，都是优秀的计算机生成动画作品。

3. 定格动画

定格动画是一种极具艺术性的动画形式，通常使用黏土、木偶、毛毡等材料制作一个鲜明的角色对象，创作者通过逐帧拍摄对象，并将其连续放映，呈现出一种角色似乎活了的真实质感。《神笔马良》《小浮士德》等都是木偶定格动画。图11-5、图11-6为《神笔马良》动画画面。

图11-5

图11-6

11.1.3 影视动画应用领域

影视动画广泛应用于电影电视、广告、游戏、教育、医疗等多个领域。

- 在电影电视领域，可以以独立的长篇动画电影、系列动画剧集的形式吸引观众，传递情感和主题。
- 在广告领域，可以利用动画来展示产品的功能和使用场景，增强消费者的理解和兴趣。
- 在游戏领域，动画技术可以创建角色、场景等，以提升游戏的视觉体验。
- 在教育领域，可以通过动画生动形象地演示枯燥的概念，帮助学生理解和记忆。
- 在医疗领域，利用动画可以直观地进行科普宣传，提升医疗教育水平。

随着现代技术的发展，影视动画的表现形式和应用场景也在逐渐扩展，为各个行业的发展带来创新。

11.2 日夜兼程影视动画片段 AIGC

本案例将综合应用本章所学知识制作日夜兼程影视动画片段，以达到举一反三、学以致用的目的。

11.2.1 案例分析

案例分析可以帮助我们厘清思路，提炼出可行的制作方案。下面将从设计背景和设计元素分析两方面进行介绍。

1. 设计背景

- 动画名称：日夜兼程。
- 设计目的：制作一段在山林中赶路的动画片段，体现山林的美好和行程的匆忙。
- 设计要求：贴近自然，契合主题。

2. 设计元素分析

- 画面：通过天空颜色与日月的变换，展示日与夜的切换，契合动画主题；画面中选择绿色的山林与城镇，视觉上更为淡雅自然；红色的汽车在道路上疾驰，与绿色的背景形成了鲜明的对比，视觉冲击感强烈。
- 色彩：以山林间的绿色为主，视觉上带来一种轻松自然的质感；结合明暗变化，制作日夜变化的效果，展示行程的匆忙。

11.2.2 创意阐述

日夜兼程是一段旨在呈现有趣动画效果的影视动画片段。动画以自然风光为背景，展现出优美的视觉效果。通过明暗变化和日月切换，生动地展示日与夜的自然过渡，星空闪烁为夜晚增添了几分乐趣。主体汽车选择鲜艳的红色，与背景形成鲜明对比，为画面注入一抹亮色，增强整体的视觉吸引力。

11.2.3 制作过程

📦 **实例资源** ▶ 第11章\实战演练\"素材"文件夹

下面将对具体操作思路进行介绍。

Step 01 通过AIGC工具生成背景，如图11-7所示。

Step 02 在Photoshop中调整画布高度为1080像素，抠取图像，并添加道路部分，部分画面如图11-8所示，然后将图像导出为PNG格式。

微课视频

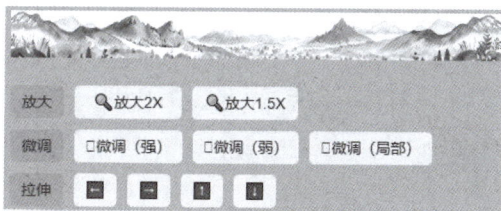

图11-7

图11-8

Step 03 新建After Effects项目,按Ctrl+N组合键,打开"合成设置"对话框设置参数,如图11-9所示。完成后单击"确定"按钮新建合成。

Step 04 将导出的PNG图像导入项目文件中。按Ctrl+I组合键导入本章PSD素材,在打开的"车.psd"对话框中设置参数,如图11-10所示。完成后单击"确定"按钮导入PSD文件。

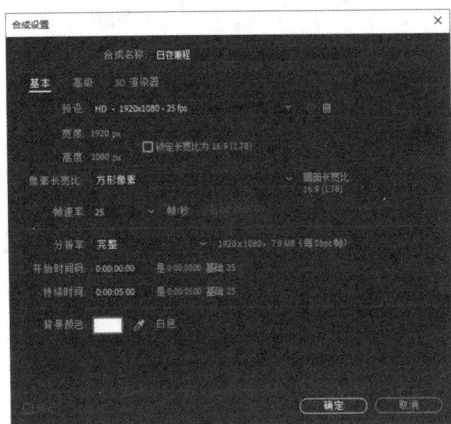

图11-9

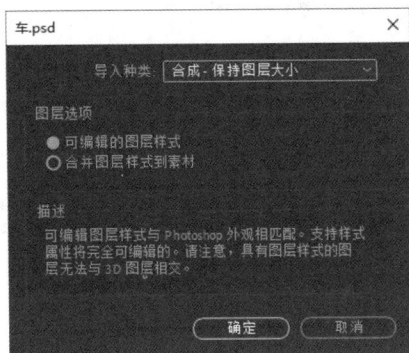

图11-10

Step 05 选中新建的合成,双击矩形工具创建与合成等大的矩形,选中矩形,在"属性"面板中设置"填充颜色"为"线性渐变",如图11-11所示。

Step 06 单击渐变色块■打开"渐变编辑器"对话框设置渐变颜色为白色至浅蓝色(#93C3FF),如图11-12所示。完成后单击"确定"按钮,此时"合成"面板中的效果如图11-13所示。

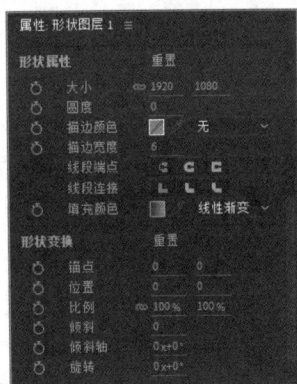

图11-11

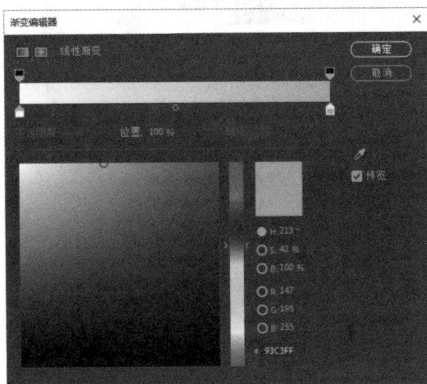

图11-12

Step 07 在"合成"面板中调整渐变的起始点和结束点,如图11-14所示。

图11-13

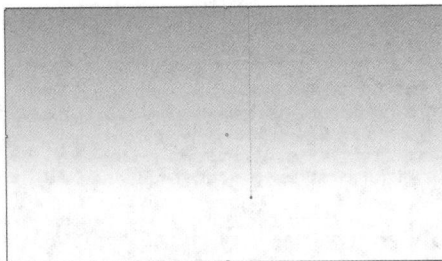

图11-14

Step 08 展开"时间轴"面板中形状图层的属性组，在0:00:00:00处为"颜色"属性添加关键帧，如图11-15所示。

Step 09 移动当前时间指示器至0:00:04:24处，单击"编辑渐变…"按钮，打开"渐变编辑器"对话框，设置渐变颜色为#251D48至#060838，如图11-16所示。

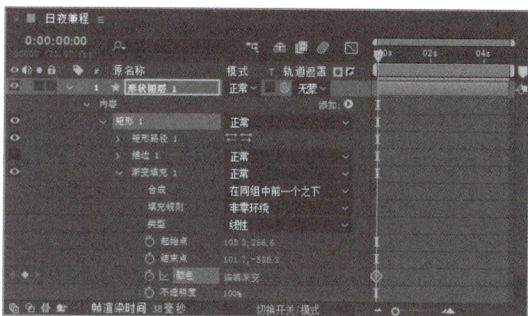

图11-15

图11-16

Step 10 完成后单击"确定"按钮，软件将自动添加关键帧，如图11-17所示。此时"合成"面板中的效果如图11-18所示。

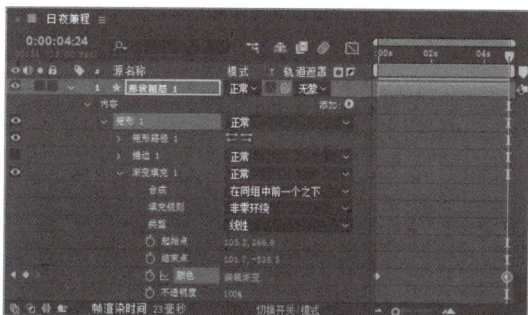

图11-17

图11-18

Step 11 按空格键预览效果，如图11-19所示。

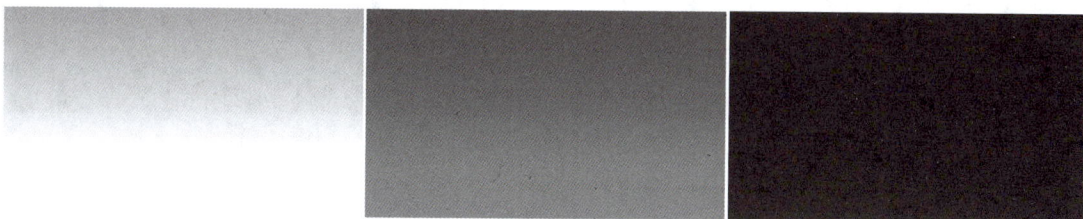

图11-19

Step 12 执行"图层>新建>纯色"命令，打开"纯色设置"对话框设置参数，如图11-20所示。完成后单击"确定"按钮新建纯色图层。

Step 13 在"效果和预设"面板中搜索"CC Particle World"效果，拖拽至新建的纯色图层上，在"效果控件"面板中设置参数，如图11-21所示。此时"合成"面板中的效果如图11-22所示。

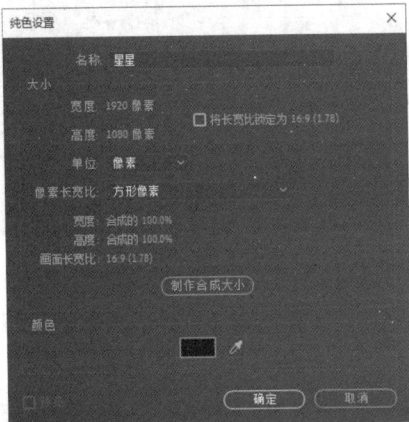

图11-20

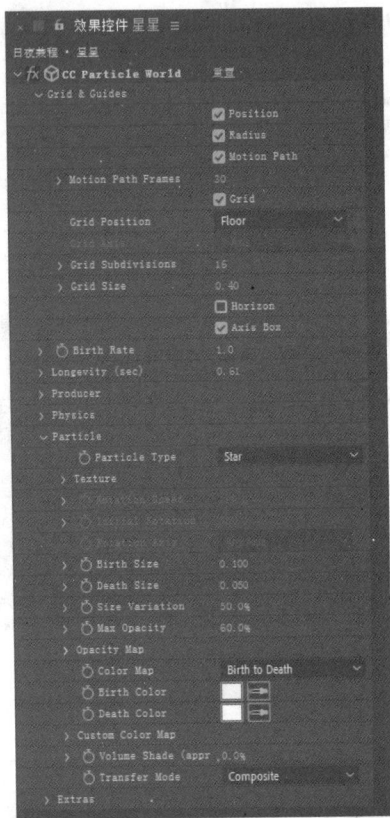

图11-21

Step 14 选中"星星"图层，按T键展开其"不透明度"属性，在0:00:04:24处为"不透明度"属性添加关键帧。移动当前时间指示器至0:00:02:00处，设置"不透明度"属性参数为"0%"，软件将自动添加关键帧，如图11-23所示。

图11-22

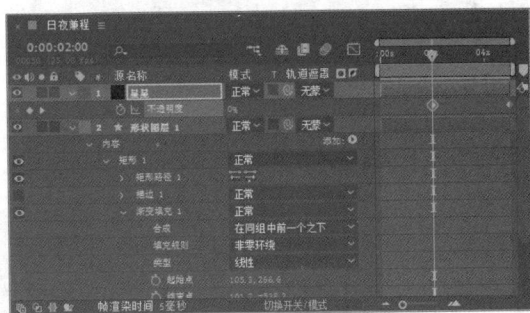

图11-23

Step 15 按空格键预览效果，如图11-24所示。

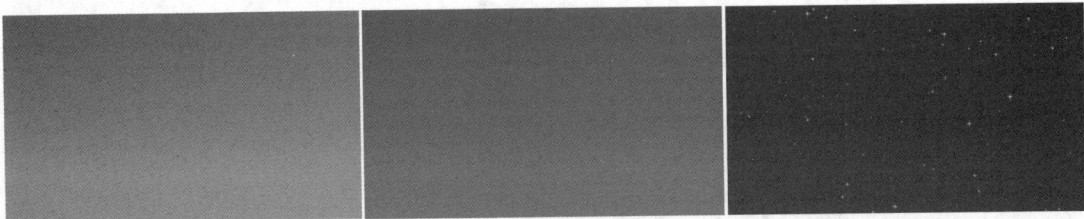

图11-24

Step 16 将"山.png"素材拖拽至"时间轴"面板中，在0:00:00:00处调整素材与合成左对齐，如图11-25所示。

Step 17 选中"时间轴"面板中"山.png"图层，按P键展开其"位置"属性，并添加关键帧。移动当前时间指示器至0:00:04:24处，调整素材与合成右对齐，软件将自动添加关键帧，如图11-26所示。

图11-25

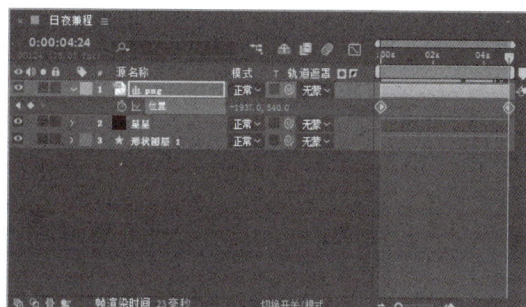

图11-26

Step 18 在"效果和预设"面板中搜索"色阶"效果，拖拽至"山.png"图层上，移动当前时间指示器至0:00:00:00处，在"效果控件"面板中为"直方图"属性添加关键帧，如图11-27所示。

Step 19 移动当前时间指示器至0:00:04:24处，调整直方图，如图11-28所示。

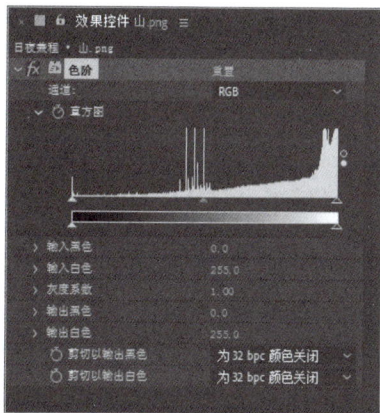

图11-27

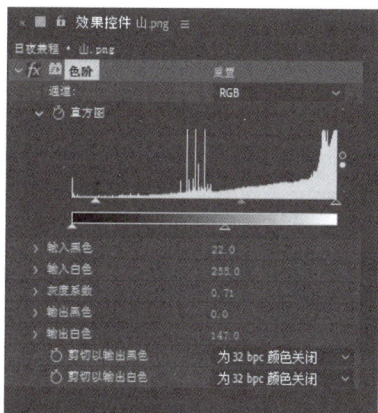

图11-28

Step 20 按空格键预览效果，如图11-29所示。

图11-29

Step 21 双击打开"项目"面板中的"车"合成，选中"左轮"和"右轮"图层，按R键展开其"旋转"属性，在0:00:00:00处为"旋转"属性添加关键帧，如图11-30所示。

Step 22 移动当前时间指示器至0:00:04:24处，设置"旋转"属性参数为"5×+0.0°"，软件将自动添加关键帧，如图11-31所示。

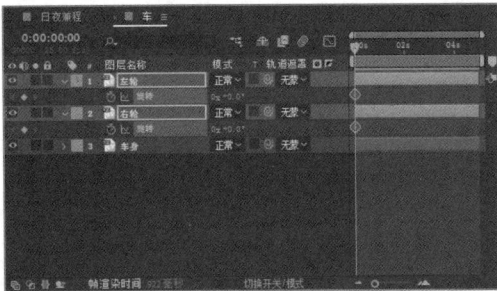

图11-30

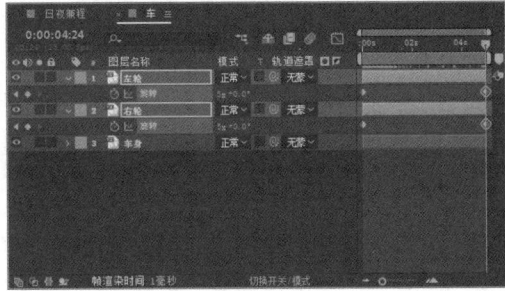

图11-31

Step 23 按空格键预览效果，如图11-32所示。

图11-32

Step 24 切换至"日夜兼程"合成，将"车"合成拖拽至"时间轴"面板中，在"合成"面板中调整大小和位置，如图11-33所示。

Step 25 选中"时间轴"面板中的"车"合成，按P键展开其"位置"属性，在0:00:00:00处为"位置"属性添加关键帧。移动当前时间指示器至0:00:04:24处，在"合成"面板中将车移动至右侧，软件将自动添加关键帧，如图11-34所示。此时"合成"面板中的效果如图11-35所示。

图11-33

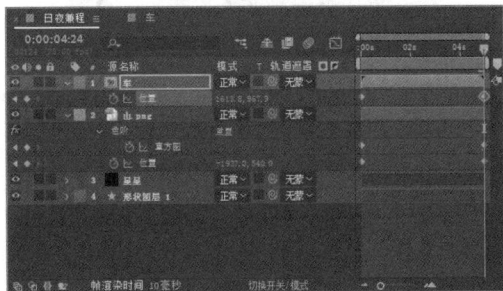

图11-34

Step 26 选中"山.png"图层中的"色阶"属性组，按Ctrl+C组合键复制，选中"车"合成图层，按Ctrl+V组合键粘贴，复制效果及属性，如图11-36所示。

图11-35

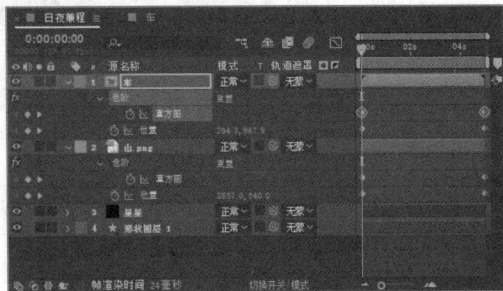

图11-36

Step 27 移动当前时间指示器至0:00:04:24处，此时"合成"面板中的效果如图11-37所示。

Step 28 移动当前时间指示器至0:00:00:00处，取消选择任何对象，使用钢笔工具绘制车灯灯光，并设置浅黄色（#FFF6D7）至浅黄色不透明的渐变，如图11-38所示。

图11-37

图11-38

Step 29 展开新建的灯光形状图层属性组，为"不透明度"属性和"位置"属性添加关键帧，并设置"不透明度"属性参数为"0%"，按U键仅显示带有关键帧的属性，如图11-39所示。

Step 30 移动当前时间指示器至0:00:02:00处，更改"不透明度"属性参数为"100%"，软件将自动添加关键帧，如图11-40所示。

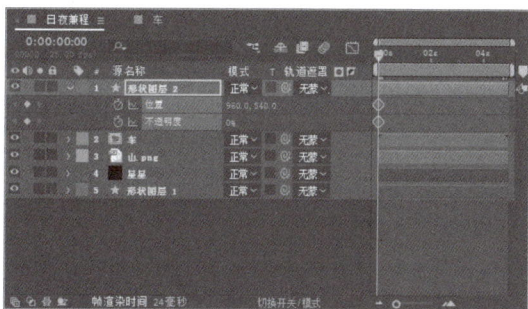
图11-39

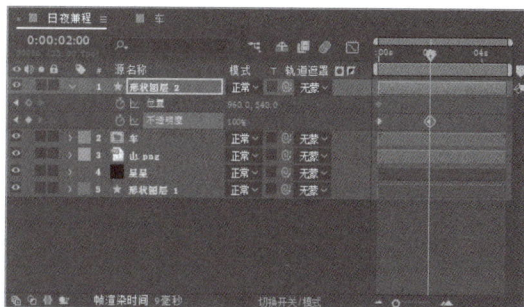
图11-40

Step 31 移动当前时间指示器至0:00:04:24处，更改"位置"属性参数为"2280.0,540.0"，软件将自动添加关键帧，如图11-41所示。

Step 32 取消选择任何对象，双击"工具"面板中的矩形工具新建一个与合成等大的矩形，设置其填充为橙色（#FF7A29），如图11-42所示。

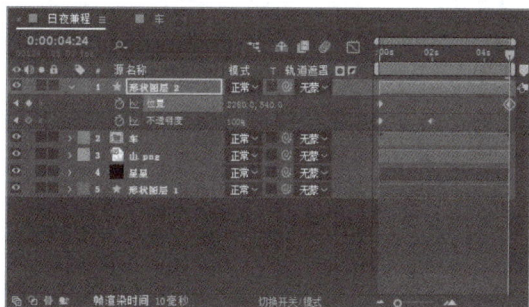
图11-41

图11-42

Step 33 移动当前时间指示器至0:00:01:00处，为"颜色"属性添加关键帧。移动当前时间指示器至0:00:04:24处，设置颜色为黄色（#FFD429），软件将自动生成关键帧，如图11-43所示。

Step 34 选中矩形形状图层，选择椭圆工具，在"工具"面板中单击"工具创建蒙版"按钮，在"合成"面板合适位置按住Shift键绘制正圆蒙版，如图11-44所示。

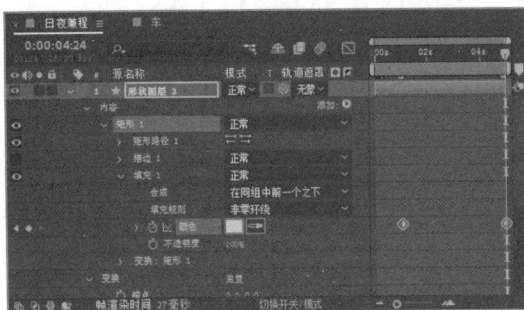
图11-43

图11-44

Step 35 选中"时间轴"面板中的"蒙版1"属性组，按Ctrl+D组合键复制，设置下方蒙版的混合模式为"相减"，如图11-45所示。

Step 36 选中下方的"蒙版2"属性组，按Ctrl+T组合键打开其控制框，在"合成"面板中移动其位置，如图11-46所示。

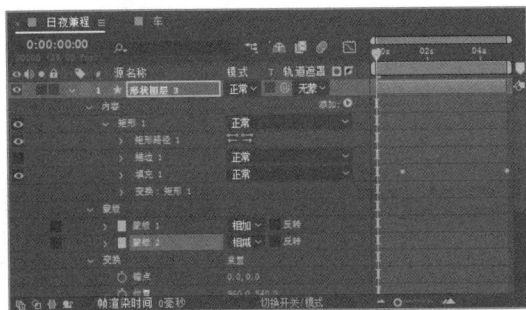
图11-45

图11-46

Step 37 展开"蒙版2"属性组，在0:00:01:00处为"蒙版路径"属性添加关键帧；移动当前时间指示器至0:00:04:24处，选中"蒙版2"属性组，按Ctrl+T组合键打开其控制框，在"合成"面板中调整蒙版路径位置，软件将自动添加关键帧，如图11-47所示。此时"合成"面板中的效果如图11-48所示。

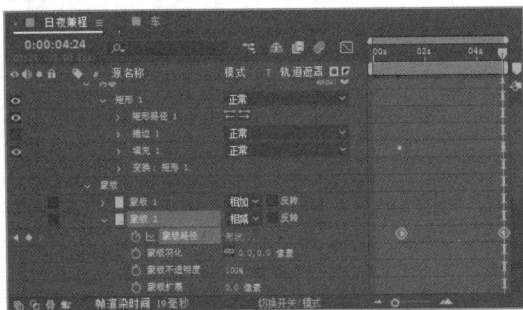
图11-47

图11-48

Step 38 选中"形状图层3"，重命名为"日月"，按P键展开其"位置"属性，在0:00:00:00处为"位置"属性添加关键帧，并设置参数为"1350.0,900.0"。移动当前时间指示器至0:00:01:00处，更改"位置"属性参数为"960.0,540.0"，软件将自动添加关键帧。移动当前时间指示器至0:00:04:24处，更改"位置"属性参数为"-100.0,600.0"，软件将自动添加关键帧，如图11-49所示。

Step 39 选中转换"顶点"工具，在"合成"面板中单击曲线顶点将其转换为平滑角点，并调整曲线，如图11-50所示。

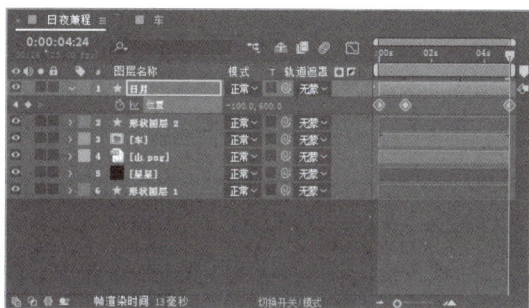

图11-49

图11-50

Step 40 在"时间轴"面板中，将"日月"图层调整至"星星"图层上方，如图11-51所示。此时"合成"面板中的效果如图11-52所示。

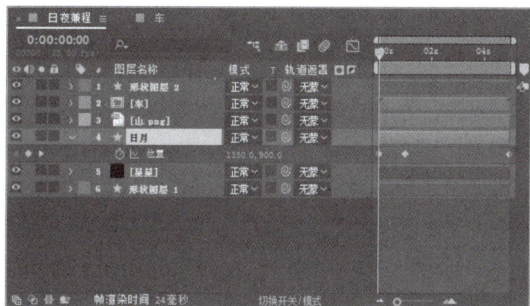

图11-51

图11-52

Step 41 按空格键预览效果，如图11-53所示。

图11-53

至此，完成日夜兼程影视动画片段的制作。

第 12 章

影视特效制作

Ae

内容导读

本章将对影视特效的制作进行介绍，包括影视特效的基础知识、类型、应用领域及具体的实例制作等。了解并掌握这些知识，可以帮助用户学习影视特效的制作方式，加深用户对影视特效的认知。

学习目标

- 了解影视特效的概念。
- 了解影视特效的类型。
- 了解影视特效的应用领域。
- 学会制作影视特效。

素养目标

- 培养影视后期制作人员特效制作的专业技术能力，使其了解影视特效的基础知识和制作方式，能够创意性地制作不同类型的影视特效。
- 通过3D图层和摄像机的应用，提升影视后期制作人员空间思维能力，为更具立体感和真实感的特效制作打下基础。

案例展示

"字里行间" 特效

12.1　影视特效概述

特效是电影、电视、动画等影视作品中常用的技术手段，可以实现现实中难以达成的视觉效果。本小节将对影视特效进行介绍。

12.1.1　认识影视特效

影视特效是指在电影、电视和其他影视作品中，为实现现实中无法通过传统拍摄手段直接获得的视觉效果而采用的一系列技术手段，包括计算机生成图像（CGI）、合成、动画、模型制作、摄影特效和后期处理等。通过影视特效，可以增强影视作品的表现力和艺术感染力，从而提升观众的视觉体验，如图12-1所示。

图12-1

12.1.2　影视特效类型

影视特效可以增强叙事结构，创造更加复杂和引人入胜的视觉效果。常见的影视特效包括以下类型。

- 计算机生成图像（CGI）：最常见的特效类型之一，通过计算机软件创建三维模型、动画、渲染等，能够实现高度真实的视觉效果。
- 合成：将不同来源的图像或视频素材结合在一起，包括实拍画面、CGI元素、背景图像或其他特效等，形成一个统一的画面。
- 绿幕/蓝幕：在绿色或蓝色背景前拍摄，然后通过后期合成替换其他背景，包括各种虚拟场景，实现各种场景的切换。
- 模型与微观景观：在CGI出现之前，多使用物理模型或微缩景观制作大型场景外观，然后通过使用特殊的摄影技巧和合成技术，将它们与实拍镜头融合在一起。
- 动画和动态图形：通过逐帧绘制或计算机生成的方式创建运动图像，包括传统手绘动画、三维动画、动态图形设计等，多用于信息图、界面动画等平面视觉效果。
- 动作捕捉：通过捕捉演员的动作和面部表情，并将其转化为数字信息应用到虚拟角色上，创建逼真的虚拟角色效果，常用于动画电影和游戏中。

- 声音特效：声音特效是后期制作中为了增强画面效果而添加的各种声音元素，包括环境音、背景音乐、角色配音及各种音效等，可用于增强画面的表现力和氛围。

12.1.3 影视特效应用领域

影视特效的应用领域非常广泛，涵盖了大多数的视听娱乐及媒体行业，如电影、电视、广告、游戏等。

- 电影：电影是影视特效应用最广泛的领域之一，尤其在科幻和动作片中。通过影视特效，可以创造出壮观的视觉效果和复杂的危险动作场景，从而为观众带来更加震撼的观影体验。
- 电视：影视特效可以提升电视画面的表现力和趣味性，例如在新闻节目中使用动态图形展示数据信息，以及在古装剧中融入奇幻元素，增强观众的沉浸感等。
- 广告：影视特效可以创建更加吸引眼球的视觉效果，提升品牌形象和产品的视觉吸引力，为观众留下深刻印象。
- 游戏：在游戏领域，特效技术可以创建沉浸式的游戏体验，包括环境特效、角色动画等，从而提升玩家的参与感和互动性。
- 教育培训：特效技术可以通过动画和模型展示复杂抽象的概念，使教学过程变得生动有趣，易于理解。
- 虚拟现实（VR）和增强现实（AR）：特效可以创建逼真的虚拟环境或将虚拟元素叠加到现实中，为用户提供沉浸式的体验。

12.2 "字里行间"诗词特效 AIGC

本案例将综合应用本章所学知识制作"字里行间"特效，以达到举一反三、学以致用的目的。

12.2.1 案例分析

案例分析可以帮助我们厘清制作思路，有条不紊地完成特效制作。下面将从设计背景和设计元素分析两方面进行介绍。

1. 设计背景
- 特效名称："字里行间"特效。
- 制作目的：通过极具中国特色的诗词文本动画，弘扬中国诗词文化，增强文化自信。
- 制作要求：体现国风特色，意境优美，诗韵悠扬。

2. 设计元素分析
- 画面：背景以元宵灯会为主题，热闹喜庆，古典自然。画面中文本由远及近渐次出现，给观众一种扑面而来的视觉体验，增强视觉的层次感和真实感。
- 文本：文本选择颇具古风的手写字体，更为契合主题。

12.2.2 创意阐述

"字里行间"特效以中国诗词文化为基底，展现古典诗词的意境与韵律。文本交错显示，由远及近，使观众犹如置身在古典诗词的文化长河，品味中华文化的深厚底蕴与独特魅力。整体色调以暖黄、橙红为主，热烈喜庆，宛如一幅流动的画卷，更具艺术氛围和视觉表现力。

12.2.3 制作过程

实例资源 ▶ 第12章\实战演练\"素材"文件夹

下面将对具体操作思路进行介绍。

Step 01 通过AIGC生成背景，如图12-2所示。

Step 02 新建After Effects项目，将生成的背景导入项目中，并基于该素材新建合成，如图12-3所示。

微课视频

图12-2

图12-3

Step 03 执行"图层>新建>调整图层"命令新建调整图层，在"效果和预设"面板中搜索"色阶"效果，添加至调整图层，在"效果控件"面板中设置参数，如图12-4所示。此时"合成"面板中的效果如图12-5所示。

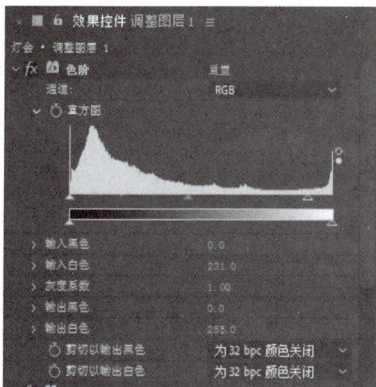

图12-4

图12-5

Step 04 在"效果和预设"面板中搜索"颜色平衡（HLS）"效果，添加至调整图层，在"效果控件"面板中设置参数，如图12-6所示。此时"合成"面板中的效果如图12-7所示。

Step 05 将"灯笼.png"素材拖拽至"时间轴"面板中，隐藏该图层。新建黑色纯色图层，在"效果"面板中搜索"粒子运动场"效果，添加至黑色纯色图层，在"效果控件"面板中设置参数，如图12-8所示。此时"合成"面板中的效果如图12-9所示。

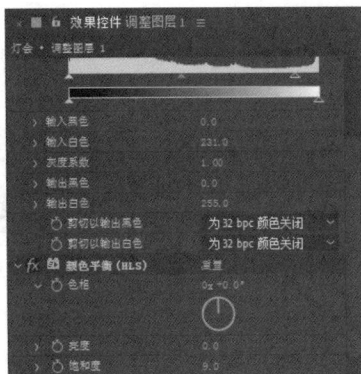

图12-6

图12-7

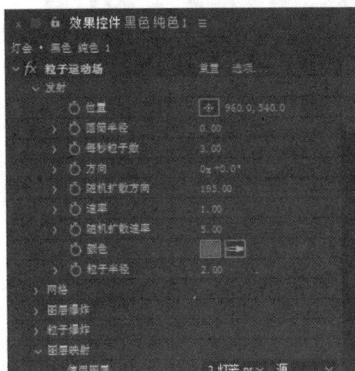
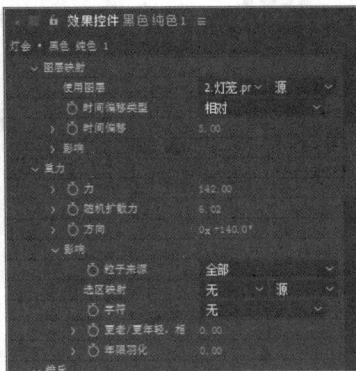
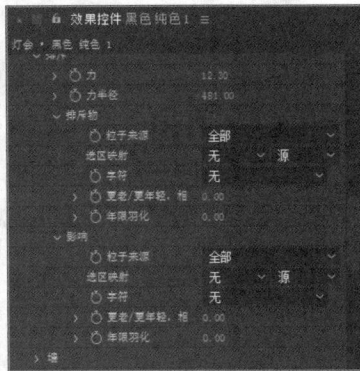

图12-8

Step 06 设置图层混合模式为"屏幕",效果如图12-10所示。

图12-9

图12-10

Step 07 按空格键预览效果,如图12-11所示。

图12-11

Step 08 选择直排文字工具,在"合成"面板中单击输入文本,在"字符"面板中设置文本参数,如图12-12所示。此时"合成"面板中的效果如图12-13所示。

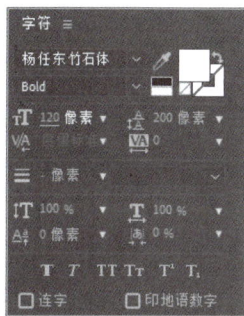

图12-12

图12-13

Step 09 在"效果和预设"面板中搜索"投影"效果，拖拽至文本图层上，在"效果控件"面板中设置参数，如图12-14所示。此时"合成"面板中的效果如图12-15所示。

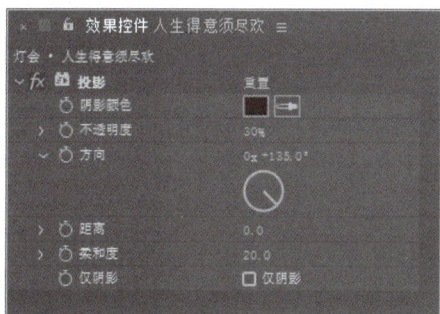

图12-14

图12-15

Step 10 选中文本图层，单击鼠标右键，在弹出的快捷菜单中执行"预合成"命令，打开"预合成"对话框，设置参数，如图12-16所示。完成后单击"确定"按钮创建预合成，如图12-17所示。

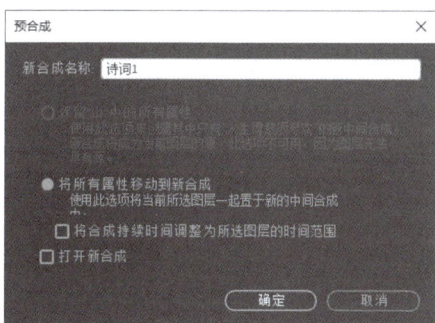

图12-16

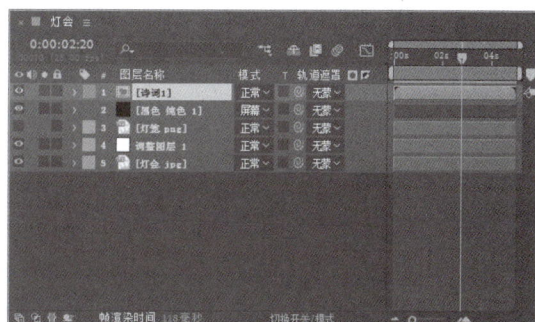

图12-17

Step 11 在"项目"面板中选中"诗词1"合成，按Ctrl+D组合键复制得到"诗词2"，如图12-18所示。

Step 12 双击"诗词2"合成将其打开，在"合成"面板中双击文本进行编辑，如图12-19所示。

Step 13 切换至"灯会"合成，将"诗词2"合成拖拽至图层最上方，如图12-20所示。此时"合成"面板中的效果如图12-21所示。

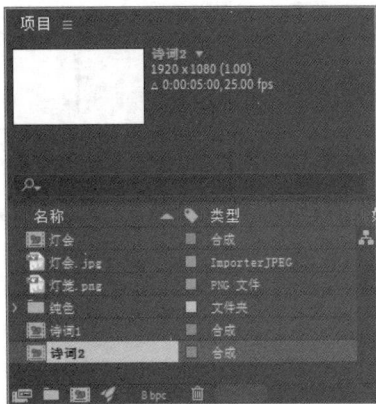

图12-18

图12-19

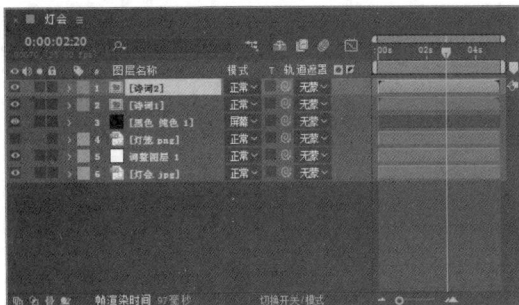

图12-20

图12-21

Step 14 使用相同的方法，在"项目"面板中复制诗词合成并编辑文本内容，添加至"灯会"合成中，重复多次，如图12-22所示。

Step 15 在"时间轴"面板中选中所有诗词合成，单击"3D图层" ⬛列中的开关■，打开其3D属性，如图12-23所示。

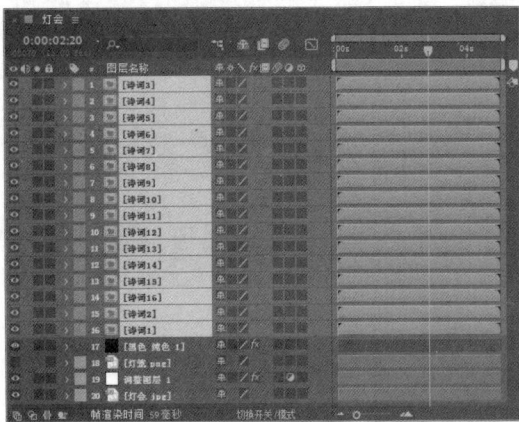

图12-22

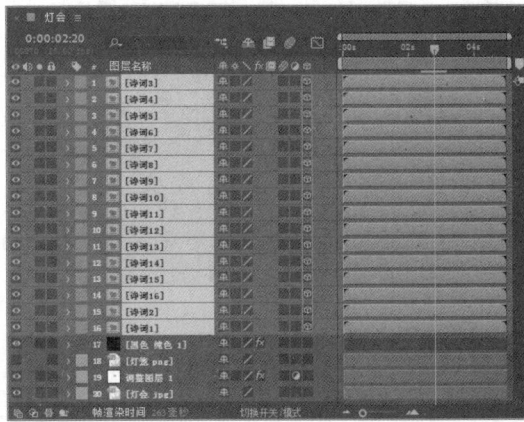

图12-23

Step 16 在"合成"面板右下角的"选择布局视图"下拉列表中选择"2个视图"，选择左侧视图，设置"3D视图弹出式菜单"选项为"顶部"，效果如图12-24所示。

图12-24

Step 17 选择单个文本图层，在"合成"面板左侧视图中调整文本前后顺序和左右顺序，如图12-25所示。

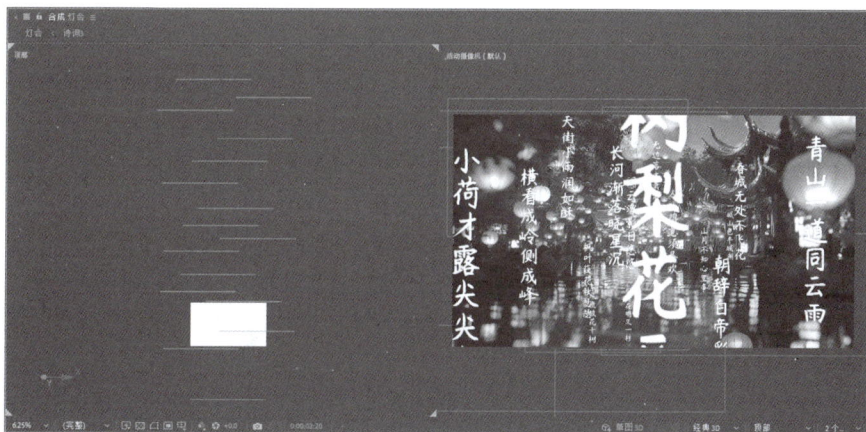

图12-25

Step 18 在右侧视图中调整上下高度，效果如图12-26所示。

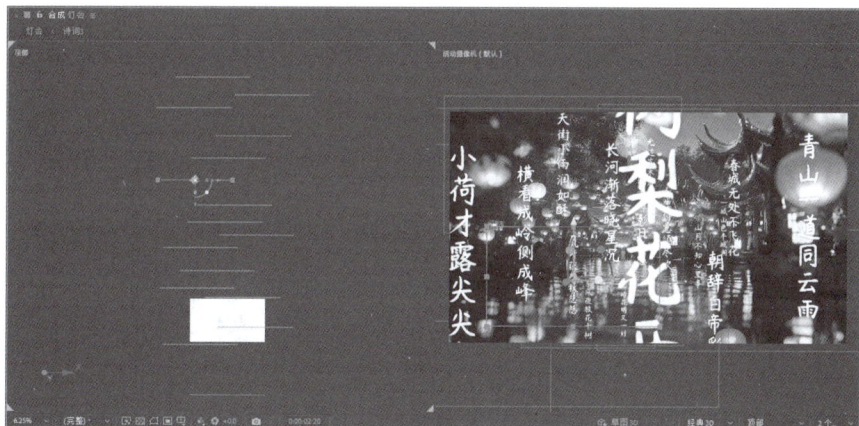

图12-26

Step 19 执行"图层>新建>摄像机"命令，打开"摄像机设置"对话框，设置参数，如图12-27所示。

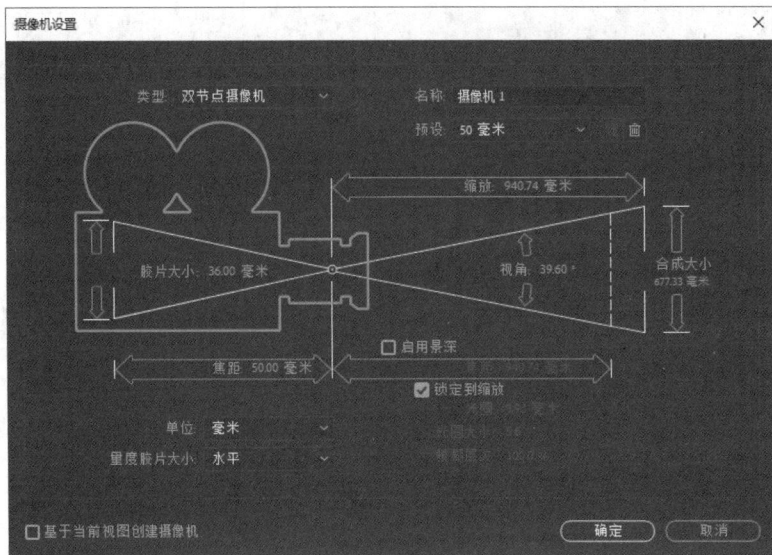

图12-27

Step 20 完成后单击"确定"按钮新建摄像机图层,在0:00:00:00处为"位置"属性添加关键帧,如图12-28所示。

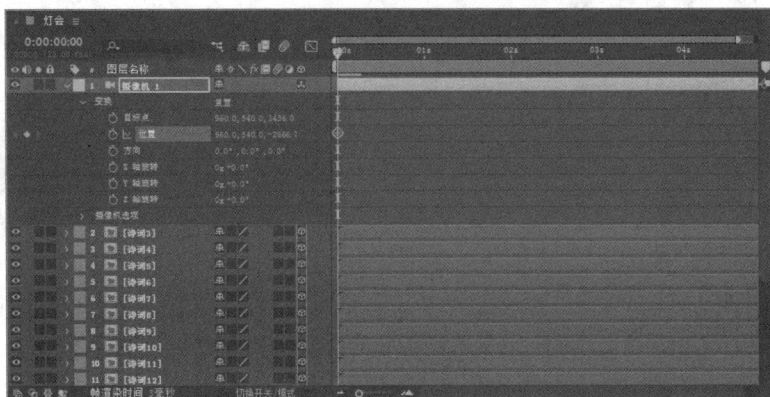

图12-28

Step 21 移动当前时间指示器至0:00:04:24处,在"合成"面板设置右侧视图"3D视图弹出式菜单"选项为"活动摄像机(摄像机1)",在左侧视图中调整摄像机位置,如图12-29所示。软件将自动添加关键帧,如图12-30所示。

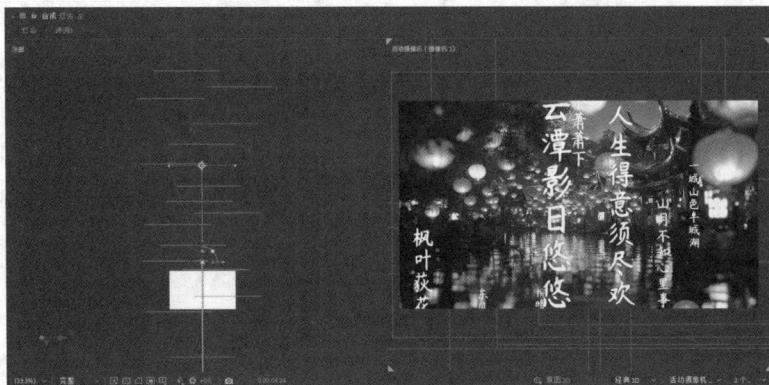

图12-29

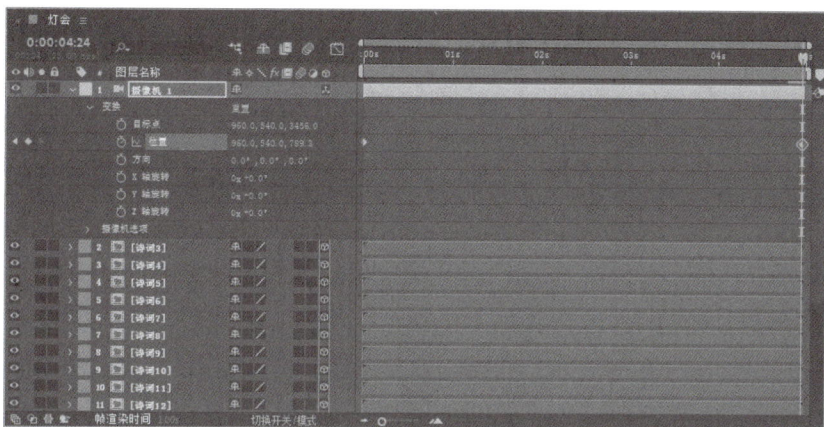

图12-30

Step 22 在"合成"面板右侧视图中调整诗词位置，如图12-31所示。

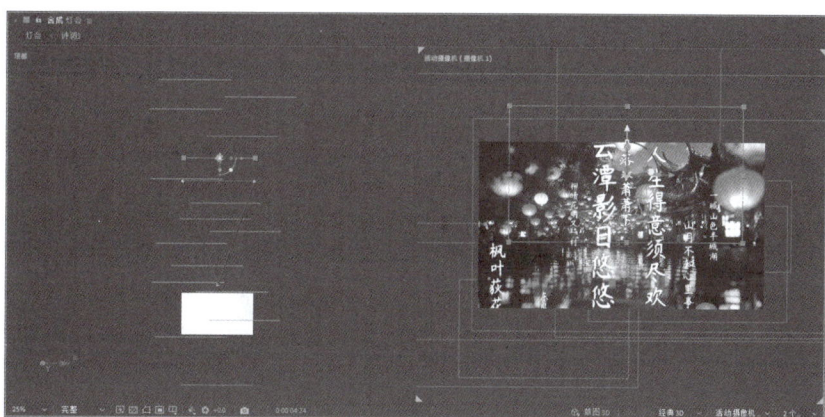

图12-31

Step 23 在"时间轴"面板"摄像机选项"中开启"景深"，并设置"焦距"为"5000.0像素"，"光圈"为"200.0像素"，"模糊层次"为"120%"，如图12-32所示。此时"合成"面板中的效果如图12-33所示。

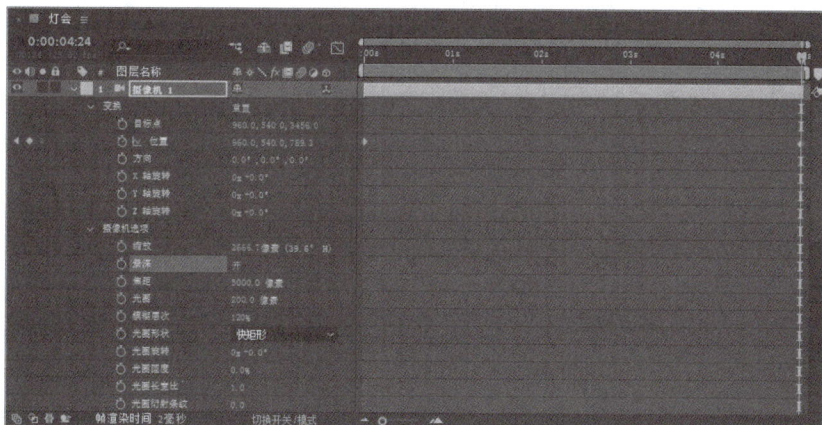

图12-32

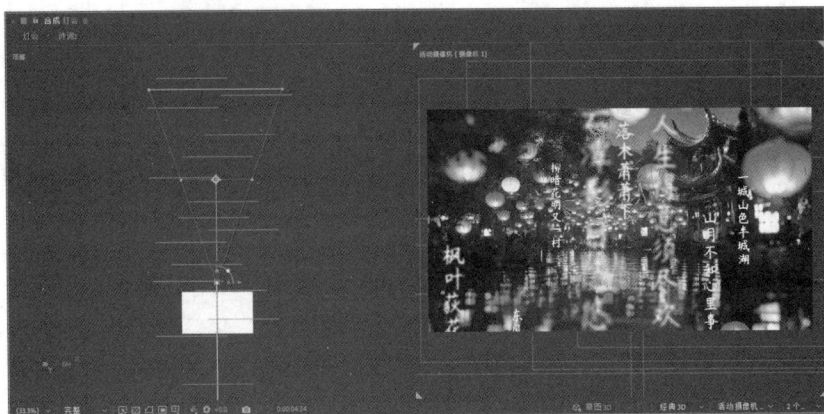

图12-33

Step 24 在"合成"面板右下角的"选择布局视图"下拉列表中选择"1个视图",此时"合成"面板中的效果如图12-34所示。

图12-34

Step 25 按空格键预览效果,如图12-35所示。

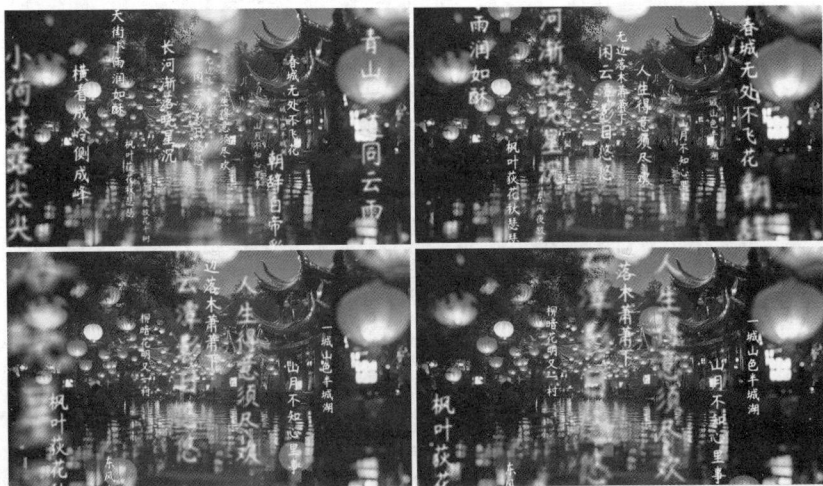

图12-35

至此,完成"字里行间"诗词特效的制作。